Springer-Lehrbuch

Helge Toutenburg
Michael Schomaker
Malte Wißmann

Arbeitsbuch zur deskriptiven und induktiven Statistik

Mit 58 Abbildungen

 Springer

Professor Dr. Dr. Helge Toutenburg
Michael Schomaker
Institut für Statistik der
Universität München
Akademiestraße 1
80799 München
toutenburg@stat.uni-muenchen.de
michaelschomaker@gmx.de

Dipl.-Volkswirt Malte Wißmann
Universität Basel
WWZ
Petersgraben 51
CH-4003 Basel
malte.wissmann@unibas.ch

ISBN-10 3-540-32141-1 Springer Berlin Heidelberg New York
ISBN-13 978-3-540-32141-5 Springer Berlin Heidelberg New York

Bibliografische Information Der Deutschen Bibliothek
Die Deutsche Bibliothek verzeichnet diese Publikation in der Deutschen Nationalbibliografie;
detaillierte bibliografische Daten sind im Internet über <http://dnb.ddb.de> abrufbar.

Springer ist ein Unternehmen von Springer Science+Business Media

springer.de

© Springer-Verlag Berlin Heidelberg 2006
Printed in Germany

Umschlaggestaltung: Design & Production, Heidelberg

SPIN 11669418   154/3100YL 5 4 3 2 1 0 – Gedruckt auf säurefreiem Papier

Vorwort

Statistik ist die wichtigste Methode zur Datenanalyse - kombiniert mit statistischer Software.

Das Fach Statistik gehört zum Grundstudium in vielen Fachrichtungen. Wegen des zum Teil abstrakten und mathematisch begründeten Vorgehens haben Studenten häufig Probleme im Verständnis der statistischen Methoden. Die Autoren - ein Professor, ein Student der Statistik kurz vor dem Diplom und ein Assistent für Statistik - bieten mit diesem Arbeitsbuch **eine Ergänzung - keinen Ersatz!** zu den beiden Lehrbüchern

H.Toutenburg : "Deskriptive Statistik", Springer Verlag 2004
H.Toutenburg : "Induktive Statisti" , Springer Verlag 2005,

deren voller Stoffumfang klausurrelevant für Haupt- und Nebenfachstudenten an deutschsprachigen Universitäten ist.

Dieses Arbeitsbuch soll eine effektive Lernhilfe für die Statistik I und II Vorlesungen sein.

Das didaktische Anliegen des Buches wird durch eine Vielzahl neuer und - wie wir hoffen - origineller Beispiele unterstützt, die durch Fortsetzung den Stoff mehrerer Kapitel umfassen können. Dazu kommen Datensätze auf der Homepage, die zur Übung allgemein und zu speziellen Aufgaben mit SPSS genutzt werden können. Sie finden Sie unter

`http://www.stat.uni-muenchen.de (Index -> AG Toutenburg)`

Wir hoffen, dass dieses Buch Anklang bei den Studenten findet. Für Verbesserungsvorschläge und Fehlermeldungen sind wir dankbar (E-mail: toutenburg@stat.uni-muenchen.de).

Wir danken den Studenten, die das Manuskript gegengelesen haben.

Die Autoren

München und Basel im Januar 2006

Inhaltsverzeichnis

1. Grundlagen

Statistik ist die wichtigste Methodik zur Datenanalyse.
Daten werden von Behörden, Institutionen, Firmen und Forschern erhoben:
Behörden $\Rightarrow$ Steuereinnahmen, Geburten, Todesfälle, Einbürgerungen,...
Institute $\Rightarrow$ Wetterdaten, Politbarometer, Exporterlöse,...
Firmen $\Rightarrow$ Umsatz, Kosten, Werbung, Pensionskosten,...
Forscher $\Rightarrow$ klinische Daten bei Medikamentstudien, Ozonschicht, Erdbeben-
vorhersage,...

Ausgangspunkt der Datenerhebung ist eine spezifische Fragestellung:

- Ist ein Medikament A wirkungsvoller als ein Medikament B?
- Gefährdet Rauchen die Gesundheit?
- Liefert eine Maschine M signifikant mehr Ausschuß als eine Maschine N?
- Bewirkt eine spezielle Diät tatsächlich eine Gewichtsabnahme?
- Ist das Heiratsalter bei Männern höher als bei Frauen?
- Verändert sich die Parteienpräferenz?

1.1 Merkmal oder statistische Variable

Bei einer statistischen Aufgabenstellung ist zunächst die Datenbasis zu
klären. Die Objekte, auf die sich eine statistische Analyse bezieht, heißen
Untersuchungseinheiten. Die Zusammenfassung aller Untersuchungseinheiten bildet die **Grundgesamtheit**.

Bestimmte Aspekte oder Eigenschaften einer Untersuchungseinheit bezeichnet man als **Merkmal** oder statistische **Variable** X. Beide Begriffe
sind gleichwertig. Meist wird der Begriff Variable im Umgang mit konkreten
Zahlen, also bei der Datenerhebung und -auswertung verwendet, während der
Begriff Merkmal im theoretischen Vorfeld, also bei der Begriffsbildung und
bei der Planung der Erhebungstechnik verwendet wird. Bei jeder Untersuchungseinheit nimmt das Merkmal X eine mögliche Ausprägung x aus dem
Merkmalsraum (Menge der möglichen x-Werte) an.

Beispiele.

- Sei X der Familienstand, so sind mögliche Ausprägungen: ledig, verheiratet, geschieden, verwitwet.
- Sei X das Herstellungsland eines Autos, so sind beispielsweise "USA", "Japan" und "Europa" mögliche Ausprägungen.
- Beschreibt X das Studienfach, so sind mögliche Merkmalsausprägungen x: Medizin, Jura, Politik, etc.

1.1.1 Qualitative und Quantitative Merkmale

Qualitative Merkmale werden auch als artmäßige Merkmale bezeichnet, da sie sich durch die verschiedenartigen Ausprägungen charakterisieren lassen. Qualitative Merkmale sind zum Beispiel

- die Augenfarbe einer Person
- die Branchenzugehörigkeit eines Unternehmens
- die Wahl des Verkehrsmittels auf dem Weg zur Arbeit.

Quantitative Merkmale sind messbar und werden durch Zahlen erfasst. Wir bezeichnen sie daher auch als zahlenmäßige Merkmale. Die Ausprägungen des Merkmals lassen sich in eine eindeutige Rangfolge bringen. Beispiele hierfür wären

- Schuhgröße
- Wohnungsmiete
- Semesterzahl
- Umsatz eines Betriebes.

Anmerkung. Gelegentlich werden qualitative Merkmale durch Zahlen kodiert. So könnte man beispielsweise für das Merkmal 'Geschlecht' die Ausprägungen 'männlich' und 'weiblich' mit '0' bzw. '1' kodieren. Solche Merkmale sind aber auf keinen Fall als quantitativ anzusehen, da die Ausprägungen in keine eindeutige Reihenfolge gebracht werden können.

1.1.2 Diskrete und Stetige Merkmale

Im Bereich der quantitativen Merkmale unterscheiden wir zwischen diskreten und stetigen Merkmalen. Ein Merkmal heißt diskret wenn die Anzahl der Ausprägungen abzählbar ist, ansonsten sprechen wir von stetigen Merkmalen. In Bezug auf unser vorheriges Beispiel würde dies heißen, dass Schuhgröße und Semesterzahl diskrete Merkmale sind, während Wohnungsmiete und der Umsatz eines Betriebes stetig sind.

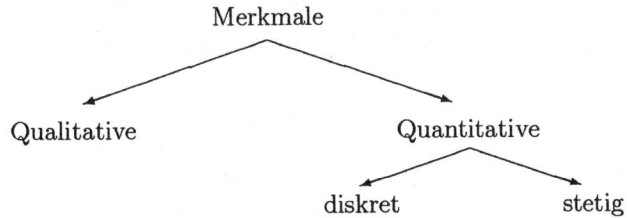

1.1.3 Skalierung von Merkmalen

Nominalskala. Die Ausprägungen eines nominalskalierten Merkmals können nicht geordnet werden (zum Beispiel: Merkmal 'Geschlecht einer Person' mit den Ausprägungen 'männlich' und 'weiblich'). Der einzig mögliche Vergleich ist die Prüfung auf Gleichheit der Merkmalsausprägungen zweier Untersuchungseinheiten ⇒ "Studienfach", "Herkunftsland".

Ordinal- oder Rangskala. Die Merkmalsausprägungen können gemäß ihrer Intensität geordnet werden. Eine Interpretation der Rangordnung ist möglich, Abstände zwischen den Merkmalsausprägungen können jedoch nicht interpretiert werden ⇒ "Schulnote".

Metrische Skala. Unter den Merkmalsausprägungen kann eine Rangordnung definiert werden, zusätzlich können Abstände zwischen den Merkmalsausprägungen gemessen und interpretiert werden. Wir können die metrisch skalierten Merkmale weiter unterteilen in:

Intervallskala. Es sind nur Differenzbildungen zwischen den Merkmalsausprägungen zulässig. Daher können nur Abstände verglichen werden ⇒ "Temperatur".

Verhältnisskala. Es existiert zusätzlich ein natürlicher Nullpunkt. Die Bildung eines Quotienten ist zulässig, Verhältnisse sind damit sinnvoll interpretierbar ⇒ "Geschwindigkeit".

Absolutskala. Es kommt zusätzlich eine natürliche Einheit hinzu. Die Absolutskala ist damit ein Spezialfall der Verhältnisskala ⇒ "Semesterzahl".

Anmerkung. Mit Ausnahme der Nominalskala lassen sich die Werte x_i von X der Größe nach ordnen: $x_{(1)} \leq x_{(2)} \leq ... \leq x_{(n)}$. Dabei wird $x_{(i)}$ als i-te Ordnungsstatistik bezeichnet.

1.2 Aufgaben

Aufgabe 1.1: In einer Studie soll die Nachtaktivität von Löwen untersucht werden. Dabei wurden mehrere Löwen eines Nationalparks mit einem Gerät ausgestattet, das Körpertemperatur und gelaufene Kilometer erfassen kann. Erläutern Sie anhand dieses Beispiels die Begriffe Grundgesamtheit, Untersuchungseinheit, Merkmal und Ausprägung!

Lösung:

Die Grundgesamtheit wäre in diesem Beispiel 'alle Löwen', die Untersuchungseinheit sind die mit einem Gerät ausgestatteten Löwen des Nationalparks. Die Merkmale, die im Zuge der Studie erhoben werden sind 'Körpertemperatur' bzw. 'gelaufene Kilometer'. Folglich wären mögliche Ausprägungen '35 Grad Celsius, 36 Grad Celsius, usw.' bzw '0.5 Kilometer, 1 Kilometer, usw.'.

Aufgabe 1.2: Welche der folgenden Merkmale sind quantitativ, welche sind qualitativ? Welche der quantitativen Merkmale sind diskret, welche stetig?

Schuhgröße, Mensapreis für ein Standardgericht, Parteienpräferenz, benötigte Fahrzeit bei Urlaubsfahrt, Augenfarbe, Geschlecht, Wellenlänge des Lichtes.

Lösung:

Qualitative Merkmale sind: Parteienpräferenz, Augenfarbe, Geschlecht
Quantitativ diskret ist: Schuhgröße
Quantitativ und stetig sind: Fahrzeit, Mensapreis, Wellenlänge

Aufgabe 1.3: Geben Sie an, auf welchem Skalenniveau die folgenden Untersuchungsmerkmale gemessen werden:

a) Parteienpräferenz bei einer Bundestagswahl
b) Schwierigkeitsgrad bei einem Computerspiel
c) Herstellungsdauer
d) Alter von Tieren im Zoo
e) Kalenderzeit ab Christi Geburt
f) Preis einer Tüte Bonbons in EUR
g) Matrikelnummer eines Studenten
h) Platzierung bei einem Schönheitswettbewerb
i) Intensität von Luftströmungen
j) Schulnoten

Lösung:

a) Die Parteienpräferenz kann als nominal angesehen werden. Beispiele für Kategorien sind: SPD, CDU, Grüne, FDP, Linkspartei, Sonstige.

b) Wir haben hier ein ordinalskaliertes Merkmal. Level 10 muß beispielsweise nicht doppelt so schwer sein wie Level 5.

c) Das Skalenniveau des Merkmals 'Herstellungsdauer' ist metrisch (Verhält-nisskala). Gemessen wird in Zeiteinheiten (s, min, Tage, etc.). Nullpunkt ist dabei der Produktionsbeginn.

d) Das Skalenniveau ist hier metrisch (Verhältnisskala). Gemessen wird in Jahren, Nullpunkt ist die Geburt des Tieres.

e) Das Skalenniveau für die Kalenderzeit ist metrisch (Intervallskala). Ge-messen wird in Jahren. Da wir einen nicht natürlichen Nullpunkt (Christi Geburt) haben, dürfen wir nicht die Verhältnisskala verwenden.

f) Das Skalenniveau ist metrisch (Verhältnisskala).

g) Das Niveau des Merkmals 'Matrikelnummer' ist nominal. Die Matrikel-nummer selbst besteht zwar aus Zahlen, wir können jedoch nicht davon ausgehen, dass zum Beispiel die Nummer '112233' einen halb so großen Nutzen oder Wert besitzt wie die Nummer '224466'.

h) Das Skalenniveau ist hier ordinal, da beispielsweise die zweitplatzierte Teilnehmerin nicht doppelt so schön ist wie die Viertplatzierte.

i) Auch dieses Merkmal ist ordinalskaliert.

j) Schulnoten sind ebenfalls ordinalskaliert. Man kann nicht behaupten, dass die Note '2' doppelt so gut ist wie die Note '4'.

2. Häufigkeitsverteilungen

2.1 Absolute und relative Häufigkeiten

Bei nominalen und ordinalen Merkmalen ist die Anzahl k der beobachteten Merkmalsausprägungen a_j in der Regel viel kleiner als die Anzahl n der Beobachtungen. Anstatt die n Beobachtungen $x_1, \ldots, x_n$ anzugeben, gehen wir dazu über, die **Häufigkeiten** der einzelnen Merkmalsausprägungen festzuhalten.

Die **absolute Häufigkeit** n_j ist die Anzahl der Untersuchungseinheiten, die die Merkmalsausprägung a_j, $j = 1, \ldots, k$ besitzen. Die Summe der absoluten Häufigkeiten aller Merkmalsausprägungen ergibt die Gesamtzahl n der Beobachtungen: $\sum_{j=1}^{k} n_j = n$. Für den (vom Stichprobenumfang unabhängigen) Vergleich von Untersuchungen benötigt man die **relativen Häufigkeiten** f_j:

$$f_j = f(a_j) = \frac{n_j}{n}, \quad j = 1, \ldots, k. \tag{2.1}$$

Sie geben den Anteil der Untersuchungseinheiten an, die die Ausprägung a_j besitzen.

Bei stetigen Merkmalen ist die Anzahl k der beobachteten Merkmalsausprägungen sehr groß oder sogar gleich der Anzahl der Beobachtungen n, so dass die relativen Häufigkeiten f_j in der Regel gleich $\frac{1}{n}$ sind. Um eine interpretierbare Verteilung zu erhalten, fassen wir mehrere Merkmalsausprägungen zu einem Intervall zusammen. Als Repräsentant wählt man z.B. a_j als Klassenmitte.

Die **Häufigkeitstabelle** stellt die Verteilung des Merkmals dar:

a_1	a_2	...	a_n
n_1	n_2	...	n_n
f_1	f_2	...	f_n

Dabei gelten die Restriktionen: $n = \sum_i n_i$ und $\sum_i f_i = 1$.

Beispiel 2.1.1. Beschreibe das Merkmal X die Wahl des Studienfachs:

Jura	*Politik*	*Medizin*
400	300	1300
0.20	0.15	0.65

Dabei ist $n = \sum_i n_i = 2000$ und $\sum_i f_i = 1$.

2.2 Empirische Verteilungsfunktion

Sind die Beobachtungen $x_1, \ldots, x_n$ des Merkmals X der Größe nach als $x_{(1)} \leq x_{(2)} \leq \ldots \leq x_{(n)}$ geordnet und ist das Datenniveau mindestens ordinal (also nicht nominal), so ist die **empirische Verteilungsfunktion** an der Stelle x die kumulierte relative Häufigkeit aller Merkmalsausprägungen a_j, die kleiner oder gleich x sind:

$$F(x) = \sum_{a_j \leq x} f(a_j). \tag{2.2}$$

Beispiel 2.2.1. In der Saison 2004/2005 der Fußball-Bundesliga wurden die geschossenen Tore aller 18 Mannschaften über die Saison notiert. Für die Analyse wurde folgende ordinale Klassierung vorgeschlagen: 1 "Sehr wenig Tore" ([30, 40)), 2 "Wenig Tore" ([40, 50)), 3 "moderate Tore" ([50, 60)), 4 "viele Tore" ([60, 70)), 5 "sehr viele Tore" [70, 80), Folgende Tabelle zeigt wieviele Mannschaften (n_j) eine bestimmte Toranzahl (a_j) geschossen haben:

Tore (a_j)	1	2	3	4	5
n_j	5	4	6	2	1
f_j	5/18	4/18	6/18	2/18	1/18
F_j	5/18	9/18	15/18	17/18	1

Die empirische Verteilungsfunktion für dieses Beispiel ist Abb. 2.1.

Natürlich ist die Anzahl der Tore ein quasi-stetiges Merkmal, ein Merkmal mit sehr vielen Ausprägungen (hier alle natürlichen Zahlen im Intervall [30, 80]). Diese Merkmale werden anders als diskrete Merkmale mit wenig Ausprägungen behandelt. Um die Übersicht in der Häufigkeitstabelle zu wahren, werden sogenannten Klassen gebildet (siehe Kapitel 2.3.4). Die empirische Verteilungsfunktion ist bei solchen klassierten Daten stückweise linear.

2.3 Grafische Darstellungen

Die Häufigkeitstabelle ist eine erste Möglichkeit zur Veranschaulichung der Daten. Sie liefert leicht verständliche Informationen 'auf einen Blick'.
Bei der Achsenskalierung von Grafiken sollte bei vergleichbaren Sachverhalten die gleiche Achsenskalierung gewählt werden.

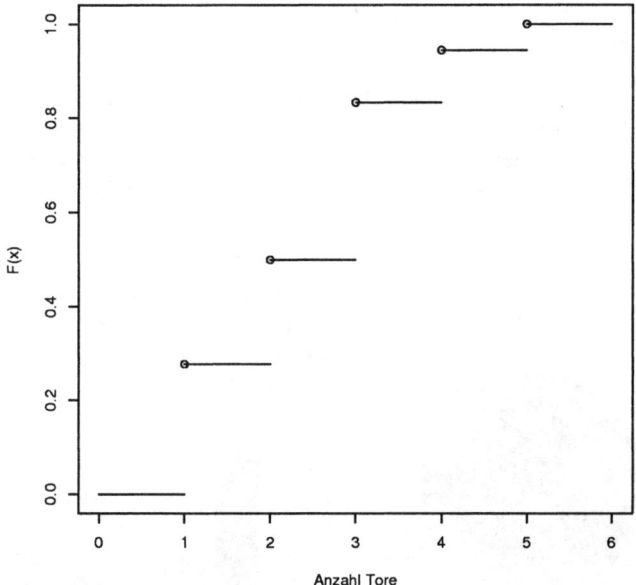

Abb. 2.1. Empirische Verteilungsfunktion für das Beispiel "geschossene Tore in der Saison"

2.3.1 Stab- oder Balkendiagramme

Die einfachste grafische Darstellungsmöglichkeit ist das Stab- oder Balkendiagramm. Dieser Diagrammtyp lässt sich sinnvoll nur für qualitative und diskret quantitative Merkmale verwenden. Jeder Merkmalsausprägung wird ein Strich oder Balken zugeordnet, dessen Länge der absoluten oder relativen Häufigkeit entspricht. Die Anordnungsreihenfolge der Balken ist bei qualitativen Merkmalen beliebig. Bei mindestens ordinalskalierten Merkmalen existiert eine 'natürliche' Anordnungsreihenfolge der Merkmalsausprägungen, falls die Kodierung entsprechend gewählt wird.

2.3.2 Kreisdiagramme

Kreisdiagramme eignen sich zur Darstellung von Häufigkeiten qualitativer, diskret quantitativer oder klassierter Merkmale. Die Aufteilung des Kreises in die einzelnen Sektoren, die die Merkmalsausprägungen repräsentieren, ist dabei proportional zu den absoluten bzw. relativen Häufigkeiten. Die Größe eines Kreissektors, also sein Winkel, kann damit aus der relativen Häufigkeit f_j gemäß Winkel $= f_j \cdot 360°$ bestimmt werden.

Anmerkung. In einem Kreisdiagramm wird nie die Rangfolge der einzelnen Ausprägungen wiedergegeben. Bei der Darstellung der Ausprägungen eines beispielsweise ordinalskalierten Merkmals ist daher ein Stab- oder Balkendiagramm dem Kreisdiagramm vorzuziehen.

Beispiel 2.3.1. Die Schüler eines Gymnasiums dürfen in der Oberstufe *ein* zusätzliches Fach aus einem Wahlbereich wählen. Zur Auswahl stehen hierbei: Psychologie, Philosophie, Russisch, Darstellende Geometrie, Astronomie, Chor. Abb. 2.2 zeigt die Wahl der Schüler - veranschaulicht in einem Kreis- und Balkendiagramm.

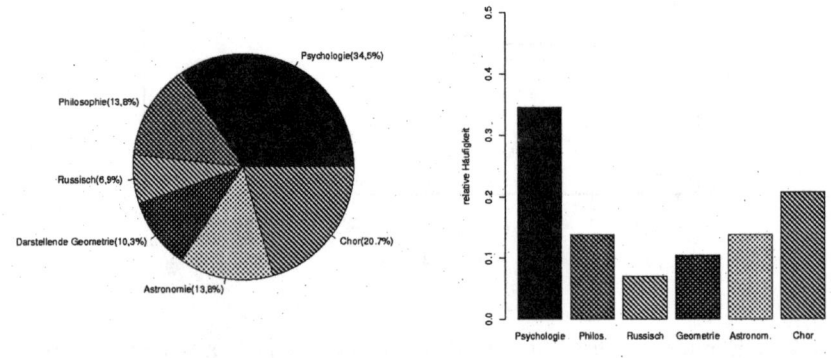

Abb. 2.2. Kreis- und Balkendiagramm für die Wahl des Fachs

2.3.3 Stamm-und-Blatt-Diagramme

Sei das Datenniveau metrisch und seien die Daten der Größe nach geordnet: $x_{(1)} \leq x_{(2)} \leq ... \leq x_{(n)}$. Für die Erstellung eines Stamm-und-Blatt-Diagramms gehen wir in folgenden Schritten vor:

1. Wir unterteilen den Wertebereich in Intervalle gleicher Breite, wobei wir die Breite jeweils als das 0.5-, 1-, oder 2-fache einer Zehnerpotenz wählen.
2. Die beobachteten Merkmalsausprägungen werden in einen Stamm- und einen Blattanteil zerlegt.
3. Die so gefundenen Werte sowie die zugehörigen Häufigkeiten werden aufgetragen.

Beispiel 2.3.2. Es sei die Länge von Filmen während eines Filmfestivals notiert worden. Folgendes Stamm-und-Blatt-Diagramm erläutert die Datensituation. Dabei wird der Stamm durch 10-Minuten-Einheiten gebildet, das Blatt repräsentiert 1-Minuten-Einheiten:

```
Frequency    Stamm &  Blatt

  2.00        7  .  04
  6.00        8  .  044889
  8.00        9  .  22235588
  2.00       10  .  12
  1.00       11  .  5
  2.00       12  .  05
  1.00       13  .  0
  2.00       14  .  15
  1.00       15  .  0
```

In der ersten Zeile könnten wir beispielsweise die beobachteten Filmlängen von 70 und 74 Minuten ablesen. Es folgen Filme der Länge 80,84,84,88,88 Minuten usw. Der längste Film dauerte 150 Minuten.

2.3.4 Histogramme

Liegt ein metrisches Merkmal vor, so kann die Häufigkeitsverteilung nicht von vornherein durch ein Balkendiagramm dargestellt werden, da hier im Allgemeinen sehr viele Balken entstehen würden, die fast alle die Höhe $1/n$ hätten. Um eine sinnvolle Häufigkeitsverteilung zu erhalten, muss das Merkmal zunächst klassiert werden. Die hieraus resultierende Häufigkeitsverteilung kann dann in einem Histogramm grafisch veranschaulicht werden. Die Histogrammflächen sind proportional zu den relativen Häufigkeiten f_j, die Höhe h_j des Rechtecks über der j-ten Klasse berechnet sich somit gemäß

$$h_j = \frac{f_j}{d_j},$$

mit der Klassenbreite $d_j = e_j - e_{j-1}$. Dabei ist e_j die obere Klassengrenze des j-ten Intervalls und e_{j-1} die untere.

Anmerkung. Bei Verwendung von SPSS zur Histogrammdarstellung kann die Festlegung der Klassengrenzen variiert werden. Damit ist eine interaktive explorative Analyse der Verteilung eines Merkmals möglich. SPSS-Histogramme lassen jedoch nur gleich breite Klassen zu. Damit sind die Rechteckshöhen h_j stets proportional zu den relativen und absoluten Häufigkeiten. Ist die Klassenbreite gleich 1, so ist die Rechteckshöhe gleich der relativen Häufigkeit. SPSS-Histogramme tragen im Gegensatz zu der oben gegebenen Definition an der y-Achse die absoluten Häufigkeiten der Klassen ein. Da die relativen und die absoluten Häufigkeiten zueinander proportional sind, bleibt die Gestalt des Histogramms jedoch unberührt. Wahlweise kann auch die Option Balkendiagramme genutzt werden um Histogramme zu zeichnen. Die Kategorienachse stellt dabei die Klasseneinteilung dar.

2.4 Aufgaben

Aufgabe 2.1: Bei der Bundestagswahl 2002 in Deutschland ergab sich folgende Sitzverteilung für den Bundestag:

Partei	Anzahl Sitze
SPD	251
CDU	190
CSU	58
Grüne	55
FDP	47
PDS	2

a) Erstellen Sie ein Balkendiagramm!
b) Erstellen Sie ein Kreisdiagramm!

Lösung:

Abbildung 2.3 zeigt sowohl das Kreis-, als auch das Balkendiagramm zur Sitzverteilung im Bundestag.

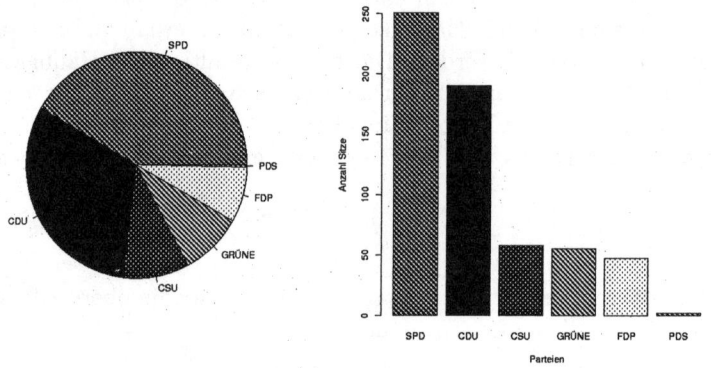

Abb. 2.3. Kreis- und Balkendiagramm für die Sitzverteilung im Bundestag

Aufgabe 2.2: Bei einem Eignungstest für angehende Psychologiestudenten konnten maximal 14 Punkte erreicht werden. Insgesamt nahmen 100 Personen an diesem Eignungstest teil. Folgende Tabelle veranschaulicht die erreichten Punktzahlen der Teilnehmer:

a_j	0	1	2	3	4	5	6	7	8	9	10	11	12	13	14
n_j	1	3	5	7	3	5	13	5	8	16	7	6	11	8	2

a) Stellen Sie die Häufigkeitsverteilung mit den absoluten Häufigkeiten grafisch dar!

b) Bestimmen Sie die relativen Häufigkeiten sowie die Werte der empirischen Verteilungsfunktion und zeichnen Sie diese.

c) Wie groß ist der Anteil der Studenten, die eine geforderte Hürde von 9 Punkten oder mehr schaffen?

Lösung:

a) In Abb. 2.4 (links) sind die absoluten Häufigkeiten in einem Balkendiagramm dargestellt.

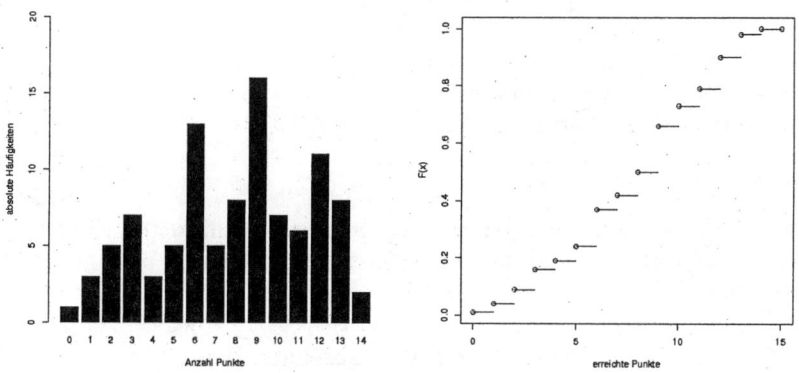

Abb. 2.4. Erzielte Punkte beim Eignungstest

b) Die Häufigkeitstabelle ist durch folgende Tabelle gegeben:

j	a_j	n_j	f_j	$F(x)$	j	a_j	n_j	f_j	$F(x)$
1	0	1	0.01	0.01	9	8	8	0.08	0.50
2	1	3	0.03	0.04	10	9	16	0.16	0.66
3	2	5	0.05	0.09	11	10	7	0.07	0.73
4	3	7	0.07	0.16	10	11	6	0.06	0.79
5	4	3	0.03	0.19	11	12	11	0.11	0.90
6	5	5	0.05	0.24	12	13	8	0.08	0.98
7	6	13	0.13	0.37	13	14	2	0.02	1.00
8	7	5	0.05	0.42	$\sum$		100	1.00	

Die empirische Verteilungsfunktion ist in Abb. 2.4 (rechts) dargestellt.

c)

$$F(X \geq 9) = 1 - F(8) = 1 - \frac{50}{100} = \frac{1}{2}$$

Die Hälfte der Psychologiestudenten besteht den Test.

Aufgabe 2.3: Für ein stetiges Merkmal erhalten wir nach Festlegung der Klassen folgende Kenndaten, die das Zeichnen eines Histogramms erlauben:

Klasse j	Klassenbreite d_j	Höhe h_j
1	1	0.125
2	3	0.125
3	3	0.125
4	1	0.125

a) Bestimmen Sie die relativen Häufigkeiten in den Klassen!

b) Wie groß sind die absoluten Häufigkeiten, wenn zur Bestimmung der Kenndaten 2000 Werte zur Verfügung standen?

Lösung:

a) Für die Klassen 1 und 4 betragen die relativen Häufigkeiten jeweils 0.125 (Höhe (h_j)· Breite (d_j)), für die anderen beiden Klassen beträgt die relative Häufigkeit aufgrund der größeren Breite $3 \cdot 0.125 = 0.375$.

b) Für die Klassen 1 und 4 betragen die absoluten Häufigkeiten jeweils 250 ($2000 \cdot 0.125$), für die Klassen 2 und 3 betragen die absoluten Häufigkeiten jeweils 750 ($2000 \cdot 0.375$).

Aufgabe 2.4: An einer Universität wurden 500 Studenten nach der Größe ihrer Wohnung in Quadratmetern gefragt. Das Ergebnis wurde in folgender Tabelle festgehalten:

Klasse	Wohnungsgröße in Quadratmetern $e_{j-1} \leq x < e_j$		$F(x)$
1	8	− 14	0.25
2	14	− 22	0.40
3	22	− 34	0.75
4	34	− 50	0.97
5	50	− 82	1.00

a) Berechnen Sie die absoluten Häufigkeiten des Merkmals 'Wohnungsgröße'!

b) Wieviel Prozent der Studenten haben eine Wohnung von mindestens 28 Quadratmetern?

Lösung:

a) Die absoluten Häufigkeiten lassen sich aus folgender Tabelle entnehmen:

Klasse	e_{j-1}	e_j	$F(e_j)$	f_j	$n_j(= f_j n)$	d_j	a_j
1	8	14	0.25	0.25	$0.25 \cdot 500 = 125$	6	11
2	14	22	0.40	0.15	75	8	18
3	22	34	0.75	0.35	175	12	28
4	34	50	0.97	0.22	110	16	42
5	50	82	1.00	0.03	15	32	66

b)

$$F(X > 28) = 1 - F(28)$$
$$= 1 - (\sum_{i=1}^{3} f_i)$$
$$= 1 - (0.25 + 0.15 + 0.35)$$
$$= 0.25$$

Aufgabe 2.5: Im Gebiet östlich des Etosha-Nationalparks in Namibia wurde im Zuge wissenschaftlicher Arbeiten das Gewicht (in kg) von 24 Eland-Antilopen erhoben:

450 730 700 600 620 660 850 520 490 670 700 820
910 770 760 620 550 520 590 490 620 660 940 790

Erstellen Sie ein Stamm-und-Blatt-Diagramm!

Lösung:

```
Gewicht Stem-and-Leaf Plot

Frequency     Stamm &  Blatt

     3.00      4 .  599
     4.00      5 .  2259
     7.00      6 .  0222667
     6.00      7 .  003679
     2.00      8 .  25
     2.00      9 .  14

Stem width:   100.00
Each leaf:      1 case(s)
```

Aufgabe 2.6: Im Folgenden sind die Fahrzeiten (in Minuten) 24 verschiedener Urlauber notiert, die von München bis Bozen (Italien) gefahren sind:

181 158 220 205 307 222 190 179 198 208 230 267
182 190 178 168 212 230 242 198 197 185 223 261

a) Erstellen Sie ein Histogramm. Wählen Sie dafür als Klassenbreite ein Intervall von 30 Minuten und als erste Klassenmitte 165 Minuten!

b) Wählen Sie nun als erste Klassenmitte 160 Minuten und 3 Intervalle a 20 Minuten, sowie 2 Intervalle a 50 Minuten!

Lösung:

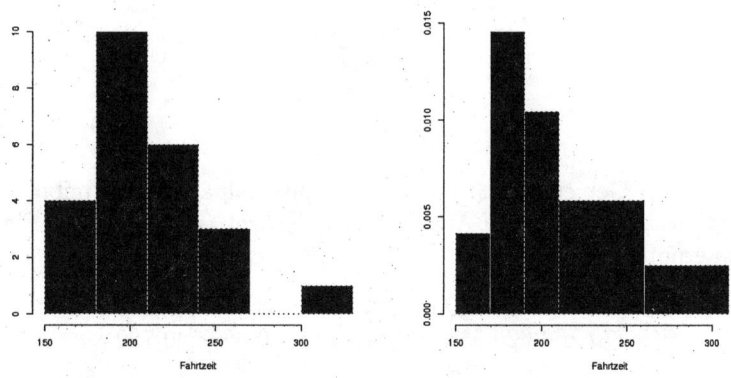

Abb. 2.5. Histogramme zur "Fahrzeit nach Bozen"

3. Maßzahlen für eindimensionale Merkmale

3.1 Lagemaße

Lageparameter beschreiben generell das Zentrum einer Häufigkeitsverteilung. Beispiele hierfür wären: mittlere Körpergröße (männlich/weiblich), Durchschnittstemperatur im Juli in München, das am häufigsten gewählte Studienfach, die beliebteste TV-Sendung im Jahr 2005, das normale Heiratsalter, Durchschnittseinkommen, etc.

3.1.1 Modus oder Modalwert

Als Modus oder Modalwert $\bar{x}_M$ bezeichnet man den häufigsten Wert einer Verteilung. Voraussetzung ist dabei eine eingipflige Verteilung. Das Datenniveau ist beliebig. Für nominalskalierte Daten ist der Modus der einzige zulässige Lageparameter.

$$\bar{x}_M = a_j \Leftrightarrow n_j = \max\{n_1, n_2, \ldots, n_k\} . \tag{3.1}$$

Beispiel 3.1.1. Es wird die Körpergröße von Männern und Frauen gemessen. (siehe Abb. 3.1). Betrachtet man die Verteilung der Körpergröße insgesamt, so sind zwei Gipfel zu erkennen. Damit ist eine modale Körpergröße nicht sinnvoll definiert.

3.1.2 Median und Quantile

Das Merkmal X sei ordinal oder stetig und die Stichprobe sei geordnet: $x_{(1)} \leq \ldots \leq x_{(n)}$. Der Median teilt den geordneten Datensatz in zwei (im Idealfall gleich große) Bereiche. Er wird mit $\tilde{x}_{0.5}$ bezeichnet und durch die Forderung $F(\tilde{x}_{0.5}) = 0.5$ definiert.

Der Median $\tilde{x}_{0.5}$ wird in der Stichprobe wie folgt berechnet:

$$\tilde{x}_{0.5} = \begin{cases} x_{((n+1)/2)} & \text{falls } n \text{ ungerade} \\ \frac{1}{2}(x_{(n/2)} + x_{(n/2+1)}) & \text{falls } n \text{ gerade.} \end{cases} \tag{3.2}$$

Für ungerades n ist der Median der mittlere Wert der Beobachtungsreihe, also ein tatsächlich beobachteter Wert. Für gerades n ist der Median im Fall

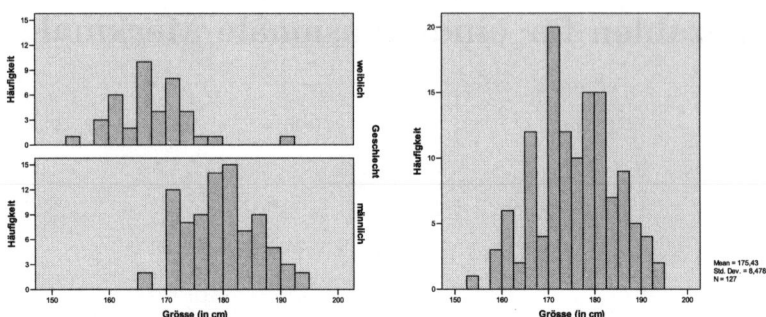

Abb. 3.1. Körpergröße der Männer und Frauen (links), sowie Verteilung der Körpergröße insgesamt (rechts)

$x_{(n/2)} = x_{(n/2+1)}$ ein beobachteter Wert, ansonsten ist er kein beobachteter Wert.

Beispiel 3.1.2. Zur Veranschaulichung der Berechnung des Medians betrachten wir folgende Beispiele:

a) Es liegen die geordneten Werte 3,5,7,9,11 vor. Dann berechnet sich der Median wie folgt:

$$\tilde{x}_{0.5} = x_{(5+1)/2} = x_{(3)} = 7.$$

b) Seien nun die geordneten Werte 3,5,7,9,11,25, dann ist der Median:

$$\tilde{x}_{0.5} = \frac{1}{2}(x_{(6/2)} + x_{(6/2)+1}) = \frac{1}{2}(7 + 9) = 8.$$

Quantile. Eine Verallgemeinerung der Idee des Medians sind die Quantile. Sei α eine Zahl zwischen Null und Eins. Das α-Quantil $\tilde{x}_\alpha$ wird durch die Forderung $F(\tilde{x}_\alpha) = \alpha$ definiert. Bei diskreten Daten bedeutet dies, dass höchstens $n\alpha$ Werte kleiner oder gleich $\tilde{x}_\alpha$ sind und höchstens $n(1-\alpha)$ Werte größer oder gleich $\tilde{x}_\alpha$ sind. Wie wir sehen, ist der Median gerade das 0.5-Quantil $\tilde{x}_{0.5}$. Für feste Werte von α werden die α-Quantile oft auch als $\alpha \cdot 100\,\%$-Quantile bezeichnet (z. B. 10 %-Quantil für $\alpha = 0.1$).

Sei wieder $x_{(1)} \leq \ldots \leq x_{(n)}$ die geordnete Beobachtungsreihe, so bestimmt man als α-Quantil $\tilde{x}_\alpha$ dieser Daten den Wert

$$\tilde{x}_\alpha = \begin{cases} x_{(k)} & \text{falls } n\alpha \text{ keine ganze Zahl ist,} \\ & \quad k \text{ ist dann die kleinste ganze Zahl} > n\alpha, \\ \frac{1}{2}(x_{(n\alpha)} + x_{(n\alpha+1)}) & \text{falls } n\alpha \text{ ganzzahlig ist.} \end{cases} \quad (3.3)$$

Beispiel 3.1.3. Erneut betrachten wir die Werte aus Bsp. 3.1.2:

a) Für die Werte 3,5,7,9,11 soll das 30%-Quantil bestimmt werden. Mit $n\alpha = 5 \cdot 0.3 = 1.5$ folgt $k = 2$. Das heißt:

$$\tilde{x}_{0.3} = x_{(2)} = 5.$$

b) Werden nun die sechs geordneten Werte 3,5,7,9,11,25 betrachtet, so errechnet sich mit $k = 2$ das 30%-Quantil wie folgt:

$$\tilde{x}_{0.3} = \frac{1}{2}(x_{(2)} + x_{(3)}) = \frac{1}{2}(5 + 7) = 6.$$

Quantil-Quantil-Diagramme (Q-Q-Plots). Wir gehen jetzt davon aus, dass wir zwei Erhebungen desselben Merkmals (z. B. 'Punktwerte' x_i von Physik-Studenten, 'Punktwerte' y_i von Informatik-Studenten bei einer Mathematikklausur) zur Verfügung haben und diese grafisch vergleichen wollen. Dazu ordnen wir beide Datensätze jeweils der Größe nach:

$$x_{(1)} \leq x_{(2)} \leq \ldots \leq x_{(n)} \quad \text{und}$$
$$y_{(1)} \leq y_{(2)} \leq \ldots \leq y_{(m)}.$$

Wir bestimmen für ausgewählte Anteile α_i die Quantile $\tilde{x}_{\alpha_i}$ und $\tilde{y}_{\alpha_i}$ und tragen sie in ein x-y-Koordinatensystem ein. Als α_i-Werte wählt man standardmäßig die Werte 0.1, 0.2, ..., 0.9 oder 0.25, 0.50, 0.75. Diese Darstellung heißt **Quantil-Quantil-Diagramm** oder kurz **Q-Q-Plot**.

Q-Q-Plots können eine Vielzahl von Mustern aufweisen. Wir wählen folgende interessante Spezialfälle aus:

a) Alle Quantilpaare liegen auf der Winkelhalbierenden. Dies deutet auf Übereinstimmung zwischen den beiden Stichproben hin.
b) Die y-Quantile sind kleiner als die x-Quantile.
c) Die x-Quantile sind kleiner als die y-Quantile.
d) Bis zu einem Breakpoint sind die y-Quantile kleiner als die x-Quantile, danach sind die y-Quantile größer als die x-Quantile.

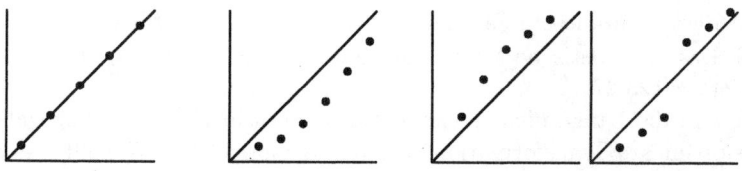

Abb. 3.2. Typische Quantil-Quantil Diagramme

3.1.3 Arithmetisches Mittel

Liegt ein metrisches Datenniveau vor, so errrechnet sich das arithmetische Mittel $\bar{x}$ als Durchschnittswert aller Beobachtungen:

$$\bar{x} = \frac{1}{n} \sum_{i=1}^{n} x_i \, . \tag{3.4}$$

Falls die Daten bereits in der komprimierten Form einer Häufigkeitstabelle vorliegen:

$$\text{Merkmalsausprägung} : a_1, a_2, \ldots a_k$$
$$\text{Häufigkeit} : n_1, n_2, \ldots n_k \, ,$$

vereinfacht sich die Berechnung von $\bar{x}$ zu

$$\bar{x} = \frac{1}{n} \sum_{j=1}^{k} n_j a_j = \sum_{j=1}^{k} f_j a_j \tag{3.5}$$

mit $f_j = \frac{n_j}{n}$ (relative Häufigkeit von a_j). Diese Form bezeichnet man als **gewogenes** oder **gewichtetes arithmetisches Mittel**.

Eigenschaften des arithmetischen Mittels. Die Summe der Abweichungen der Beobachtungen von ihrem arithmetischen Mittel ist Null:

$$\sum_{i=1}^{n} (x_i - \bar{x}) = \sum_{i=1}^{n} x_i - n\bar{x} = n\bar{x} - n\bar{x} = 0 \, . \tag{3.6}$$

Für eine lineare Transformation der Daten gemäß $y_i = a + bx_i$ gilt $\bar{y} = a + b\bar{x}$.

Beispiel 3.1.4. Ein Musiker misst die Länge von 11 Didgeridoos seiner Kollegen. Es ergaben sich die folgenden Werte (in cm):

$$124 \ 130 \ 111 \ 122 \ 119 \ 117 \ 118 \ 128 \ 140 \ 123 \ 124$$

Der Median ist in diesem Fall der 6. Wert der Ordnungsstatistik: $\tilde{x}_{0.5} = x_{(6)}$ $= 123$. Das arithmetische Mittel berechnet sich durch: $\bar{x} = \frac{1}{11}(124 + 130 + \ldots + 124) = 123.27$
Werde nun die Länge nicht mehr in cm sondern in Zoll(inch) angegeben so liegt eine lineare Transformation vor: 1cm entspricht 0.3937 Zoll! Das arithmetische Mittel berechnet sich nun als: $\bar{y} = a + b\bar{x} = 0.3937*123.27 = 48.53$ Zoll.

3.1.4 Geometrisches Mittel

Sei das Datenniveau metrisch und liegen die Beobachtungen (Wachstums-daten) $x_1, \ldots, x_T$ mit $x_t > 0$ für alle t vor, so ist das geometrische Mittel definiert als

$$\bar{x}_G = \sqrt[T]{\prod_{t=1}^{T} x_t} = \left(\prod_{t=1}^{T} x_t\right)^{\frac{1}{T}}, \qquad (3.7)$$

Wir definieren einen Anfangsbestand B_0 zu einem Zeitpunkt 0. In den folgenden Zeitpunkten t=1,...,T liege jeweils der Bestand B_t vor. Dann ist

$$x_t = \frac{B_t}{B_{t-1}}$$

der sogenannte t-te Wachstumsfaktor. Als Wachstumsrate r_t bezeichnet man die prozentuale Abweichung des Wachstumsfaktors x_t von Eins

$$r_t = (x_t - 1) \cdot 100\,\% = \delta_t \cdot 100\,\%.$$

Wir fassen einen Wachstumsprozess in der folgenden Tabelle zusammen:

Zeit t	Bestand B_t	Wachstums-faktor x_t
0	B_0	—
1	B_1	$x_1 = B_1/B_0$
2	B_2	$x_2 = B_2/B_1$
$\vdots$	$\vdots$	$\vdots$
T	B_T	$x_T = B_T/B_{T-1}$

Ein Bestand B_t $(t = 1, \ldots, T)$ lässt sich direkt mit Hilfe der tatsächlichen Wachstumsfaktoren bestimmen

$$B_t = B_0 \cdot x_1 \cdot \ldots \cdot x_t.$$

Der durchschnittliche Wachstumsfaktor von B_0 bis B_T wird mit dem geome-trischen Mittel der Wachstumsfaktoren berechnet:

$$\begin{aligned}
\bar{x}_G &= \sqrt[T]{x_1 \cdot \ldots \cdot x_T} \\
&= \sqrt[T]{\frac{B_0 \cdot x_1 \cdot \ldots \cdot x_T}{B_0}} \\
&= \sqrt[T]{\frac{B_T}{B_0}}. \qquad (3.8)
\end{aligned}$$

Damit können wir den Bestand B_t zum Zeitpunkt t berechnen als $B_t = B_0 \cdot \bar{x}_G^t$.

Beispiel 3.1.5. Wir betrachten im folgenden Beispiel die Jahresbestleistungen der deutschen Siebenkämpferin Sabine Braun in den Jahren 1987 bis 1992 (x_t gerundet auf zwei Stellen nach dem Komma).

Jahr	Punktzahl	Wachstums-faktor	Wachstums-rate
1987	5621	-	-
1988	6432	1.14	14%
1989	6575	1.02	2%
1990	6688	1.02	2%
1991	6672	1.00	0%
1992	6985	1.05	5%

Der mittlere Wachstumsfaktor kann jetzt wie folgt berechnet werden:

$$\bar{x}_G = (1.14 \cdot 1.02 \cdot 1.02 \cdot 1.00 \cdot 1.05)^{\frac{1}{5}} = 1.045.$$

3.2 Streuungsmaße

Lagemaße allein charakterisieren die Verteilung nur unzureichend. Dies wird deutlich, wenn wir folgende Beispiele betrachten:

- Die beiden Studenten Christine und Andreas notieren ihre Ankunft vor bzw. nach dem Professor in der Statistik-Vorlesung über die Semesterwochen:

	W1	W2	W3	W4	W5	W6	W7	W8	W9	W10	W11	W12
Christine	0	0	0	0	0	0	0	0	0	0	0	0
Andreas	−10	+10	−10	+10	−10	+10	−10	+10	−10	+10	−10	+10

Christine war immer pünktlich. Andreas kam jedoch im Wechsel immer 10 Minuten zu früh oder zu spät, 'im Mittel' war er aber genauso pünktlich wie Christine.

- Ein Zulieferer der Autoindustrie soll Türen der Breite 1.00 m liefern. Seine Türen haben die Maße 1.05, 0.95, 1.05, 0.95, ... Er hält also im Mittel die Forderung von 1.00 m ein, seine Lieferung ist jedoch völlig unbrauchbar.

Zusätzlich zur Angabe eines Lagemaßes wird eine Verteilung durch die Angabe von Streuungsmaßen charakterisiert. Diese können jedoch nicht bei nominal skalierten Merkmalen verwendet werden, da Abstände gemessen und interpretiert werden.

3.2.1 Spannweite und Quartilsabstand

Das Datenniveau sei metrisch oder ordinal. Der **Streubereich** einer Verteilung ist der Bereich, in dem die Merkmalsausprägungen liegen. Die Angabe des kleinsten und des größten Wertes beschreibt ihn vollständig. Die Breite des Streubereichs nennt man **Spannweite** oder **Range** einer Häufigkeitsverteilung. Sie ist gegeben durch

$$R = x_{(n)} - x_{(1)}, \tag{3.9}$$

wobei $x_{(1)}$ den kleinsten und $x_{(n)}$ den größten Wert der geordneten Beobachtungsreihe bezeichnet.

Der **Quartilsabstand** ist gegeben durch

$$d_Q = \tilde{x}_{0.75} - \tilde{x}_{0.25}. \tag{3.10}$$

Er definiert den zentralen Bereich einer Verteilung, in dem 50% der Werte liegen.

Beispiel 3.2.1. Für die geordneten Werte 3,5,7,9,11,25 aus Beispiel 3.1.2b) berechnen sich Spannweite und Quartilsabstand als:

$$R = x_{(n)} - x_{(1)} = x_{(6)} - x_{(1)} = 25 - 3 = 22,$$
$$d_Q = \tilde{x}_{0.75} - \tilde{x}_{0.25} = x_{(5)} - x_{(2)} = 11 - 5 = 6.$$

3.2.2 Varianz und Standardabweichung

Sei das Datenniveau metrisch, dann misst die **Varianz** s^2 die mittlere quadratische Abweichung vom arithmetischen Mittel $\bar{x}$:

$$s^2 = \frac{1}{n} \sum_{i=1}^{n} (x_i - \bar{x})^2. \tag{3.11}$$

Eine Umformung ergibt den **Verschiebungssatz für die Varianz**:

$$s^2 = \frac{1}{n} \sum_{i=1}^{n} (x_i - \bar{x})^2 = \frac{1}{n} \sum_{i=1}^{n} x_i^2 - \bar{x}^2. \tag{3.12}$$

Die **Standardabweichung** s ist die positive Wurzel aus der Varianz:

$$s = \sqrt{\frac{1}{n} \sum_{i=1}^{n} (x_i - \bar{x})^2}. \tag{3.13}$$

Die Standardabweichung ist ein Streuungsmaß in der gleichen Maßeinheit wie x. Wird X z. B. in kg gemessen, so sind $\bar{x}$ und s ebenfalls in kg angegeben, s^2 jedoch in kg^2, was nicht zu interpretieren ist.

Des weiteren gibt die Standardabweichung an, um wieviel die Beobachtungen vom Mittelwert abweichen. Ein kleiner Wert bedeutet dabei, dass die Beobachtungen nahe am Mittelwert liegen.

Beispiel 3.2.2. Wir betrachten erneut das Beispiel der beiden Studenten Christine und Andreas zu ihrer Pünktlichkeit in der Vorlesung (siehe 3.2).

Die Streuung bei Christine ist:
$s_{Chr}^2 = \frac{1}{12} \sum_{i=1}^{12} (x_i - \bar{x})^2 = \frac{1}{12}((0-0)^2 + ... + (0-0)^2) = 0.$

Betrachten wir nun Andreas, so berechnet sich die Streuung wie folgt:
$s_{And}^2 = \frac{1}{12} \sum_{i=1}^{12} (x_i - \bar{x})^2 = \frac{1}{12}((-10-0)^2 + ... + (10-0)^2) = 100.$

Lineare Transformation der Daten. Führt man eine lineare Transformation $y_i = a + bx_i$ $(b \neq 0)$ der Originaldaten x_i $(i = 1, ..., n)$ durch, so gilt für das arithmetische Mittel der transformierten Daten $\bar{y} = a + b\bar{x}$ und für ihre Varianz

$$s_y^2 = \frac{1}{n} \sum_{i=1}^{n} (y_i - \bar{y})^2 = \frac{b^2}{n} \sum_{i=1}^{n} (x_i - \bar{x})^2$$
$$= b^2 s_x^2 . \tag{3.14}$$

Beispiel 3.2.3. Wird die Zeitmessung von Stunden auf Minuten umgestellt, d.h., führen wir die lineare Transformation $y_i = 60\,x_i$ durch, so gilt $s_y^2 = 60^2 s_x^2$.

Standardisierung. Ein Merkmal Y heißt **standardisiert**, falls $\bar{y} = 0$ und $s_y^2 = 1$ gilt. Ein beliebiges Merkmal X mit Mittelwert $\bar{x}$ und Varianz s_x^2 wird in ein standardisiertes Merkmal Y mittels folgender Transformation übergeführt:
$$y_i = \frac{x_i - \bar{x}}{s_x} = -\frac{\bar{x}}{s_x} + \frac{1}{s_x} x_i = a + bx_i .$$

Beispiel 3.2.4. Es beschreibe das Merkmal X die Feinstaubbelastung (in $\mu g/m^3$) an 10 Tagen in einer großen deutschen Stadt:

| 30 | 25 | 12 | 45 | 50 | 52 | 38 | 39 | 45 | 33 |

Dadurch läßt sich ein arithmetisches Mittel von $\bar{x} = 36.9$ berechnen. Die Varianz beträgt $s_x^2 = 151.2$. Damit ist die Standardabweichung $s_x = 12.3$. Um ein standardisiertes Merkmal Y zu bekommen, gehen wir wie folgt vor:

$$y_i = \frac{x_i - \bar{x}}{s_x} = -\frac{\bar{x}}{s_x} + \frac{1}{s_x} x_i = -\frac{36.9}{12.3} + \frac{1}{12.3} x_i = -3 + 0.08 x_i.$$

3.2.3 Variationskoeffizient

Varianz und Standardabweichung benutzen als Bezugspunkt das arithmetische Mittel $\bar{x}$. Sie werden jedoch nicht in Relation zu $\bar{x}$ gesetzt. Die Angabe der Varianz ohne Angabe des arithmetischen Mittels ist demnach für den

Vergleich zweier Beobachtungsreihen oft nicht ausreichend. Der Variationskoeffizient v ist ein von $\bar{x}$ bereinigtes Streuungsmaß. Es ist nur sinnvoll definiert, wenn ausschließlich positive Merkmalsausprägungen vorliegen (und $\bar{x} \neq 0$ ist). Der Variationskoeffizient ist definiert als

$$v = \frac{s}{\bar{x}} . \tag{3.15}$$

Dies ist ein dimensionsloses Streuungsmaß, das insbesondere beim Vergleich von zwei oder mehr Messreihen desselben Merkmals eingesetzt wird.

3.3 Box-Plots

Box-Plots stellen als Werkzeug zur grafischen Analyse eines Datensatzes die Lage

- des Medians
- der 25 %- und 75 %-Quantile (unteres und oberes Quartil) und
- der Extremwerte und Ausreißer

dar. In Abbildung 3.3 sind die einzelnen Elemente eines Box-Plots erklärt.

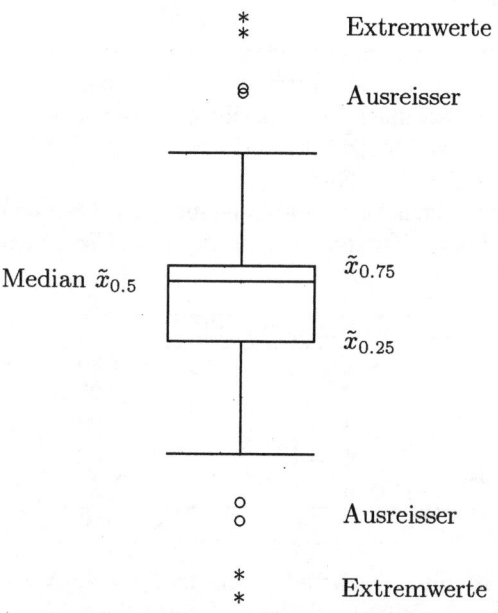

Abb. 3.3. Komponenten eines Box-Plots

Die untere bzw. obere Grenze der Box ist durch das untere bzw. obere Quartil gegeben, d. h., die Hälfte der beobachteten Werte liegt in der Box.

Die Länge der Box ist somit der Quartilsabstand $d_Q = \tilde{x}_{0.75} - \tilde{x}_{0.25}$ (vgl. (3.10)).

Die Linie innerhalb der Box gibt die Lage des Medians wieder. Die Werte außerhalb der Box werden dargestellt als

- Extremwerte (mehr als 3 Box-Längen vom unteren bzw. oberen Rand der Box entfernt), wiedergegeben durch einen '*' und
- Ausreißer (zwischen 1.5 und 3 Box-Längen vom unteren bzw. oberen Rand der Box entfernt), wiedergegeben durch einen 'o'.

Der kleinste und der größte beobachtete Wert, die nicht als Ausreißer eingestuft werden, sind durch die äußeren Striche dargestellt.

Box-Plots eignen sich besonders zum Vergleich zweier oder mehrerer Gruppen einer Gesamtheit in Bezug auf ein Merkmal.

3.4 Konzentrationsmaße

Für ein metrisches Datenniveau unter der Bedingung, dass alle $x_i > 0$ sind, betrachten wir die Merkmalssumme $\sum_{i=1}^{n} x_i$ und fragen danach, wie sich dieser Gesamtbetrag aller Merkmalswerte auf die einzelnen Beobachtungseinheiten aufteilt.

Beispiel. In einer Gemeinde in Niedersachsen wird bei allen landwirtschaftlichen Betrieben die Größe der Nutzfläche in ha erfasst. Von Interesse ist nun die Aufteilung der Nutzfläche auf die einzelnen Betriebe. Haben alle Betriebe annähernd gleich große Nutzflächen oder besitzen einige wenige Betriebe fast die gesamte Nutzfläche der Gemeinde?

Wir betrachten dazu folgendes Zahlenbeispiel. Die Gemeinde umfasst eine landwirtschaftliche Nutzfläche von 100 ha. Diese Fläche teilt sich auf 5 Betriebe wie folgt auf:

Betrieb i	x_i (Fläche in ha)
1	20
2	20
3	20
4	20
5	20
	$\sum_{i=1}^{5} x_i = 100$

Die Nutzfläche ist also gleichmäßig auf alle Betriebe verteilt, es liegt keine Konzentration vor. In einer anderen Gemeinde liegt dagegen folgende Situation vor:

Betrieb i	x_i (Fläche in ha)
1	0
2	0
3	0
4	0
5	100
$\sum_{i=1}^{5} x_i = 100$	

Die gesamte Nutzfläche konzentriert sich auf einen Betrieb. Ein sinnvolles Konzentrationsmaß müsste dem ersten Fall die Konzentration Null, dem zweiten Fall die Konzentration Eins zuweisen.

3.4.1 Lorenzkurven

Zur grafischen Darstellung der Konzentration der Merkmalswerte verwenden wir die Lorenzkurve. Dazu werden die Größen

$$u_i = \frac{i}{n}, \quad i = 0, \ldots, n \tag{3.16}$$

und

$$v_i = \frac{\sum_{j=1}^{i} x_{(j)}}{\sum_{j=1}^{n} x_{(j)}}, \quad i = 1, \ldots, n; \ v_0 := 0 \tag{3.17}$$

aus den der Größe nach geordneten Beobachtungswerten $0 \leq x_{(1)} \leq x_{(2)} \leq \ldots \leq x_{(n)}$ berechnet. Die v_i sind die Anteile der Merkmalsausprägungen der Untersuchungseinheiten $(1), \ldots, (n)$ an der Merkmalssumme aller Untersuchungseinheiten.

Die Lorenzkurve ergibt sich schließlich als der Streckenzug, der durch die Punkte $(u_0, v_0), (u_1, v_1), \ldots, (u_n, v_n)$ verläuft (vgl. Abbildung 3.4).

Die Lorenzkurve stimmt mit der Diagonalen überein, wenn keine Konzentration vorliegt (im obigen Beispiel: alle Betriebe bearbeiten jeweils die gleiche Nutzfläche). Mit zunehmender Konzentration „hängt die Kurve durch" (unabhängig von dem Bereich der Konzentration). Ein Punkt der Lorenzkurve (u_i, v_i) beschreibt den Zusammenhang, dass auf $u_i \cdot 100\,\%$ der Untersuchungseinheiten $v_i \cdot 100\,\%$ des Gesamtbetrags aller Merkmalsausprägungen entfällt.

3.4.2 Gini-Koeffizient

Der Gini-Koeffizient ist ein Maß für die Konzentration. Er ist definiert als

$$G = 2 \cdot F, \tag{3.18}$$

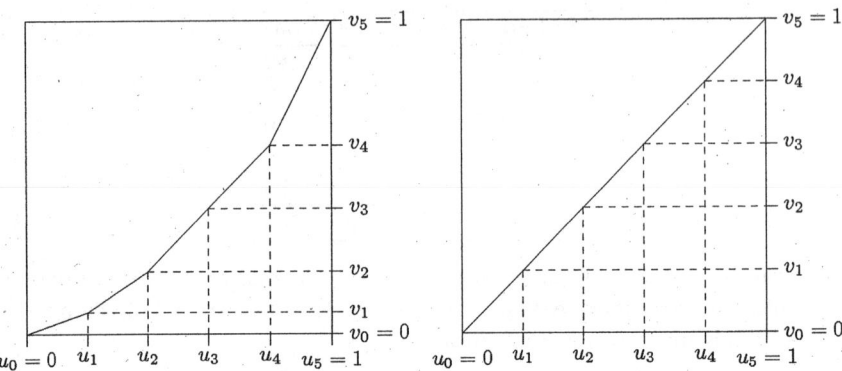

Abb. 3.4. Beispiel für Lorenzkurven

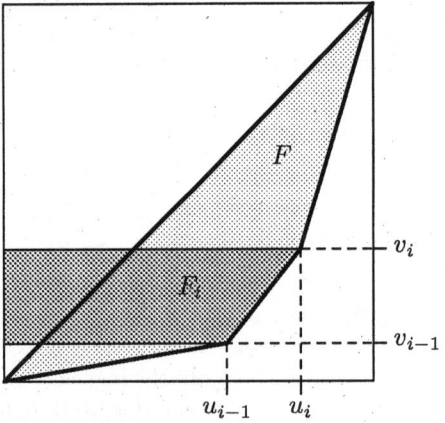

Abb. 3.5. Gini-Koeffizient

wobei F die Fläche zwischen der Diagonalen und der Lorenzkurve ist (vgl. Abbildung 3.5).

Für die praktische Berechnung von G aus den Wertepaaren (u_i, v_i) stehen folgende Formeln zur Verfügung:

$$G = \frac{2 \sum\limits_{i=1}^{n} i x_{(i)} - (n+1) \sum\limits_{i=1}^{n} x_{(i)}}{n \sum\limits_{i=1}^{n} x_{(i)}} \tag{3.19}$$

oder alternativ

$$G = 1 - \frac{1}{n} \sum\limits_{i=1}^{n} (v_{i-1} + v_i). \tag{3.20}$$

Für den Gini-Koeffizienten gilt stets

$$0 \leq G \leq \frac{n-1}{n}, \qquad (3.21)$$

weswegen auch der normierte Gini-Koeffizient

$$G^+ = \frac{n}{n-1}G \qquad (3.22)$$

betrachtet wird. Durch die Normierung hat G^+ Werte zwischen 0 (keine Konzentration) und 1 (vollständige Konzentration).

3.5 Aufgaben

Wiederholungsaufgabe mit SPSS. In der folgenden Aufgabe haben Sie noch einmal die Möglichkeit Ihr Wissen der vergangenen drei Kapitel zu wiederholen. Sie benötigen dafür das statistische Software-Paket "SPSS". Auf der im Vorwort angegebenen Homepage finden Sie den Datensatz, sowie dessen Beschreibung.

Sollten Sie keine Möglichkeit haben auf das Programm zuzugreifen, so empfiehlt es sich dennoch den Stoff anhand der Aufgabenlösung zu rekapitulieren. An verschiedenen Stellen dieses Buches werden wir noch einmal auf dieses Beispiel zurückgreifen.

Aufgabe 3.1: Seit einiger Zeit spielen Jupp und Horst ein bekanntes Gesellschaftsspiel. Mit Hilfe eines weißen und eines schwarzen Würfels wird dabei in jedem Zug bestimmt, welche Ressourcen den einzelnen Spielern zustehen. Die Summe der Augenzahlen ist für diese Ressourcenverteilung Ausschlag gebend. Aus Neugierde haben sich die beiden in 6 Partien alle Würfelwürfe notiert und sie erhielten 230 Augenpaare. Diese sind im Datensatz wuerfel.sav abgespeichert.

a) Betrachten Sie zuerst die einzelnen Würfelergebnisse. Berechnen Sie die Häufigkeitstabelle und stellen Sie diese grafisch dar. Entsprechen die Ergebnisse Ihren Erwartungen bezüglich des Vorgangs des Würfelwurfs?

b) Bestimmen Sie noch Mittelwert, Median, Varianz und Standardabweichung und kommentieren Sie die Ergebnisse.

c) Nun sollen Sie die Summe der beiden Würfel berechnen und a) und b) mit diesen Summen durchführen. Charakterisieren Sie die Häufigkeitsverteilung der Summe.

d) Hätte man den Mittelwert auch anders als aus den Rohdaten der Summen berechnen können? Wenn ja, wie?

e) Bestimmen Sie den Anteil der Summen zwischen "6" und "8" ($6 \leq Summe \leq 8$) und den Anteil, der echt kleiner als "6" ist.

Lösung:

a) Augenzahlen des weißen Würfels:

	Häufigkeit	Prozent	Kumulierte Prozente
1	38	16.5	16.5
2	37	16.1	32.6
3	41	17.8	50.4
4	34	14.8	65.2
5	43	18.7	83.9
6	37	16.1	100.0
Gesamt	230	100.0	

Augenzahlen des schwarzen Würfels:

	Häufigkeit	Prozent	Kumulierte Prozente
1	34	14.8	14.8
2	38	16.5	31.3
3	34	14.8	46.1
4	39	17.0	63.0
5	40	17.4	80.4
6	45	19.6	100.0
Gesamt	230	100.0	

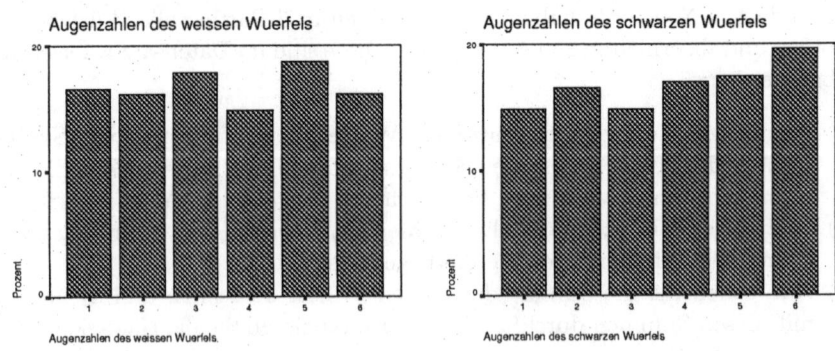

Abb. 3.6. Die Balkendiagramme der beiden Würfel

Jede Ausprägung hat eine ähnlich hohe relative Häufigkeit. Die beiden Würfel sehen fair aus.

b) Wir bekommen folgende Ergebnisse:

	Weißer Würfel	Schwarzer Würfel
N Gültig	230	230
Fehlend	0	0
Mittelwert	3.51	3.64
Median	3.00	4.00
Standardabweichung	1.707	1.727
Varianz	2.915	2.982

Man sieht, dass sich in den Maßzahlen die beiden Würfel kaum unterscheiden. Einzig die Mediane unterscheiden sich. Ein Blick auf die empirische Verteilung der Würfel erklärt dies, beim weißen Würfel waren 50% der Würfe kleiner gleich "3" und beim schwarzen waren hingegen 50% der Würfe kleiner gleich "4".

c) Für die Summe der beiden Würfel folgt:

	Häufigkeit	Prozent	Kumulierte Prozente
2	5	2.2	2.2
3	18	7.8	10.0
4	13	5.7	15.7
5	21	9.1	24.8
6	30	13.0	37.8
7	36	15.7	53.5
8	33	14.3	67.8
9	34	14.8	82.6
10	23	10.0	92.6
11	11	4.8	97.4
12	6	2.6	100.0
Gesamt	230	100.0	

Die Summe zweier Würfel ist symmetrisch um die "7" verteilt. Das zeigen sowohl die Häufigkeitstabelle als auch das Balkendiagramm in Abbildung 3.7.

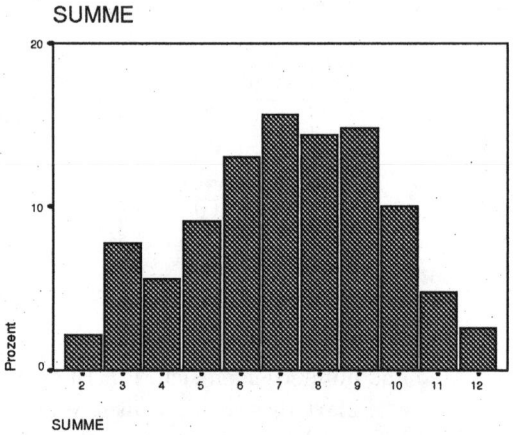

Abb. 3.7. Das Balkendiagramm der Summe

Des weiteren berechnen wir:

	Summe beider Würfel
N Gültig	230
Fehlend	0
Mittelwert	7.16
Median	7.00
Standardabweichung	2.419
Varianz	5.853

Auch die Maßzahlen deuten auf Symmetrie, da Median und Mittelwert dicht beieinander liegen.

Die Standardabweichung deutet daraufhin, dass die beobachteten Summen im Mittel um ca. 2.4 vom Mittelwert abweichen, also konzentrieren sich die meisten Beobachtungen im Bereich von 4.8 bis 9.5.

d) Man kann einfach die beiden Mittelwerte der einzelnen Würfel addieren, da der Mittelwert einer Summe die Summe der Mittelwerte ist.

e) $H(6 \leq x \leq 8) = F(8) - F(6) + f(6) = 0.678 - 0.378 + 0.13 = 0.435$
   In etwa 44% der beobachteten Summen realisieren sich zwischen "6" und "8".

   $H(x < 6) = F(5) = 0.248$

Rund 25% der beobachteten Summen sind echt kleiner als "6".

Rechenaufgaben. Wie gewohnt können Sie nun auch hier Ihr Wissen über das vorangegangene Kapitel anhand verschiedener Rechen- und Verständnisaufgaben überprüfen.

Aufgabe 3.2: Der Bundesligist VfB Stuttgart hat in den ersten 10 Spieltagen der Bundesligasaison 2004/2005 jeweils die folgende Anzahl von Toren geschossen:

$$4 \quad 1 \quad 3 \quad 2 \quad 0 \quad 3 \quad 2 \quad 2 \quad 0 \quad 1$$

a) Berechnen Sie den Modus und ein weiteres geeignetes Lagemaß!
b) Erstellen Sie einen Box-Plot und interpretieren Sie Ihr Ergebnis!

Lösung:

a) Zahlen ordnen: 0 0 1 1 2 2 2 3 3 4
   (1) Modus: $\bar{x}_M = 2$
   (2) Median: $\tilde{x}_{0.5} = \frac{1}{2}(x_{(5)} + x_{(6)}) = 2$

   Die Übereinstimmung der beiden Maßzahlen deutet auf Symmetrie hin. Im Mittel schoss der VfB 2 Tore in den ersten 10 Spieltagen

b) Das untere Quartil, das 0.25-Quantil, und das obere Quartil, 0.75-Quantil, werden noch für den Boxplot benötigt.

   Es berechnet sich: $\tilde{x}_{0.25} = x_{(3)} = 1$. Da $0.25 \cdot 10 = 2.5$ keine ganze Zahl ist, wird $k = 3$ gewählt. Man kann alternativ das untere Quartil auch als Median der unteren Hälfte der Daten berechnen.

   Außerdem ergibt sich: $\tilde{x}_{0.75} = x_{(8)} = 3$. Auch hier ist $0.75 \cdot 10 = 7.5$ keine ganze Zahl, somit wird $k = 8$. Analog kann man das obere Quartil als Median der oberen Hälfte der Daten bestimmen.

   Mit den eben bestimmten Quartilen (unteres, Median, oberes Quartil) und dem Minimum sowie dem Maximum ergibt sich folgender Box-Plot. Auch der Boxplot zeigt, dass die Tore des VfB Stuttgart symmetrisch um die 2 verteilt sind. Es gab an den ersten 10 Spieltagen keine Spiele mit außergewöhnlich vielen Toren.
   Die Null stellt bei diesem Merkmal eine natürliche Barriere dar, weniger als Null Tore werden nicht geschossen. In der Regel erwartet man Schiefe bei Daten mit Barrieren, da man nur in eine Richtung grosse Werte erwarten kann. Erzielt der VfB zum Beispiel in den folgenden Spielen auch mal 5 oder mehr Tore, so hat man direkt einen sogenannten rechtsschiefen oder auch linkssteilen Datensatz.

Aufgabe 3.3: Ein Formel–1–Fahrer notiert die Anzahl seiner Startplatzierungen aus den letzten 11 Rennen:

$$1 \quad 5 \quad 2 \quad 3 \quad 1 \quad 4 \quad 5 \quad 2 \quad 1 \quad 3 \quad 4$$

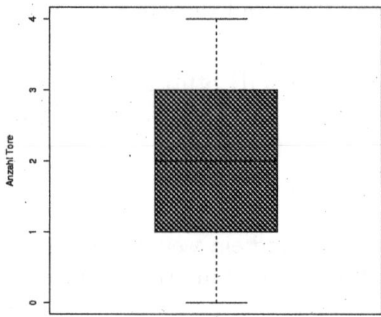

Abb. 3.8. Boxplot zur geschossenen Anzahl der Tore des VfB Stuttgart

a) Berechnen Sie den Modus und ein weiteres geeignetes Lagemaß!
b) Berechnen Sie geeignete Streuungsmaße und interpretieren Sie diese!

Lösung:

a) Zahlen ordnen: 1 1 1 2 2 3 3 4 4 5 5
   (1) Modus: $\bar{x}_M = 1$
   (2) Median: $\tilde{x}_{0.5} = x_{(6)} = 3$

Die Abweichung von Modus und Median deutet auf einen schiefen Datensatz hin. Der häufigste Wert liegt links von dem Wert, der die Daten in zwei Hälften teilt. Also haben wir es voraussichtlich mit rechtsschiefen Daten zu tun.

Wieder sehen wir den Einfluss von natürlichen Barrieren. Wir können nur Ausprägungen grösser als Null beobachten, somit ziehen alle grossen Beobachtungen die Verteilung unserer Daten nach rechts.

b) Für ordinale Daten sind Quartilsabstand und Spannweite geeignete Streuungsmasse. Die empirische Varianz würde Differenzbildung bei den Daten erfordern. Diese Abstände sind aber für Ordnungszahlen nicht definiert und somit nicht interpretierbar.

Die Abstände der Daten im geordneten Datensatz hingegen sind interpretierbar. Sie bedeuten, dass die jeweiligen Datenwerte um den Wert des Maßes voneinander entfernt liegen. Wobei wir nicht sagen können, dass dieser Abstand bedeutet, dass die eine Ausprägung zum Beispiel doppelt so gross ist wie die andere.

Quartilsabstand: $d_Q = \tilde{x}_{0.75} - \tilde{x}_{0.25} = x_{(9)} - x_{(3)} = 4 - 1 = 3$

Der zentrale Streubereich des Boxenstopps liegt also 3 Startplatzierungen voneinander entfernt.

Spannweite: $R = x_{(11)} - x_{(1)} = 5 - 1 = 4$
Der gesamte Streubereich beträgt damit 4 Boxenstopps.

Aufgabe 3.4: Die folgenden fünf Temperaturwerte (in °C) seien beobachtet worden:

$$7 \quad 2 \quad -2 \quad 3 \quad 0$$

a) Berechnen Sie die zur Bestimmung eines Box-Plots notwendigen Größen!
b) Angenommen, Sie beobachten *zusätzlich* die zwei weiteren Werte 1.7 und 17.9. Wie sieht der Box-Plot jetzt aus? (Begründung!)

Lösung:

a) Die fünf wichtigen Zahlen für den Boxplot sind:
$\tilde{x}_{0.5} = x_{(3)} = 2$
$\tilde{x}_{0.25} = x_{(0.25 \cdot 5)} = x_{(2)} = 0$
$\tilde{x}_{0.75} = x_{(0.75 \cdot 5)} = x_{(4)} = 3$
$x_{min} = x_{(1)} = -2$
$x_{max} = x_{(5)} = 7$

Quartilsabstand: $d_Q = \tilde{x}_{0.75} - \tilde{x}_{0.25} = 3 - 0 = 3$

Keine Ausreißer und Extremwerte (Prüfen Sie das nach!)

b) Der Median verändert sich nicht, da an beiden Seiten jeweils ein Wert hinzukommt. Das untere Quartil bleibt ebenfalls gleich, $0.25 \cdot 7$ bleibt aufgerundet 2 und die Null ist weiterhin die zweite Zahl im geordneten Datensatz. Also bleiben hier $\tilde{x}_{0.5}$ und $\tilde{x}_{0.25}$ gleich.
Das obere Quartil verändert sich hingegen zu $\tilde{x}_{0.75} = x_{(6)} = 7$.
Der Quartilsabstand verändert sich auf $d_Q = 7$, weil sich das obere Quartil geändert hat.
Es gibt einen Ausreißer mit 17.9. Der Toleranzbereich für Ausreißer nach oben beträgt 15.5, dieser ergibt sich als Summe von 10.5 (1.5 mal den Quartilsabstand oder Boxlänge) und 5 (oberes Quartil). Als Extremwert bezeichnen wir Werte, die jenseits der dreifachen Boxlänge liegen, hier wären also Werte, die grösser als 26 sind, Extremwerte nach oben.
Es gibt also keine Extremwerte.

Aufgabe 3.5: Die erreichten Punktzahlen in einer Statistik-Klausur von 22 zufällig ausgewählten Studierenden der Statistik an den Universitäten München und Dortmund lauten wie folgt (50 Punkte waren höchstens zu erreichen).

Uni München:

```
Uni München Stem-and-Leaf plot

Frequency        Stem & Leaf

   1.00          0.  0
   4.00          1.  6899
   3.00          2.  556
   3.00          3.  468
   1.00          4.  4

Stem width:      10.00
Each leaf:        1 case(s)
```

Uni Dortmund:

12	17	0	23	26	40	0	15	16	31

a) Berechnen Sie aus diesen Angaben für die Uni in München und in Dortmund jeweils das arithmetische Mittel und den Median der Punktzahlen! Berechnen Sie das arithmetische Mittel aller Punktzahlen!

b) Berechnen Sie für beide Verteilungen jeweils die Standardabweichung! Ist ein direkter Vergleich der beiden Werte fair?

c) Welches Streuungsmaß schlagen Sie vor? Berechnen Sie dieses Streuungsmaß! Zu welchem Ergebnis kommen Sie bezüglich des Vergleichs des Streuungsmaßes?

Lösung:

i	1	2	3	4	5	6	7	8	9	10	11	12
München	0	16	18	19	19	25	25	26	34	36	38	44
Dortmund	0	0	12	15	16	17	23	26	31	40		

a) $\bar{x}_M = \dfrac{1}{12}(0 + 16 + 18 + \ldots + 44) = \dfrac{300}{12} = 25$

$\bar{x}_D = \dfrac{1}{10}(0 + 0 + 12 + \ldots + 40) = \dfrac{180}{10} = 18$

Die mittlere Punktzahl der Studierenden aus München beträgt 25 und die der Studierenden aus Dortmund beträgt 18.

Für den Mittelwert beider Universitäten erhalten wir:

$\bar{x}_{M \cup D} = \dfrac{300 + 180}{22} = 21.82$.

Der Median der Punktzahlen der Uni München beträgt
$\tilde{x}_{0.5} = \frac{1}{2}(x_{(6)} + x_{(7)}) = \frac{1}{2}(25 + 25) = 25$.

Für die Uni Dortmund erhalten wir folgenden Median:
$\tilde{x}_{0.5} = \frac{1}{2}(x_{(5)} + x_{(6)}) = \frac{1}{2}(16 + 17) = 16.5$.

b) $s_M = \sqrt{\dfrac{(0 - 25)^2 + (16 - 25)^2 + (18 - 25)^2 + \ldots + (44 - 25)^2}{12}}$

$= \sqrt{\dfrac{1560}{12}} = \sqrt{130} = 11.4018$

$s_D = \sqrt{\dfrac{1440}{10}} = \sqrt{144} = 12$

Nein, der Vergleich ist nicht fair, da das Streuungsmaß s vom Mittelwert abhängig ist. Das heißt die Unterschiede in s können durch Unterschiede in den mittleren Punktzahlen zustande kommen. Ein geeigneteres Streuungsmaß für den Vergleich zweier Messreihen desselben Merkmals ist der Variationskoeffizient. Er ist in Relation zum Mittelwert berechnet und damit unabhängig davon.

$v_M = \frac{11.4018}{25} = 0.4561$

$v_D = \frac{12}{18} = 0.6667$

Die Uni in München hat eine geringere Streuung bezogen auf die mittlere Punktzahl.

Aufgabe 3.6: In einer Absolventenstudie wurden 250 Personen, die vor 5 Jahren ihr Studium abgeschlossen haben, gefragt, in welchem Alter sie ihr Studium abgeschlossen haben. Das Ergebnis ist in folgender Tabelle dargestellt:

Alter bei Studienabschluss	Anzahl der Personen
$[22, 24)$	13
$[24, 28)$	122
$[28, 30)$	71
$[30, 34)$	38
$[34, 40)$	6

Dabei bedeutet zum Beispiel $[30, 34)$ „30 bis unter 34 Jahre ".

a) Zeichnen Sie das Histogramm für das Merkmal „Alter bei Studienabschluss".

b) Berechnen und zeichnen Sie die empirische Verteilungsfunktion.

c) Berechnen Sie das arithmetische Mittel für das Merkmal
„Alter bei Studienabschluss"!

d) Berechnen Sie die Varianz für das Merkmal „Alter bei Studienabschluss"!

Lösung:

a) Berechnung der Häufigkeitstabelle für das Alter, mit allen Hilfsgrössen für
das Histogramm:

j	Alter	e_{j-1}	e_j	d_j	n_j	f_j	h_j	$F(x)$	a_j
1	[22, 24)	22	24	2	13	0.052	0.026	0.052	23
2	[24, 28)	24	28	4	122	0.488	0.122	0.54	26
3	[28, 30)	28	30	2	71	0.284	0.142	0.824	29
4	[30, 34)	30	34	4	38	0.152	0.038	0.976	32
5	[34, 40)	34	40	6	6	0.024	0.004	1	37

Die folgende Grafik 3.9(links) zeigt das Histogramm.

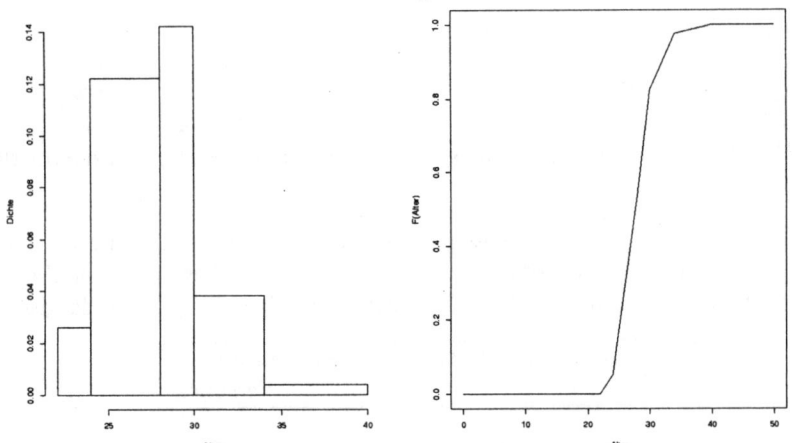

Abb. 3.9. Das Histogramm und die empirische Verteilung zur Absolventenstudie

b) Aus der obigen Tabelle entnehmen wir die Werte der Verteilungsfunktion.
Die grafische Darstellung erfolgt in Bild 3.9 (rechts).

c) Der Mittelwert für eine klassierte Häufigkeitstabelle wird mit Hilfe der
Klassenmitten bestimmt. Dabei wird angenommen, dass die Ausprägungen innerhalb einer Klasse gleichverteilt sind.

$$\bar{x} = \sum_{j=1}^{k} f_j a_j = 0.052 \cdot 23 + \dots + 0.024 \cdot 37 = 27.872.$$

Im Mittel waren die Absolventen 27.87 Jahre alt bei ihrem Abschluss.

d) Ebenso wie der Mittelwert wird auch die Varianz mit den Klassenmitten ermittelt.

$$s^2 = \frac{1}{n} \sum_{j=1}^{k} n_j (a_j - \bar{x})^2$$

$$= \frac{1}{250} (13(23 - 27.872)^2 + \dots + 6(37 - 27.872)^2) \approx 7.90$$

Die mittlere quadrierte Abweichung vom mittleren Alter beträgt 7.9.

Aufgabe 3.7: Die Anzahl der Mitglieder eines Kleintierzüchtervereins betrug im Verlauf von 4 Jahren:

Jahr	1998	1999	2000	2001
Mitgliederzahl zum 31.12.	1300	1321	1434	1489

a) Wie groß ist die durchschnittliche Wachstumsrate?
b) Welche Mitgliederzahl wäre aufgrund dieser durchschnittlichen Rate zum 31.12.2002 zu erwarten?

Lösung:

a) Als erstes berechnen wir für das geometrische Mittel (den durchschnittlichen Wachstumsfaktor) die einzelnen Wachstumsfaktoren.

Jahr	1998	1999	2000	2001
Wachstumsfaktoren	-	$\frac{1321}{1300}$	$\frac{1434}{1321}$	$\frac{1489}{1434}$

Das geometrische Mittel ist dann

$$\bar{x}_G = \sqrt[3]{\frac{1321}{1300} \cdot \frac{1434}{1321} \cdot \frac{1489}{1434}} = 1.046.$$

Damit ergibt sich als durchschnittliche Wachstumsrate $(\bar{x}_G - 1) \cdot 100\% = 4.6\%$.

b) Zum 31.12.2002 würde man $1300 \cdot 1.046^4 = 1556.217 \approx 1556$ Mitglieder erwarten.

Aufgabe 3.8: In einem Hochhaus gibt es 20 Haushalte. Davon sind die Hälfte Zwei-Personen-Haushalte und jeweils ein Viertel Single-Haushalte und Drei-Personen-Haushalte.

a) Berechnen Sie die Gesamtzahl der Personen in den 20 Haushalten.

b) Berechnen Sie den Anteil der Personen in Single-, Zwei-Personen- bzw. Drei-Personen-Haushalten.

c) Die Konzentration der Personen auf die 20 Haushalte kann in einer Lorenzkurve dargestellt werden. Skizzieren Sie diese.

d) In welcher Weise müßten sich die Personen auf die 20 Haushalte verteilen, damit das Maß für die Konzentration in c) gleich Null wird? Skizzieren Sie die zugehörige Lorenzkurve.

Lösung:

a) Die Gesamtzahl der Personen berechnet man wie folgt:

$$10 \cdot 2 \frac{Pers.}{HH} + 5 \cdot 1 \frac{Pers.}{HH} + 5 \cdot 3 \frac{Pers.}{HH} = 20 + 5 + 15 = 40 \,.$$

b) Folgende Anteile ergeben sich für die einzelnen Haushaltsgrößen.

HH-Größe	1	2	3
f_j	$\frac{5}{40} = \frac{1}{8}$	$\frac{20}{40} = \frac{1}{2}$	$\frac{15}{40} = \frac{3}{8}$

c) Somit erhalten wir folgende Wertepaare (u_i, v_i) für die Lorenzkurve: $(\frac{1}{3}, \frac{1}{8}), (\frac{2}{3}, \frac{5}{8}), (1,1)$
Damit können wir die Kurve dann zeichnen.

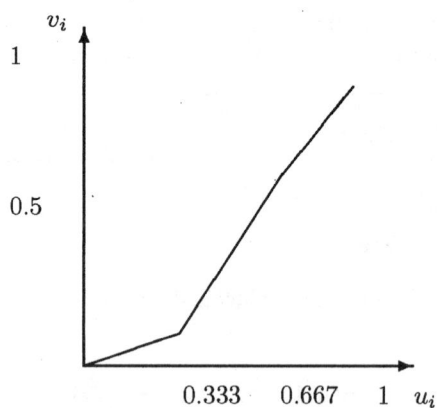

Man sieht leichte Konzentration. Wenig Leute wohnen alleine, die meisten Leute wohnen in Zwei- bis Drei-Personen-Haushalten.

d) Es müssten 20 Zwei-Personen-Haushalte gebildet werden.

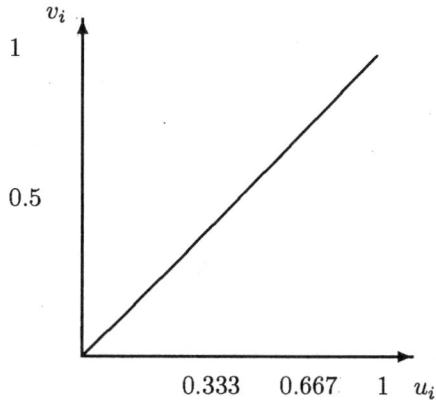

Aufgabe 3.9: An einem Gymnasium in Italien wurden 5 Schüler zwischen 14 und 16 Jahren nach ihrem monatlichen Taschengeld befragt und man erhielt folgende Werte.

Schüler	1	2	3	4	5
Tachengeld	20 EUR	40 EUR	50 EUR	65 EUR	80 EUR

a) Berechnen Sie ein Maß für die Konzentration des Taschengeldes!
b) Stellen Sie die Situation grafisch dar!
c) Ändert sich das Konzentrationsmaß, wenn jeder Schüler 10 EUR pro Monat mehr bekommt? Wenn ja, wie, wenn nein, warum nicht?
d) Statt 5 Schülern betrachten wir jetzt 485 Schüler. Ändert sich das Konzentrationsmaß, wenn 97 Schüler ein monatliches Taschengeld von 30 EUR, 97 Schüler ein Taschengeld von 40 EUR, 97 Schüler ein Taschengeld von 50 EUR, 97 Schüler ein Taschengeld von 65 EUR und 97 Schüler ein Taschengeld von 80 EUR bekommen? Wenn ja, wie?

Lösung:

a) Für den Gini-Koeffizient und die Lorenzkurve benötigen wir folgende Hilfsgrössen:

i	$x_{(i)}$	$u_i = \frac{i}{n}$	$v_i = \frac{\sum_{j=1}^{i} x_{(j)}}{\sum_{j=1}^{n} x_{(j)}}$	$v_{i-1} + v_i$
1	20	$\frac{1}{5} = 0.2$	$\frac{20}{255} = 0.078$	0.078
2	40	$\frac{2}{5} = 0.4$	$\frac{60}{255} = 0.235$	0.313
3	50	$\frac{3}{5} = 0.6$	$\frac{110}{255} = 0.431$	0.666
4	65	$\frac{4}{5} = 0.8$	$\frac{175}{255} = 0.686$	1.117
5	80	$\frac{5}{5} = 1$	$\frac{255}{255} = 1$	1.686
	$\sum 255$			

Der Gini-Koeffizient läßt sich auf zwei Arten berechnen:

1. Möglichkeit:

$$G = \frac{2\sum_{i=1}^{n} i x_{(i)} - (n+1)\sum_{i=1}^{n} x_{(i)}}{n\sum_{i=1}^{n} x_{(i)}} =$$
$$= \frac{2(1 \cdot 20 + ... + 5 \cdot 80) - 6 \cdot 255}{5 \cdot 255} \approx 0.23$$

2. Möglichkeit:

$$G = 1 - \frac{1}{n}\sum_{j=1}^{n} (v_{j-1} + v_j) =$$
$$= 1 - \frac{1}{5}(0.078 + 0.313 + 0.666 + 1.117 + 1.686) \approx 0.23$$

Jetzt muss der Koeffizient nur noch normiert werden und wir erhalten $G^+ = \frac{n}{n-1}G = \frac{5}{4}0.23 = 0.2875$ als Konzentrationsmaß. Inhaltlich deutet dies auf eine sehr schwache Konzentration hin, da das Maß kleiner als 0.5 ist.

b) Nun zeichnen wir noch die Lorenzkurve.

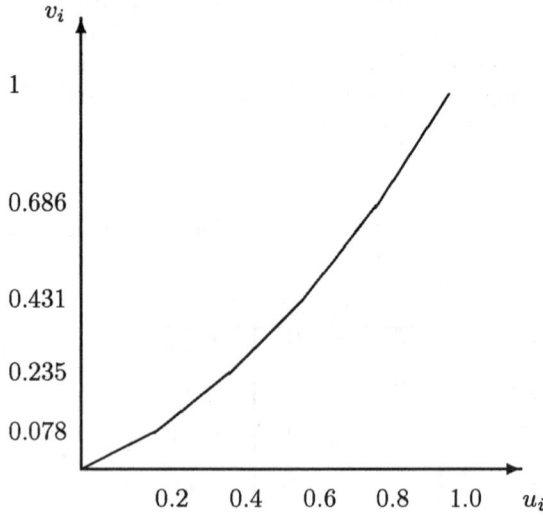

c) Das Konzentrationsmaß ändert sich folgendermaßen:

$$G = \frac{2(1 \cdot 30 + 2 \cdot 50 + 3 \cdot 60 + 4 \cdot 75 + 5 \cdot 90) - 6 \cdot 305}{5 \cdot 305}$$

$$= \frac{2120 - 1830}{1525} \approx 0.19$$

$$G^+ = \frac{n}{n-1} G = \frac{5}{4} 0.19 = 0.2375$$

Die Konzentration nimmt ab.

d) Das Konzentrationsmaß ändert sich nicht, weil die prozentuale Aufteilung der Taschengeldbeträge auf die 485 Schüler die selbe ist wie die Aufteilung auf die 5 Schüler, z.B. $\frac{97}{485} = \frac{1}{5}$.

4. Analyse des Zusammenhangs zweier Merkmale

In vielen Fällen werden zwei oder mehr Merkmale gleichzeitig erhoben. In diesem Kapitel behandeln wir Maßzahlen, welche die Stärke und – falls dies sinnvoll interpretierbar ist – die Richtung des Zusammenhangs zweier Merkmale angeben, sowie Grafiken, die diese Zusammenhänge veranschaulichen. Diese Maßzahlen hängen vom Skalenniveau der beiden Merkmale ab.

4.1 Darstellung der Verteilung zweidimensionaler Merkmale

4.1.1 Kontingenztafeln bei diskreten Merkmalen

Seien $x_1, \ldots, x_k$ die Merkmalsausprägungen von X und $y_1, \ldots, y_l$ die Merkmalsausprägungen von Y (nominal, ordinal), dann können die gemeinsamen Merkmalsausprägungen (x_i, y_j) und ihre jeweiligen absoluten Häufigkeiten n_{ij}, $i = 1, \ldots, k$; $j = 1, \ldots, l$ in der folgenden $k \times l$-**Kontingenztafel** (Tabelle 4.1) angegeben werden.

Tabelle 4.1. Schema einer $k \times l$-Kontingenztafel

		Merkmal Y				
		y_1		y_j		y_l	$\sum$
	x_1	n_{11}	$\cdots$	n_{1j}	$\cdots$	n_{1l}	n_{1+}
		$\vdots$	$\vdots$	$\vdots$	$\vdots$	$\vdots$	$\vdots$
Merkmal X	x_i	n_{i1}	$\cdots$	n_{ij}	$\cdots$	n_{il}	n_{i+}
		$\vdots$	$\vdots$	$\vdots$	$\vdots$	$\vdots$	$\vdots$
	x_k	n_{k1}	$\cdots$	n_{kj}	$\cdots$	n_{kl}	n_{k+}
	$\sum$	n_{+1}	$\cdots$	n_{+j}	$\cdots$	n_{+l}	n

Die Notation n_{i+} bezeichnet die i-te Zeilensumme, d.h. Summation über den Index j gemäß $n_{i+} = \sum_{j=1}^{l} n_{ij}$. Analog erhält man die j-te Spaltensumme n_{+j} durch Summation über den Index i als $n_{+j} = \sum_{i=1}^{k} n_{ij}$. Der Gesamtumfang aller Beobachtungen ist dann

$$n = \sum_{i=1}^{k} n_{i+} = \sum_{j=1}^{l} n_{+j} = \sum_{i=1}^{k} \sum_{j=1}^{l} n_{ij} \,.$$

Vier-Felder-Tafeln. Ein Spezialfall ist die Vier-Felder-Tafel bzw. 2×2-Kontingenztafel. Die beiden Merkmale sind in diesem Fall binär. Man verwendet hier eine spezielle Notation (Tabelle 4.2).

Tabelle 4.2. Schema einer 2×2-Kontingenztafel

		Merkmal Y		
		y_1	y_2	$\sum$
Merkmal X	x_1	a	b	$a+b$
	x_2	c	d	$c+d$
	$\sum$	$a+c$	$b+d$	n

Gemeinsame Verteilung, Randverteilung und bedingte Verteilung. In der Kontingenztafel in Tabelle 4.1 sind die absoluten Häufigkeiten angegeben. Alternativ können auch die relativen Häufigkeiten $f_{ij} = \frac{n_{ij}}{n}$ verwendet werden. Die Häufigkeiten n_{ij} bzw. f_{ij}, $i = i, \dots, k$; $j = 1, \dots, l$ stellen die **gemeinsame Verteilung** des zweidimensionalen Merkmals dar. Die Häufigkeiten n_{i+} bzw. f_{i+} sind die Häufigkeiten der **Randverteilung** von X, die Häufigkeiten n_{+j} bzw. f_{+j} sind die Häufigkeiten der Randverteilung von Y. Die Randverteilungen sind dabei nichts anderes als die jeweiligen Verteilungen der Einzelmerkmale.

Beispiel 4.1.1. Folgende Tabelle 4.3 zeigt die Anzahl verkaufter Blumendünger eines Baumarkts aufgesplittet nach Preis der Dünger und Geschlecht der Käufer. Die Betrachtung der Randverteilung des Merkmals "Geschlecht" lässt

Tabelle 4.3. Kontingenztabelle des verkauften Blumendüngers

		Merkmal Preis			
		billig	*normal*	*teuer*	$\sum$
Merkmal Geschlecht	m	22	46	35	103
	w	24	25	4	53
	$\sum$	46	71	39	156

darauf schließen, dass deutlich mehr Männer (103) als Frauen (53) Dünger im Baumarkt gekauft haben. Werden die Randhäufigkeiten des Merkmals "Preis" betrachtet, so scheint der Dünger der "normalen" Preiskategorie insgesamt am meisten verkauft zu werden.

4.1.2 Grafische Darstellung bei diskreten Merkmalen

Im Fall der Betrachtung zweier diskreter Merkmale empfiehlt es sich ein zweidimensionales Balkendiagramm anzuschauen: innerhalb jeder Ausprägung des ersten Merkmals werden die verschiedenen Ausprägungen des anderen Merkmals angegeben.

Beispiel 4.1.2. In einer abendlichen Verkehrskontrolle registriert die Polizei insgesamt 70 Personen mit erhöhtem Alkoholspiegel. Folgendes Balkendiagramm listet die Sünder aufgesplittet nach Geschlecht und Alter auf:

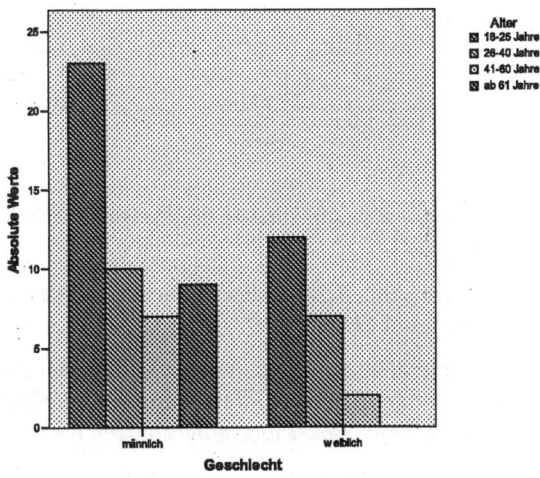

Abb. 4.1. Alkoholsünder aufgesplittet nach Geschlecht und Alter

4.1.3 Grafische Darstellung der Verteilung stetiger bzw. gemischt stetig-diskreter Merkmale

Zur Darstellung der gemeinsamen Verteilung von X,Y (jeweils stetig) verwendet man den sogenannten **Scatterplot** (Streudiagramm). Hier werden die Wertepaare (x_i, y_i) in ein X-Y-Koordinatensystem eingezeichnet.

Beispiel 4.1.3. Ein Geschäft hat sich auf den Verkauf von Pudelmützen spezialisiert. In folgender Tabelle ist der Umsatz (in 100 Euro) abhängig vom Monat und dessen Durchschnittstemperatur dargestellt:

Monat	Jan	Feb	Mär	Apr	Mai	Jun	Jul
Temperatur	2.4	6.8	10.2	12.2	13.5	16.8	18.8
Umsatz	28.2	22.8	20.1	5.5	2.2	0.8	0.4

Aug	Sep	Okt	Nov	Dez
19.7	14.8	12.1	8.2	5.4
0.8	4.9	10.8	26.4	29.6

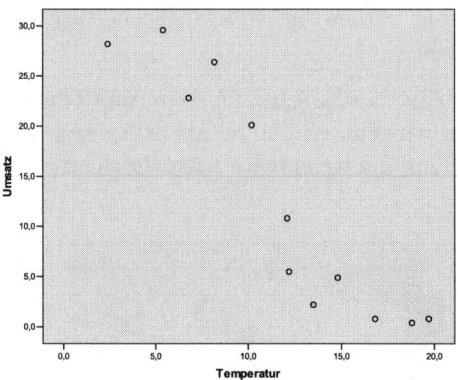

Abb. 4.2. Streudiagramm zum Umsatz des Pudelmützengeschäftes

Folgendes Streudiagramm (Abb. 4.2) veranschaulicht die Situation der beiden Merkmale "Temperatur" und "Umsatz":

Ist eines der Merkmale diskret, so ist die Darstellung der bedingten Verteilung der Darstellung der gemeinsamen Verteilung vorzuziehen. Hierzu verwenden wir Histogramme bzw. Box-Plots aufgesplittet nach dem diskreten Merkmal.

Beispiel 4.1.4. Wir betrachten das Beispiel der 'Körpergröße' bei Männern und Frauen. Abbildung 4.3(links) zeigt die beiden Histogramme des stetigen Merkmals 'Körpergröße' in Abhängigkeit des diskreten Merkmals 'Geschlecht'. In Abb.4.3(rechts) ist der gleiche Sachverhalt als Boxplot aufgesplittet nach dem Geschlecht dargestellt.

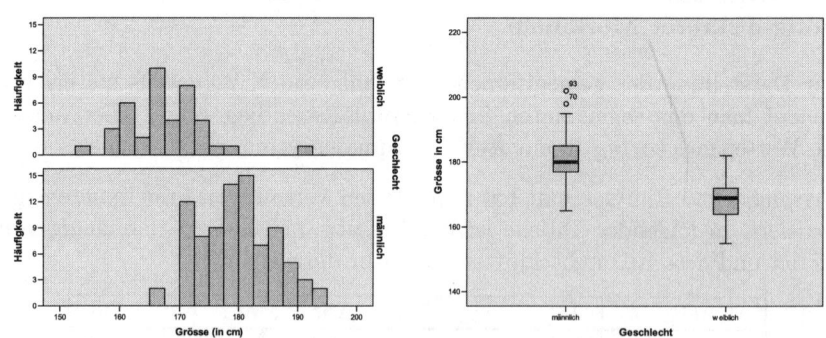

Abb. 4.3. Körpergröße von Männern und Frauen veranschaulicht in Histogramm und Boxplot

4.2 Maßzahlen für den Zusammenhang zweier kategorialer Merkmale

Da bei nominalen Merkmalen die Anordnung der Merkmalsausprägungen willkürlich ist, geben Maßzahlen nur an, ob ein Zusammenhang vorliegt oder nicht. So ist bei einem Zusammenhang zwischen nominalen Merkmalen beispielsweise die Angabe einer Richtung im Gegensatz zu ordinalen oder metrischen Merkmalen nicht möglich. Man spricht daher allgemein von **Assoziation**. Eine Ausnahme stellt die Vier-Felder-Tafel dar. Da es nur jeweils zwei Ausprägungen gibt, kann die Art des Zusammenhangs in diesem Fall zusätzlich durch eine Richtungsangabe beschrieben werden.

Unabhängigkeit. Wir werden zwei Merkmale als voneinander unabhängig betrachten, wenn die Ausprägung eines Merkmals keinen Einfluss auf die Ausprägung des anderen Merkmals hat. Damit gilt im Fall der Unabhängigkeit, dass die gemeinsame Verteilung gleich dem Produkt der Randverteilungen ist

$$f_{ij} = f_{i+}f_{+j} \,. \tag{4.1}$$

Die mit Hilfe von (4.1) berechneten relativen Häufigkeiten bezeichnet man auch als (unter der Annahme der Unabhängigkeit) **erwartete relative Häufigkeiten**. Die erwarteten absoluten Häufigkeiten berechnen sich daraus als

$$n_{ij} = n\,f_{ij} = n\frac{n_{i+}}{n}\frac{n_{+j}}{n} = \frac{n_{i+}n_{+j}}{n} \,.$$

Beispiel 4.2.1. Wir betrachten erneut das Beispiel des verkauften Blumendüngers im Baumarkt (siehe Kap 4.1.1). Folgende Kreuztabelle 4.4 stellt noch einmal die Anzahl der verkauften Blumendünger - aufgesplittet nach Preis und Geschlecht - dar. Dabei sind in Klammern jeweils die erwarteten Häufigkeiten angegeben. Beispielsweise berechnet sich die erwartete Häufigkeit für die Anzahl des an Männer verkauften billigen Düngers wie folgt: $n_{11} = \frac{46 \cdot 103}{156} = 30.37$. Die anderen Werte sind auf die gleiche Art und Weise zu berechnen. Da die zu erwartenden Häufigkeiten nicht mit den tatsächlichen Häufigkeiten übereinstimmen, kann nicht von Unabhängigkeit ausgegangen werden.

Tabelle 4.4. Absolute und erwartete Häufigkeiten beim verkauften Blumendünger

		Merkmal Preis			
		billig	*normal*	*teuer*	$\sum$
Merkmal Geschlecht	*m*	22 (30.37)	46 (46.90)	35 (25.75)	103
	w	24 (15.63)	25 (24.12)	4 (13.25)	53
	$\sum$	46	71	39	156

4.2.1 Pearsons Chi-Quadrat-Statistik

Die χ^2-Statistik ist eine Maßzahl für den Zusammenhang in der Kontingenztabelle. Es wird der quadratische Abstand zwischen beobachteten und erwarteten Zellhäufigkeiten in Relation zu den erwarteten Häufigkeiten berechnet:

$$\chi^2 = \sum_{i=1}^{k} \sum_{j=1}^{l} \frac{\left(n_{ij} - \frac{n_{i+}n_{+j}}{n}\right)^2}{\frac{n_{i+}n_{+j}}{n}}. \tag{4.2}$$

In der speziellen Notation der Vier-Felder-Tafel (vgl. Tabelle 4.2) erhalten wir für die χ^2-Statistik (4.2)

$$\chi^2 = \frac{n(ad - bc)^2}{(a+b)(c+d)(a+c)(b+d)}. \tag{4.3}$$

Es gilt:

$$0 \leq \chi^2 \leq n(min(k,l) - 1).$$

Die χ^2-Statistik ist ein symmetrisches Maß, d.h. der χ^2-Wert ist invariant gegen eine Vertauschung von X und Y.

Beispiel 4.2.2. Für das Beispiel des verkauften Blumendüngers (siehe Tabelle 4.4) berechnet sich Pearsons χ^2-Statistik wie folgt:

$$\chi^2 = \frac{(22 - 30.37)^2}{30.37} + ... + \frac{(4 - 13.25)^2}{13.25} = 16.6.$$

Der maximal mögliche χ^2-Wert liegt hier bei $156(2-1) = 156$. Da der Wert 16.6 deutlich geringer als 156 ist, kann von einem geringen Zusammenhang der beiden Merkmale ausgegangen werden.

4.2.2 Phi-Koeffizient

Der Phi-Koeffizient Φ bereinigt die Abhängigkeit der χ^2-Statistik vom Erhebungsumfang n durch folgende Normierung

$$\Phi = \sqrt{\frac{\chi^2}{n}}. \tag{4.4}$$

Der Phi-Koeffizient nimmt im Fall der Unabhängigkeit ebenso wie die χ^2-Statistik den Wert Null an. Der Maximalwert des Phi-Koeffizienten ist $\sqrt{\frac{n(min(k,l)-1)}{n}} = \sqrt{min(k,l) - 1}$.

Beispiel 4.2.3. Betrachten wir erneut das Beispiel 4.3 und den Zusammenhang der beiden Merkmale "'Geschlecht" und "Preis". Der Phi-Koeffizient berechnet sich hier als:

$$\Phi = \sqrt{\frac{\chi^2}{n}} = \sqrt{\frac{16.6}{156}} \approx 0.3262 \,. \tag{4.5}$$

Da der Wert von 0.3262 näher an der Null als an der Eins ($= \sqrt{min(3,2) - 1}$) liegt, kann von einem schwachen bis mittleren Zusammenhang ausgegangen werden.

4.2.3 Kontingenzmaß von Cramer

Das Kontingenzmaß V von Cramer bereinigt den Phi-Koeffizienten zusätzlich um die Dimension der Kontingenztafel. V ist definiert als

$$V = \sqrt{\frac{\chi^2}{n(\min(k, l) - 1)}} \,. \tag{4.6}$$

Das Kontingenzmaß liegt bei allen Kontingenztafeln zwischen 0 und 1 und erfüllt damit alle wünschenswerten Eigenschaften einer Maßzahl für die Assoziation zwischen zwei nominalen Merkmalen. Im Fall der Vier-Felder-Tafel ist das Kontingenzmaß gleich dem Absolutbetrag des Phi-Koeffizienten.

Beispiel 4.2.4. Für unser "Düngerbeispiel" berechnet sich das Kontingenzmaß wie folgt:

$$V = \sqrt{\frac{\chi^2}{n(\min(k, l) - 1)}} = \sqrt{\frac{16.6}{156(2 - 1)}} \approx 0.3262. \tag{4.7}$$

Es ist analog zu Bsp. 4.2.3 zu interpretieren.

4.2.4 Kontingenzkoeffizient C

Eine alternative Normierung der χ^2-Statistik bietet der Kontingenzkoeffizient C nach Pearson. Der Kontingenzkoeffizient C ist definiert als

$$C = \sqrt{\frac{\chi^2}{\chi^2 + n}} \,. \tag{4.8}$$

Der Wertebereich von C ist das Intervall $[0,1)$. Der Maximalwert $C_{\max}$ von C ist ebenso wie der Maximalwert beim Phi-Koeffizienten abhängig von der Größe der Kontingenztafel. Es gilt

$$C_{\max} = \sqrt{\frac{\min(k, l) - 1}{\min(k, l)}} \,. \tag{4.9}$$

Deshalb verwendet man den sogenannten korrigierten Kontingenzkoeffizienten

$$C_{\text{korr}} = \frac{C}{C_{\text{max}}} = \sqrt{\frac{\min(k, l)}{\min(k, l) - 1}} \sqrt{\frac{\chi^2}{\chi^2 + n}}, \qquad (4.10)$$

der bei jeder Tafelgröße als Maximum den Wert Eins annimmt. Mit C_{korr} können Kontingenztafeln verschiedener Dimension bezüglich der Stärke ihres Zusammenhangs verglichen werden, d. h. der korrigierte Kontingenzkoeffizient besitzt alle wünschenswerten Eigenschaften einer Maßzahl.

Beispiel 4.2.5. Erneut betrachten wir das Beispiel des "Düngerkaufs" aus Kap 4.1.1. Es berechnet sich:

$$C = \sqrt{\frac{\chi^2}{\chi^2 + n}} = \sqrt{\frac{16.6}{16.6 + 156}} \approx 0.31$$

$$C_{\text{max}} = \sqrt{\frac{\min(k, l) - 1}{\min(k, l)}} = \sqrt{\frac{2 - 1}{2}} \approx 0.707$$

$$C_{\text{korr}} = \frac{C}{C_{\text{max}}} = \frac{0.31}{0.707} = 0.4385.$$

Auch wenn der Wert des korrigierten Kontingenzkoeffinzienten höher liegt als bei den vorherigen Koeffizienten, so kann auch hier nur von einem schwachen bis mittleren Zusammenhang ausgegangen werden.

4.2.5 Der Odds-Ratio

Der Odds-Ratio ist eine Maßzahl, die das Verhältnis der Chancen zwischen zwei "Subpopulationen" widerspiegelt. Er ist nur für die Vier-Felder-Tafel definiert und lautet (vgl. Notation aus Tabelle 4.2):

$$OR = \frac{a\,d}{b\,c}. \qquad (4.11)$$

Im Fall der Unabhängigkeit nimmt der Odds-Ratio den Wert 1 an. Falls eine hohe Übereinstimmung zwischen X und Y dahingehend vorliegt, dass die gleichgerichteten Paare (x_1, y_1) und (x_2, y_2) häufiger als die gegenläufigen Paare (x_1, y_2) und (x_2, y_1) beobachtet werden, so liegt ein positiver Zusammenhang zwischen X und Y vor. Der Odds-Ratio ist dann größer 1. Liegt ein negativer Zusammenhang vor, d. h. die gegenläufigen Paare (x_1, y_2) und (x_2, y_1) werden häufiger beobachtet als die gleichgerichteten Paare (x_1, y_1) und (x_2, y_2), so ist der Odds-Ratio kleiner 1. Es gilt: $0 \leq OR < \infty$.

Beispiel 4.2.6. Wir betrachten folgende Vier-Felder-Tafel, bei der das Merkmal X das Vorhandensein einer speziellen Krankheit und das Merkmal Y erhöhten Alkoholkonsum bei einer Versuchsperson in einer Studie bedeuten.

Tabelle 4.5.

		Krankheit (X)		
		ja	nein	$\sum$
Alkohol (Y)	ja	62	96	158
	nein	14	188	202
	$\sum$	76	284	360

$$OR = \frac{a\,d}{b\,c} = \frac{62 \cdot 188}{14 \cdot 96} \approx 8.67.$$

Der Odds-Ratio gibt das Verhältnis der Chancen zwischen der ersten Population (Personen mit erhöhtem Alkoholkonsum) und der zweiten Population (Personen mit "gewöhnlichem" Alkoholkonsum) an. Menschen mit erhöhtem Alkoholkonsum haben also fast 9 mal so hohe Chancen (Risiko) die spezielle Krankheit in diesem Beispiel zu bekommen.

4.2.6 Rangkorrelationskoeffizient von Spearman

Ist die Kontingenztafel dünn besetzt, d. h., in jede Zelle fallen nur wenige oder gar keine Beobachtungen, so ist die Darstellung in einer Kontingenztafel wenig aussagekräftig. Wenn X und Y ordinalskaliert sind, kann eine geeignete Maßzahl für den Zusammenhang nur die Information der Rangordnung nutzen.

Für die Beobachtungen des Merkmals (X, Y) sind zunächst für jede Komponente die Ränge zu vergeben. Dabei bezeichne $R_i^X = R(x_i)$ den Rang der X-Komponente der i-ten Beobachtung und $R_i^Y = R(y_i)$ den Rang der Y-Komponente.

Haben zwei oder mehr Beobachtungen die gleiche Ausprägung des Merkmals X oder Y, so liegt eine sogenannte **Bindung** vor. Als Rang der einzelnen Beobachtungen wird dann der Mittelwert der zu vergebenden Ränge genommen.

Die Maßzahl für den Zusammenhang vergleicht nun die jeweiligen X- und Y-Ränge. Da auf Grund des ordinalen Skalenniveaus keine Abstände definiert sind, basiert der **Rangkorrelationskoeffizient von Spearman** nur auf der Differenz $d_i = R(x_i) - R(y_i)$ der X- bzw. Y-Rangordnung. Liegen keine Bindungen vor, so ist der Rangkorrelationskoeffizient definiert als

$$R = 1 - \frac{6 \sum\limits_{i=1}^{n} d_i^2}{n(n^2 - 1)}. \tag{4.12}$$

Der Wertebereich von R liegt in den Grenzen von -1 bis $+1$, wobei bei $R = +1$ zwei identische Rangreihen vorliegen. Ist $R = -1$, so liegen zwei gegenläufige Rangreihen vor. Aus dem Vorzeichen von R lassen sich also Aussagen über die Richtung des Zusammenhangs ableiten.

Beispiel 4.2.7. Sechs zufällig ausgewählte Mehrkämpfer belegten bei einem Wettbewerb folgende Ränge beim Weitsprung und beim Sprint:

Athlet	1	2	3	4	5	6
Platz Weitsprung	10	3	4	6	7	5
Platz Sprint	8	1	2	7	9	4

Wenn wir nun den Rangkorrelationskoeffizienten von Spearman zum Zusammenhang zwischen der Platzierung im Weitsprung und im Sprint berechnen, so benötigen wir erst einige Hilfsgrößen:

i	x_i	$R(x_i)$	y_i	$R(y_i)$	d_i	d_i^2
1	10	6	8	5	1	1
2	3	1	2	2	-1	1
3	4	2	1	1	1	1
4	6	4	7	4	0	0
5	7	5	9	6	-1	1
6	5	3	4	3	0	0
$\sum$						4

Nun können wir den Korrelationskoeffizienten berechnen:

$$R = 1 - \frac{6 \sum\limits_{i=1}^{n} d_i^2}{n(n^2 - 1)}$$
$$= 1 - \frac{6 \cdot 4}{6 \cdot 35} = 0.8857.$$

Es scheint also einen stark positiven Zusammenhang zwischen den Ergebnissen beim Sprint und beim Weitsprung zu geben.

Anmerkung. Während der Begriff 'Assoziation' für einen beliebigen Zusammenhang steht, legt der Begriff **'Korrelation'** die Struktur des Zusammenhangs – eine lineare Beziehung – fest. Da diese lineare Beziehung bei ordinalen Daten nur auf den Rängen basiert, sprechen wir vom Rangkorrelationskoeffizienten.

4.3 Zusammenhang zwischen zwei stetigen Merkmalen

Sind die beiden Merkmale X und Y metrisch skaliert, so sind die Abstände zwischen den Merkmalsausprägungen interpretierbar und können bei der Konstruktion eines Zusammenhangsmaßes berücksichtigt werden. Liegt ein exakter positiver Zusammenhang vor, so erwartet man, dass bei Erhöhung des einen Merkmals um eine Einheit sich auch das andere Merkmal um das Vielfache seiner Einheit erhöht. Der Zusammenhang lässt sich also durch eine lineare Funktion der Form $y = a + b\,x$ beschreiben. Wir sprechen daher

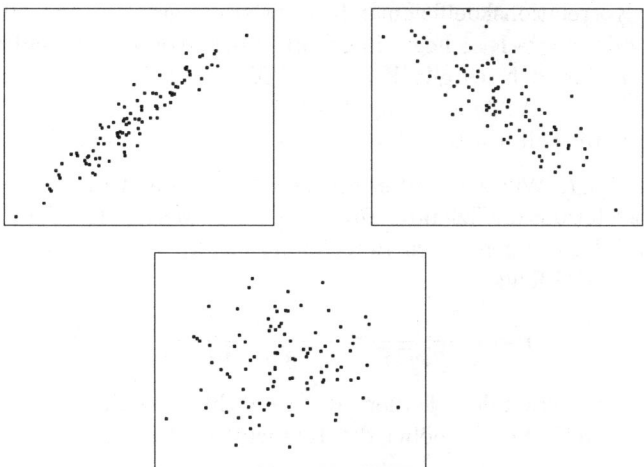

Abb. 4.4. Stark positive, schwach negative bzw. keine Korrelation

auch von **Korrelation** und wollen damit ausdrücken, dass es sich um einen linearen Zusammenhang handelt. Abbildung 4.4 zeigt die drei typischen Situationen.

Der **Korrelationskoeffizient von Bravais-Pearson** ist definiert als $r(X, Y) = r$ mit

$$r = \frac{\sum\limits_{i=1}^{n}(x_i - \bar{x})(y_i - \bar{y})}{\sqrt{\sum\limits_{i=1}^{n}(x_i - \bar{x})^2 \cdot \sum\limits_{i=1}^{n}(y_i - \bar{y})^2}}$$

$$= \frac{S_{xy}}{\sqrt{S_{xx}S_{yy}}}. \qquad (4.13)$$

Dabei sind

$$S_{xx} = \sum_{i=1}^{n}(x_i - \bar{x})^2 \quad \text{bzw.} \quad S_{yy} = \sum_{i=1}^{n}(y_i - \bar{y})^2 \qquad (4.14)$$

die Quadratsummen und

$$S_{xy} = \sum_{i=1}^{n}(x_i - \bar{x})(y_i - \bar{y}) \qquad (4.15)$$

die Summe der gemischten Produkte. Der Korrelationskoeffizient ist ein dimensionsloses Maß, in das beide Merkmale X und Y symmetrisch eingehen, d.h. es gilt $r(X, Y) = r(Y, X)$.

Der Korrelationskoeffizient r liegt zwischen den Grenzen -1 und $+1$. Ist $r = +1$ oder $r = -1$, so liegt ein **exakter linearer** Zusammenhang zwischen X und Y vor, d.h. es gilt $Y = a + bX$. Dies gilt speziell für $a = 0$ und $b = 1$, d.h. $Y = X$. Jede stetige Variable ist mit sich selbst mit $r(X, X) = 1$ korreliert. Im Fall $a = 0$ und $b = -1$ folgt $Y = -X$ und $r(X, -X) = -1$.

Beispiel 4.3.1. Wir betrachten erneut das Beispiel 4.1.3. Wir möchten nun den Korrelationskoeffizienten für die beiden Merkmale "Temperatur" und "Umsatz" bestimmen. Nach Berechnung von $s_T = 28.94$, $s_U = 139.22$ und $s_{TU} = -59.03$ folgt:

$$r = = \frac{s_{TU}}{\sqrt{s_T s_U}} = \frac{-59.03}{\sqrt{28.94 \cdot 139.22}} \approx -0.93 \,.$$

Die beiden Merkmale scheinen also tatsächlich stark negativ miteinander zusammenzuhängen. Je höher die Temperatur, desto geringer der Umsatz!

4.4 Aufgaben

Aufgabe 4.1: Ein kleines Freibad notiert sich an 14 aufeinanderfolgenden Tagen den Umsatz von Eis (in EUR) sowie die jeweilige Niederschlagsmenge (in mm):

Niederschlag	10	0	8	15	20	25	27	35	34	4	6
Umsatz		170	207	167	132	126	80	82	60	63	140	192

Niederschlag	0	8	16
Umsatz		190	155	140

a) Zeichnen und interpretieren Sie das Streudiagramm der beiden Merkmale 'Umsatz' und 'Niederschlag'

b) Berechnen Sie den Korrelationskoeffizienten von Bravais-Pearson!

c) Zeichnen Sie zwei Boxplots des Merkmals 'Umsatz', aufgesplittet nach einer Niederschlagsmenge < 16mm und ≥ 16 mm.

Lösung:

a) Abb. 4.5 zeigt das Streudiagramm. Es scheint einen negativen Zusammenhang zwischen "Niederschlag" und "Umsatz" zu geben.

b) Mit $\bar{x}_N = 14.86$, $\bar{x}_U = 136$, $s_N = 11.786$ und $s_U = 48.735$ folgt:
$r(x, y) = \frac{s_{xy}}{\sqrt{s_{xx} s_{yy}}} = \frac{-22.8}{\sqrt{11.786 \cdot 48.735}} = -0.95.$

Der Wert -0.95 liegt sehr nahe bei -1, was den Verdacht des stark negativen Zusammenhangs der beiden Merkmale noch einmal bestätigt.

c) Auch in den Boxplots ist der negative Zusammenhang der beiden Merkmale zu erkennen:

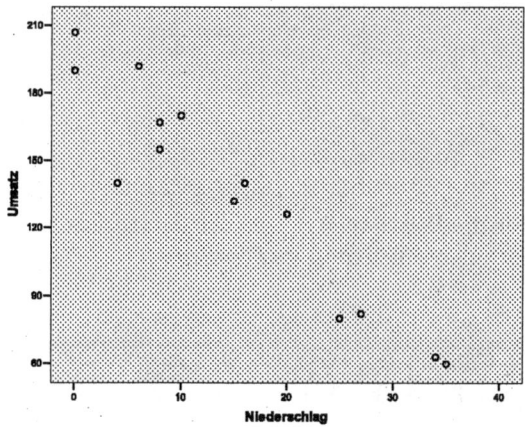

Abb. 4.5. Streudiagramm der Merkmale 'Umsatz' und 'Niederschlag'

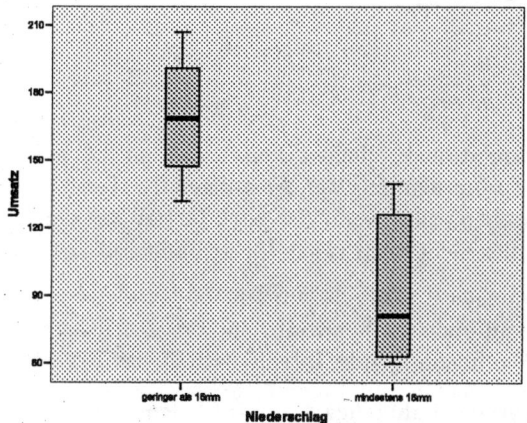

Abb. 4.6. Boxplots für den Umsatz

Aufgabe 4.2: Für eine lokale Studentenzeitschrift wurden von zwei Testpersonen in 5 Schwabinger Cafés die Cappuccini gekostet. Zur Bewertung der Qualität wurde ein Punkteschema von 1 (= miserabel) bis 10 (= ausgezeichnet) eingeführt. Die jeweiligen Urteile der Testtrinker X und Y sind aus der folgenden Tabelle zu entnehmen:

Café i	x_i	y_i
1	3	6
2	8	7
3	7	10
4	9	8
5	5	4

Beurteilen Sie die Wertungen der beiden Testtrinker zueinander mit Hilfe des Rangkorrelationskoeffizienten von Spearman.

Lösung:

Café i	x_i	$R(x_i)$	y_i	$R(y_i)$	d_i	d_i^2
1	3	1	6	2	-1	1
2	8	4	7	3	1	1
3	7	3	10	5	-2	4
4	9	5	8	4	1	1
5	5	2	4	1	1	1

$$R = \frac{6\sum_{i=1}^{n} d_i^2}{n(n^2 - 1)} = 1 - \frac{6(1 + 1 + 4 + 1 + 1)}{5(25 - 1)} = 0.4.$$

Der Rangkorrelationskoeffizient deutet, mit nur 0.4, auf einen sehr schwachen positiven Zusammenhang der Wertungen der Testtrinker hin. Man kann also davon ausgehen, dass wenn der eine Testtrinker den Cappuccino hoch bewertet, dass dies nicht auch gleich für den anderen Testrinker gelten muss.

Aufgabe 4.3: An einer Tankstelle wurden 150 Kunden nach dem Fahrzeugtyp gefragt, den sie am meisten benutzen, und der Zufriedenheit mit ihrer KFZ-Versicherung. Die nachfolgende Tabelle enthält das Ergebnis der Erhebung:

Typ des Fahrzeugs	zufrieden	unzufrieden
Auto mit Benzinmotor	33	25
Auto mit Dieselmotor	29	31
Motorrad	12	20

a) Berechnen Sie die unter der Annahme der Unabhängigkeit der beiden Merkmale 'Fahrzeugtyp' und 'Zufriedenheit' zu erwartenden Häufigkeiten und berechnen Sie eine geeignete Maßzahl, die eine Aussage über den Zusammenhang zwischen den Merkmalen 'Fahrzeugtyp' und 'Zufriedenheit' liefert.

b) Welcher Zusammenhang ergibt sich, wenn nur noch zwischen Autos und Motorrädern unterschieden wird?

c) Vergleichen und interpretieren Sie die Ergebnisse aus a) und b).

Lösung:

a) Tabelle unter Unabhängigkeit:

Typ des Fahrzeugs	zufrieden	unzufrieden
Auto mit Benzinmotor	28.61	29.39
Auto mit Dieselmotor	29.6	30.4
Motorrad	15.79	16.21

$$\chi^2 = \sum_{i=1}^{k}\sum_{j=1}^{l} \frac{(n_{ij} - \frac{n_{i+}n_{+j}}{n})^2}{\frac{n_{i+}n_{+j}}{n}}$$

$$= \frac{(33-28.61)^2}{28.61} + \frac{(25-29.39)^2}{29.39} + \frac{(29-29.6)^2}{29.6}$$

$$+ \frac{(31-30.4)^2}{30.4} + \frac{(12-15.79)^2}{15.79} + \frac{(20-16.21)^2}{16.21}$$

$$= 0.6736 + 0.6557 + 0.0122 + 0.0112 + 0.9097 + 0.8861$$

$$= 3.1485.$$

Da der Maximalwert der χ^2-Statistik hier bei $150(2-1) = 150$ liegt, ist der Zusammenhang als sehr schwach einzustufen.

Ferner läßt sich berechnen:

Cramers V:

$$V = \sqrt{\frac{\chi^2}{n(min(k,l)-1)}} = \sqrt{\frac{3.1485}{150(2-1)}} = 0.14$$

C_{korr}:

$$C_{korr} = \sqrt{\frac{min(k,l)}{min(k,l)-1}}\sqrt{\frac{\chi^2}{\chi^2+n}} =$$

$$= \sqrt{\frac{2}{1}}\sqrt{\frac{3.1485}{3.1485+150}} = \sqrt{2}\sqrt{0.02056}$$

$$\approx 0.20.$$

Die beiden Maße zeigen auch, dass zwischen den Merkmalen 'Fahrzeugtyp' und 'Zufriedenheit' kaum ein Zusammenhang besteht. Sie sind also eher unabhängig.

b) Für diesen Fall ergibt sich:

Typ des Fahrzeugs	zufrieden	unzufrieden
Auto	62	56
Motorrad	12	20

$$\chi^2 = \frac{n(ad - bc)^2}{(a + d)(c + d)(a + c)(b + d)} =$$

$$= \frac{150(1240 - 672)^2}{118 \cdot 32 \cdot 74 \cdot 76} = \frac{48393600}{21236224} \approx 2.2788.$$

$$OR = \frac{ad}{bc} = \frac{62 \cdot 20}{12 \cdot 56} = \frac{1240}{672} \approx 1.845$$

c) Nach Zusammenfassung wird der Zusammenhang zwischen den Variablen noch schwächer. Der Wert von χ^2 ist noch kleiner und der Odds-Ratio ist nahe bei Eins. Dies läßt auf 'falsches' Zusammenfassen schließen.

Aufgabe 4.4: Gegeben seien n Punktepaare (x_i, y_i), $i = 1, \ldots, n$.

a) Für jedes i gilt $y_i = a + bx_i$ mit $b > 0$. Zeigen Sie, dass gilt: $r = 1$.
b) Für jedes i gilt $y_i = a + bx_i$ mit $b < 0$. Zeigen Sie, dass gilt: $r = -1$.

Lösung:

a) Der Korrelationskoeffizient ist bekanntlich durch (4.13) gegeben. Wenn wir nun für y_i den Ausdruck $a + bx_i$ einsetzen und uns dann noch überlegen, dass $\bar{y}$ gerade $a + b\bar{x}$ ist, erhalten wir

$$r = \frac{\sum_{i=1}^{n}(x_i - \bar{x})(a + bx_i - (a + b\bar{x}))}{\sqrt{\sum_{i=1}^{n}(x_i - \bar{x})^2 \sum_{i=1}^{n}(a + bx_i - (a + b\bar{x}))^2}}.$$

Nachdem wir die Klammern auflösen und umstellen ergibt sich

$$r = \frac{\sum_{i=1}^{n}(x_i - \bar{x})(b(x_i - \bar{x}))}{\sqrt{\sum_{i=1}^{n}(x_i - \bar{x})^2 \sum_{i=1}^{n}(b(x_i - \bar{x}))^2}}.$$

Da b nicht von i abhängt, darf es vor die Summen gezogen werden, so erhalten wir den Term

$$r = \frac{b \sum_{i=1}^{n} (x_i - \bar{x})^2}{\sqrt{b^2 \sum_{i=1}^{n} (x_i - \bar{x})^4}} .$$

Durch Wurzelziehen und Kürzen erhalten wir nun $r = 1$.

b) Für $b < 0$ müssen wir analog vorgehen. Im letzten Schritt hat man im Nenner b^2 stehen, was natürlich positiv ist. Zieht man also die Wurzel aus b^2 erhält man $|b| = -b$, da b negativ ist. Also wird b durch $-b$ dividiert und wir erhalten $r = -1$.

Aufgabe 4.5: In der folgenden Tabelle finden Sie für das Jahr 1986 die Geschwindigkeitsbeschränkung auf Landstraßen (in Meilen pro Stunde) (x) und die Anzahl der Toten pro 100 Millionen Autokilometer (y) in 5 Ländern.

Land	Höchstgeschwindigkeit	Anzahl Tote
Dänemark	55	4.1
Japan	55	4.7
Kanada	60	4.3
Holland	60	5.1
Italien	75	6.1

a) Zeichnen Sie das Streudiagramm.

b) Bestimmen Sie den Korrelationskoeffizienten von Bravais-Pearson und interpretieren Sie ihn.

c) Wie ändert sich der Wert des Korrelationskoeffizienten von Bravais- Pearson, wenn die Geschwindigkeitsbeschränkung nicht in Meilen, sondern in Kilometern bestimmt wird?

d) In England betrug die Geschwindigkeitsbeschränkung im Jahr 1986 70 Meilen pro Stunde. Die Todesrate lag bei 3.5.

    i) Berücksichtigen Sie diesen Wert im Streudiagramm.

    ii) Wie ändert sich der Wert des Korrelationskoeffizienten von Bravais-Pearson, wenn Sie den Wert von England berücksichtigen?

Lösung:

a) Betrachten wir zuerst das Streudiagramm, Abbildung 4.7 (links), für den Zusammenhang von Geschwindigkeitsbegrenzungen und Verkehrstoten. Man erkennt eine steigende Struktur. Je höher das Tempolimit desto mehr Verkehrstote hat das Land.

Italien sticht ein wenig hervor mit seinem sehr hohem Tempolimt von 75 mph und den entsprechend vielen Verkehrstoten. Man kann Italien als den strukturgebenden Punkt charakterisieren. Ohne Italien wäre der Zusammenhang nicht sehr deutlich.

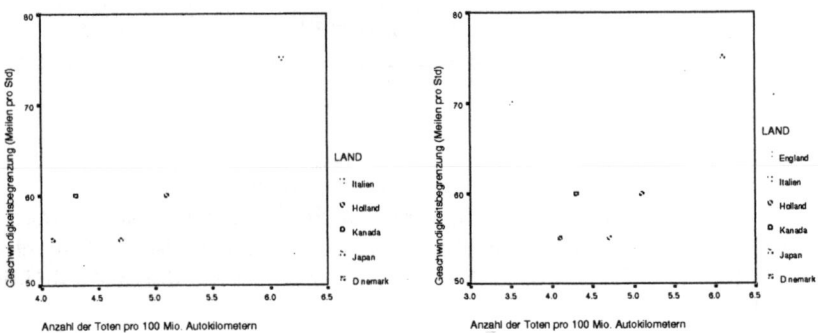

Abb. 4.7. Streudiagramm der Merkmale 'Geschwindigkeitsbegrenzung' und 'Verkehrstote'

b) Mit $\bar{x} = 61$, $\bar{y} = 4.86$ erhalten wir $S_{xx} = 270$ und $S_{yy} = 3.512$ und $S_{xy} = 23.2$ als Quadratsummen. Damit kann $r(x, y) = \frac{S_{xy}}{\sqrt{S_{xx}S_{yy}}}$ folgendermaßen berechnet werden: $r(x, y) = \frac{23.2}{\sqrt{270 \cdot 3.512}} = 0.891$.
Das Korrelationsmaß ist nahe 1, somit deutet es auf einen positiven Zusammenhang hin.

c) Wenn wir die Daten für England hinzunehmen erhalten wir den in Abb. 4.7 (rechts) dargestellten Zusammenhang.
Man sieht, dass die Briten trotz des hohen Tempolimits wenig Verkehrstote zu beklagen haben im Jahr 1986. Die Hinzunahme der englischen Daten schwächt den Zusammenhang also deutlich ab.

d) Der Korrelationskoeffizient wird deutlich abnehmen, da England ein für die gängige Struktur untypisches Punktepaar ist. Die Hilfsgrössen für den Korrelationskoeffizienten sind: $\bar{x} = 62.5$, $\bar{y} = 4.6333$, $S_{xx} = 337.5$, $S_{yy} = 4.0533$, $S_{xy} = 13$. Das ergibt $r = 0.3515$, was auf einen sehr schwachen bis kaum vorhandenen positiven Zusammenhang hindeutet.

Aufgabe 4.6: Die folgenden Tabelle zeigt die Anzahl Störche pro Hektar (x) und die Geburtenzahlen pro tausend Einwohner (y) verschiedener Regionen.

Störche/Hektar	Geburten/Tausend
20	13
30	24
40	43
50	51
60	57
70	77

a) Zeichnen Sie das Streudiagramm.

b) Bestimmen Sie den Korrelationskoeffizienten von Bravais-Pearson.

c) Können Sie anhand des Ergebnisses ableiten, dass Störche vielleicht doch die Babies bringen?

Lösung:

a) Das Streudiagramm ist in Abb. 4.8 dargestellt.

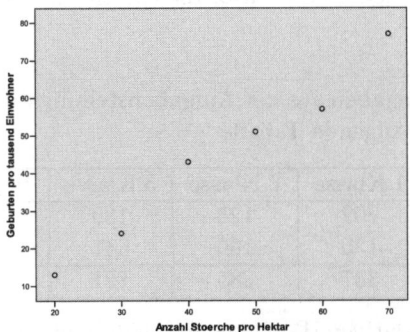

Abb. 4.8. Streudiagramm der Merkmale 'Störche' und 'Geburten'

Eine steigende Struktur ist zu erkennen, mit steigender Storchenanzahl steigen auch die Geburten.

b) Für das Storchenproblem erhalten wir als Hilfsgrößen zur Berechnung des Korrelationskoeffizienten $\bar{x} = 45$, $\bar{y} = 44.1667$ und damit erhalten wir $S_{xx} = 1750$ und $S_{yy} = 2668.833$ und $S_{xy} = 2135$. Somit ergibt sich $r(x,y) = \frac{2135}{\sqrt{1750 \cdot 2668.833}} = 0.9879$.

Es gibt also einen sehr starken Zusammenhang zwischen den Merkmalen 'Strörche' und 'Geburten'.

c) Die Datenreihen Anzahl der Störche und Geburten weisen also eine starke positive Korrelation auf. Doch dies bedeutet nicht, wie jeder weiß, dass der Storch die Babies bringt. Hier haben wir es vielmehr mit einer Scheinkorrelation zu tun, die nicht eine Kausalität wiederspiegelt sondern eher als ein statistisches Artefakt zu interpretieren ist.

Aufgabe 4.7: Von den Passagieren auf der Titanic waren 337 in der ersten Klasse, 285 in der zweiten Klasse und 721 in der dritten Klasse. Es waren 885 Besatzungsmitglieder an Bord. Von den Passagieren der ersten Klasse wurden nach dem Unglück 135 vermisst, von denen der zweiten Klasse 160, von denen der dritten Klasse 541 und von der Besatzung 674.

a) Erstellen Sie eine Kontingenztabelle. Berechnen Sie die relativen Häufigkeiten bezogen auf die Spaltensumme. Was sagen Ihnen diese Anteile?

b) Bestimmen Sie die Kontingenztabelle unter Unabhängigkeit.

c) Berechnen Sie zwei Kontingenzmaße. Gibt es einen Zusammenhang zwischen der sozialen Herkunft der Menschen auf der Titanic und dem Merkmal 'Gerettet/Vermisst'?

d) Fassen Sie die erste und zweite Klasse zu einer Gruppe zusammen und die dritte Klasse und Besatzung zu einer weiteren Gruppe. Bestimmen Sie die Maße aus c) und den Odds-Ratio. Interpretieren Sie Ihr Ergebnis.

Lösung:

a) Wenn man die Angaben aus der Aufgabenstellung tabellarisch zusammenfasst erhält man folgende Tabelle.

x\ y	1.Klasse	2.Klasse	3.Klasse	Besatzung	$\sum$
Gerettet	202	125	180	211	718
Vermisst	135	160	541	674	1510
$\sum$	337	285	721	885	2228

Die Tabelle der relativen Häufigkeiten erhält man, wenn man die Werte der gemeinsamen Verteilung (innerhalb der Tabelle) durch die Spaltensumme (die Randverteilung) dividiert.

x\ y	1.Klasse	2.Klasse	3.Klasse	Besatzung
Gerettet	0.5994	0.4386	0.2497	0.2384
Vermisst	0.4006	0.5614	0.7503	0.7616

Man erkennt recht deutlich, dass man als Passagier der ersten Klasse die höchste Überlebenschance des Unglücks hatte. Auch von den Passagieren der zweiten Klasse wurden noch viele gerettet. Die Passagiere der dritten Klasse und die Besatzungsmitglieder hatten sehr ähnliche Anteile, so dass man annehmen kann, dass sie zu einer Gruppe gehören.

b) Die Tabelle unter Unabhängigkeit wird wie gehabt berechnet.

x\ y	1.Klasse	2.Klasse	3.Klasse	Besatzung	$\sum$
Gerettet	108.6	91.8	232.4	285.2	718
Vermisst	228.4	193.2	488.6	599.8	1510
$\sum$	337	285	721	885	2228

Man erkennt recht hohe Unterschiede zwischen den Werten unter Unabhängigkeit und den Ausgangswerten.

c) Berechnen wir nun die χ^2–Statistik und z.B. Cramer's V.

$$\chi^2 = \sum_{i=1}^{k} \sum_{j=1}^{l} \frac{\left(n_{ij} - \frac{n_{i+}n_{+j}}{n}\right)^2}{\frac{n_{i+}n_{+j}}{n}} =$$

$$= \frac{(202 - 108.6)^2}{108.6} + \frac{(125 - 91.8)^2}{91.8} + \frac{(180 - 232.4)^2}{232.4} + \frac{(209 - 285.2)^2}{285.2}$$

$$+ \frac{(135 - 228.4)^2}{228.4} + \frac{(160 - 193.2)^2}{193.2} + \frac{(541 - 488.6)^2}{488.6} + \frac{(674 - 599.8)^2}{599.8}$$

$$= 80.33 + 12.01 + 11.82 + 20.36$$

$$+ 38.19 + 5.71 + 5.62 + 9.18$$

$$= 183.22.$$

Der Maximalwert liegt hier bei $2228(2 - 1) = 2228$. Da 183.22 näher an der Null liegt als an der 2228 ist der Zusammenhang eher schwach. Doch die relativen Häufigkeiten zeigen ein anderes Bild. Berechnen wir noch Cramer's V, so erhalten wir

$$V = \sqrt{\frac{\chi^2}{n(min(k,l)-1)}} = \sqrt{\frac{183.22}{2228}} = 0.287.$$

Man sieht, dass Cramer's V bei Tabellen mit 2 Zeilen bzw. Spalten dem ϕ-Koeffizienten entspricht.

Cramer's V ist auch eher nahe 0, was auch auf Unabhängigkeit bzw. einen schwachen Zusammenhang schließen lässt.

d) Durch die Zusammenfassung erhalten wir folgende Tabelle.

x\ y	1. und 2.Klasse	3.Klasse und Besatzung	$\sum$
Gerettet	327	391	718
Vermisst	295	1215	1510
$\sum$	622	1606	2228

Das χ^2 für 4 Feldertafeln erhalten wir mit

$$\chi^2 = \frac{2228(327 \cdot 1215 - 295 \cdot 391)^2}{718 \cdot 1510 \cdot 622 \cdot 1606} = 163.55.$$

Cramer's V bzw. der ϕ-Koeffizient ist $\sqrt{\frac{163.55}{2228}} = 0.271$.

Der Zusammenhang ist schwächer geworden durch die Zusammenfassung.

Der Odds-Ratio ist $OR = \frac{a \cdot d}{b \cdot c} = \frac{397305}{115345} = 3.444$. Dieser ist größer als eins. Somit ist ein positiver Zusammenhang zwischen den zusammengefassten Merkmalen zu erkennen.

Wenn man noch mal über die Situation auf der Titanic nachdenkt, ist ein gewisser Zusammenhang nachvollziehbar. Die Passagiere in der ersten und zweiten Klasse hatten ihre Kabinen im oberen Teil des Schiffes. Sie konnten deshalb die Rettungsboote viel einfacher erreichen. Die Passagiere der dritten Klasse sowie die Mannschaft waren im Rumpf des Schiffes, die Passagiere hatten dort ihre Kabinen und der Großteil der Besatzung arbeitete im Maschinenraum. Somit waren sie zum Zeitpunkt der Katastrophe direkt von dem eindringenden Wasser bedroht.

Aufgabe 4.8: In einer Studie soll der Zusammenhang zwischen der durchschnittlichen Monatstemperatur und der Hotelauslastung an drei Orten untersucht werden. Als typischer Wintersportort wurde Davos gewählt, für den Sommerurlaub Polenca auf Mallorca und als Stadt- und Geschäftsreiseziel Basel. Es wurden in den Monaten des Jahres 2002 die Durchschnittstemperaturen (X) tagsüber sowie die Hotelauslastungen (Y) erhoben.

Monat	Davos X	Y	Polenca X	Y	Basel X	Y
Jan	-6	91	10	13	1	23
Feb	-5	89	10	21	0	82
Mar	2	76	14	42	5	40
Apr	4	52	17	64	9	45
May	7	42	22	79	14	39
Jun	15	36	24	81	20	43
Jul	17	37	26	86	23	50
Aug	19	39	27	92	24	95
Sep	13	26	22	36	21	64
Oct	9	27	19	23	14	78
Nov	4	68	14	13	9	9
Dec	0	92	12	41	4	12

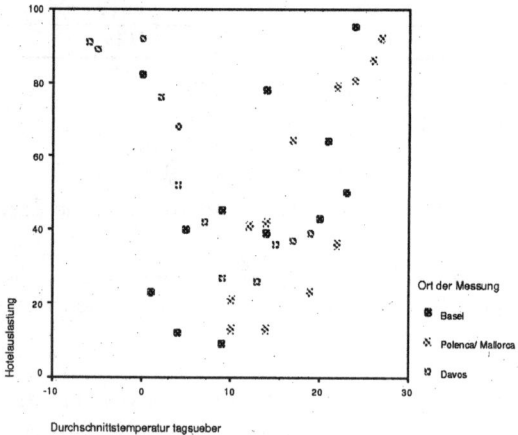

a) Berechnen Sie den Korrelationskoeffizienten $r(X,Y)$. Gibt es einen linearen Zusammenhang? (Hinweis: $\sum_{i=1}^{36} x_i y_i = 22776$, $\bar{x} = 12.22$, $\bar{y} = 51.28$, $s_x^2 = 79.15$ und $s_y^2 = 727.18$)

b) Die obige Grafik zeigt das Streudiagramm für alle Werte von X und Y. Dabei wurden Markierungen für die jeweiligen Orte gemacht. Interpretieren Sie die Grafik. Gehen Sie dabei insbesondere auf die möglichen Gruppen ein und die Strukturen innerhalb der Gruppen.

c) Zeichnen und interpretieren Sie die Streudiagramme für die einzelnen Ortschaften. Ist der Zusammenhang von Temperatur und Hotelauslastung abhängig von dem Ort?

d) Berechnen Sie nun mit Hilfe des SPSS Outputs die Korrelation zwischen der Temperatur und der Auslastung für alle Orte. Interpretieren Sie Ihre Ergebnisse.

Deskriptive Statistiken

Ort der Messung		Mittelwert	Standardabw eichung	N
Davos	Durchschnittstemperatur tagsueber	6.58	8.262	12
	Hotelauslastung	58.25	25.508	12
Polenca/ Mallorca	Durchschnittstemperatur tagsueber	18.08	8.112	12
	Hotelauslastung	49.25	29.696	12
Basel	Durchschnittstemperatur tagsueber	12.00	8.602	12
	Hotelauslastung	48.33	27.211	12

Korrelationen

Ort der Messung			Durchschnitt emperatur tagsueber	Hotelausla stung
Davos	Durchschnittstemperatur tagsueber	Korrelation nach Pearson	1	
		Quadratsummen und Kreuzprodukte	750.917	-2017.750
		Kovarianz	68.265	-183.432
	Hotelauslastung	Korrelation nach Pearson		1
		Quadratsummen und Kreuzprodukte	-2017.750	7166.250
		Kovarianz	-183.432	650.568
Polenca/ Mallorca	Durchschnittstemperatur tagsueber	Korrelation nach Pearson	1	
		Quadratsummen und Kreuzprodukte	410.917	1633.750
		Kovarianz	37.356	148.523
	Hotelauslastung	Korrelation nach Pearson		1
		Quadratsummen und Kreuzprodukte	1633.750	9700.250
		Kovarianz	148.523	881.841
Basel	Durchschnittstemperatur tagsueber	Korrelation nach Pearson	1	
		Quadratsummen und Kreuzprodukte	814.000	1069.000
		Kovarianz	74.000	97.182
	Hotelauslastung	Korrelation nach Pearson		1
		Quadratsummen und Kreuzprodukte	1069.000	8144.667
		Kovarianz	97.182	740.424

Lösung:

a) Mit den angegebenen Hinweisen ergibt sich der Korrelationskoeffizient

$$r = \frac{S_{xy}}{\sqrt{S_{XX}S_{YY}}} = \frac{\sum_{i=1}^{36} x_i y_i - 36\bar{x}\bar{y}}{\sqrt{ns_X^2 \, ns_Y^2}} = \frac{22776 - 36 \cdot 12.22 \cdot 51.28}{n\sqrt{s_X^2 \, s_Y^2}} = \frac{216.9}{36\sqrt{79.15 \cdot 727.18}} = \frac{216.9}{8636.72} = 0.025.$$

Es gibt keinen linearen Zusammenhang zwischen den Temperaturen und der Auslastung.

b) Das Streudiagramm der gesamten Daten bestätigt das Ergebnis des Korrelationskoeffizienten und zeigt keine direkten Strukturen. Durch die Markierungen erkennt man aber, dass die Orte eine entscheidende Rolle spielen. Die Punktepaare, die z.B. zu Mallorca gehören, weisen eine steigende Struktur auf.

c) Es sollten also die Daten nach den Orten aufgeteilt werden. Die Streudiagramme haben dann die folgende Gestalt.

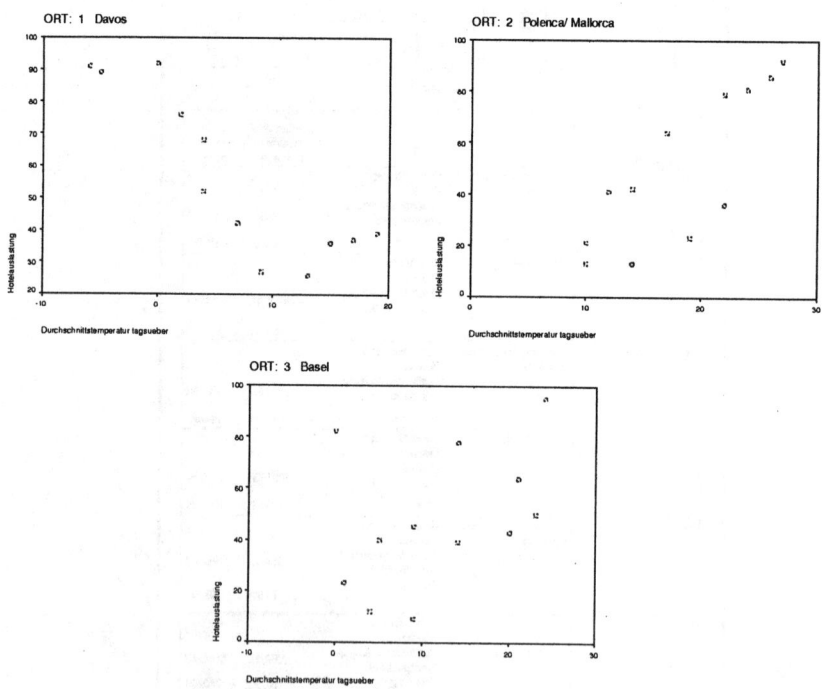

Die Streudiagramme zeigen für Davos einen negativen Zusammenhang zwischen der Temperatur und der Hotelauslastung, für Mallorca zeigt sich ein positiver Zusammenhang und für Basel erkennt man eine leicht steigende Struktur.

d) Im SPSS Output sind die zusammenfassenden Statistiken, Mittelwerte, Varianzen und Standardabweichungen für die Orte gegeben. Desweiteren sind Quadratsummen und die Kovarianzen für die drei Orte gegeben. Also kann der Korrelationskoeffizient wie oben bestimmt werden oder alternativ über die Kovarianzen und Standardabweichungen.

Mit $r = \frac{s_{xy}}{s_x s_y}$ erhält man:

- $r_D = \frac{-183.432}{8.262 \cdot 25.506} = \frac{-183.432}{210.73} = -0.87$
- $r_M = \frac{148.523}{6.112 \cdot 29.696} = 0.818$
- $r_B = \frac{97.182}{8.602 \cdot 27.211} = 0.415$

In Davos ist ein starker negativer linearer Zusammenhang erkennbar: je niedriger die Temperatur desto höher die Hotelauslastung.

In Mallorca ist der Zusammenhang natürlich umgekehrt: je höher die Temperatur desto höher die Auslastung.

In Basel hingegen hat man nur einen leichten positiven Zusammenhang. Städtetouristen und Geschäftsreisende lassen sich nicht so stark vom Wetter beeinflussen wie Wintersportler und Sommertouristen.

5. Lineare Regression

5.1 Einleitung

In diesem Kapitel diskutieren wir Methoden zur Analyse und Modellierung des Einflusses eines quantitativen Merkmals X auf ein anderes quantitatives Merkmal Y.

Wir setzen voraus, dass an einer Beobachtungseinheit (Person, Firma, Geldinstitut usw.) zwei Merkmale X und Y gleichzeitig beobachtet werden. Diese Merkmale seien metrisch. Es werden also n Beobachtungen (x_i, y_i), $i = 1, \ldots, n$ des zweidimensionalen Merkmals (X, Y) erfasst. Diese Daten werden in einer Datenmatrix zusammengestellt.

$$\begin{array}{c} i \\ 1 \\ 2 \\ \vdots \\ n \end{array} \begin{array}{cc} X & Y \\ \begin{pmatrix} x_1 & y_1 \\ x_2 & y_2 \\ \vdots & \vdots \\ x_n & y_n \end{pmatrix} \end{array}$$

Beispiele.

- Körpergröße(X) und Gewicht(Y) einer Person
- Geschwindigkeit (X) und Bremsweg (Y) eines Pkw
- Einsatz von Werbung in EUR (X) und Umsatz in EUR (Y) in einer Filiale

Beispiel 5.1.1. In einer Studie lässt man ein Motorrad mit unterschiedlichen Geschwindigkeiten an einen Messpunkt fahren und dort bremsen. Man misst jeweils die Geschwindigkeit X in km/h und den Bremsweg Y in m. Mit diesen Daten erhalten wir den Scatterplot in Abbildung 5.1.

$$\begin{array}{cc} X & Y \\ \begin{pmatrix} 20 & 25 \\ 30 & 57 \\ 35 & 62 \\ 41 & 65 \\ 60 & 90 \end{pmatrix} \end{array}$$

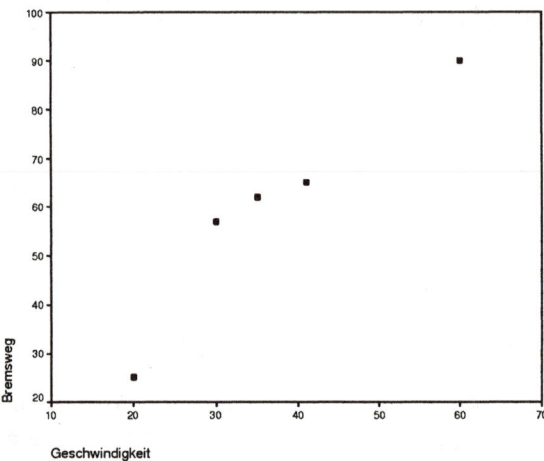

Abb. 5.1. Scatterplot Geschwindigkeit/Bremsweg eines Motorrads

Neben der grafischen Darstellung eines zweidimensionalen quantitativen Merkmals (X, Y) kann man die Stärke und die Richtung des linearen Zusammenhangs zwischen den beiden Merkmalskomponenten X und Y durch den Korrelationskoeffizienten erfassen. Wir gehen nun einen Schritt weiter und versuchen, den linearen Zusammenhang zwischen X und Y durch ein Modell zu erfassen. Dazu setzen wir voraus, dass X als gegeben angesehen wird, während Y als Reaktion auf X beobachtet wird. Dies ist die allgemeine Struktur einer Ursache-Wirkungs-Beziehung zwischen X und Y. Das einfachste Modell ist die lineare Gleichung

$$Y = a + bX. \tag{5.1}$$

Das Merkmal X ist fest gegeben. Das Merkmal Y wird zu vorgegebenem X beobachtet und weist im allgemeinen eine natürliche Streuung auf. Aus diesem Grund werden die Werte von Y nicht exakt auf der Geraden (5.1) liegen. Deshalb bezieht man ein Fehlerglied oder Residuum e in den linearen Zusammenhang mit ein:

$$Y = a + bX + e. \tag{5.2}$$

5.2 Plots

Bevor man an die Modellierung einer Ursache-Wirkungs-Beziehung geht, sollte man sich durch grafische Darstellungen eine Vorstellung vom möglichen Verlauf (Modell) verschaffen. Folgende Plots (vergleiche auch mit Kap. 4.3)

→ Null Plot,
Chaos Plot

Abb. 5.2. Stark positiver, schwach negativer bzw. kein linearer Zusammenhang

stellen Extremsituationen von starkem bzw. keinem linearen Zusammenhang dar.

Falls zwei Merkmale X und Y keinen Zusammenhang aufweisen, so ergibt sich als typisches Bild der Punktwolke (x_i, y_i) eine Darstellung wie in Abbildung 5.2 unten. Die Punktwolke weist kein erkennbares Muster auf, die Anordnung der Punkte wirkt rein zufällig. Man nennt ein solches Bild auch Null-Plot oder Chaos-Plot.

5.3 Prinzip der kleinsten Quadrate

Seien die n Beobachtungen $P_i = (x_i, y_i)$, $i = 1, \ldots, n$, des zweidimensionalen Merkmals $P = (X, Y)$ als Punktwolke (bivariater Scatterplot) in das x-y-Koordinatensystem eingetragen. Es soll nun eine Ausgleichsgerade $\hat{y} = a + bx$, die einen möglichen linearen Zusammenhang zweier Merkmale möglichst gut beschreibt, gefunden werden. Dabei sollen der Achsenabschnitt a und der Anstieg b möglichst "günstig" geschätzt werden. Dazu verwenden wir das **Prinzip der kleinsten Quadrate**, das die Gerade mit den kleinsten quadratischen Abweichungen zu den Datenpunkten wählt (siehe auch Abb. 5.3). Auf die genaue Berechnung der Parameter kommen wir später zurück.

Wir greifen nun einen beliebigen Beobachtungspunkt $P_i = (x_i, y_i)$ heraus. Ihm entspricht der Punkt $\hat{P}_i = (x_i, \hat{y}_i)$ auf der Geraden, d. h. es gilt

$$\hat{y}_i = a + bx_i\,.$$

Vergleicht man den beobachteten Punkt (x_i, y_i) mit dem durch die Gerade angepassten Punkt $(x_i, \hat{y}_i)$, so erhält man als Differenz (in y-Richtung) das sogenannte **Residuum** oder **Fehlerglied**

$$e_i = y_i - \hat{y}_i = y_i - a - bx_i . \tag{5.3}$$

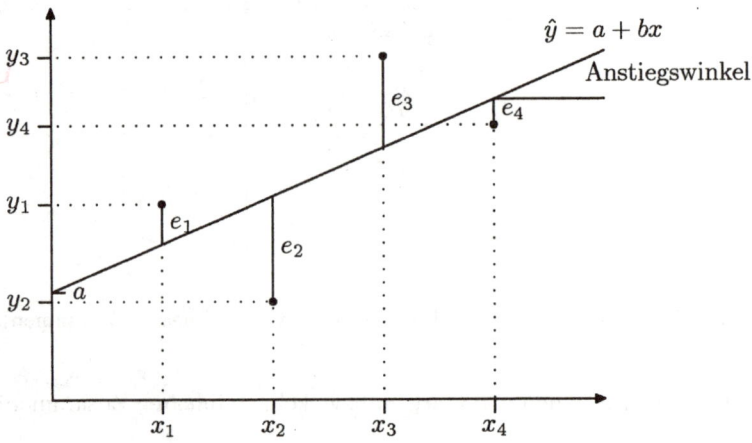

Abb. 5.3. Regressionsgerade, Beobachtungen y_i und Residuen e_i

Die Residuen e_i $(i = 1, \ldots, n)$ messen die Abstände der beobachteten Punktwolke $P_i = (x_i, y_i)$ von den angepassten Punkten $(x_i, \hat{y}_i)$ längs der y-Achse (siehe auch Abb. 5.3). Je größer die Residuen e_i insgesamt sind, um so schlechter ist die Anpassung der Regressionsgeraden an die Punktwolke. Als globales Maß für die Güte der Anpassung wählt man:

$$\sum_{i=1}^{n} e_i^2 . \tag{5.4}$$

Die durch das Optimierungsproblem

$$\min_{a,b} \sum_{i=1}^{n} e_i^2 = \min_{a,b} \sum_{i=1}^{n} (y_i - a - bx_i)^2 \tag{5.5}$$

gewonnenen Lösungen $\hat{a}$ und $\hat{b}$ heißen empirische **Kleinste-Quadrate-Schätzungen** von a und b, auch KQ-Schätzungen. Die damit gebildete Gerade $\hat{y} = \hat{a} + \hat{b}x$ heißt (empirische) **Regressionsgerade** von Y nach X. Die Kleinste-Quadrate-Schätzungen von a und b lauten:

$$\left.\begin{aligned} \hat{b} &= \frac{S_{xy}}{S_{xx}} \\ \hat{a} &= \bar{y} - \hat{b}\bar{x} \end{aligned}\right\} \tag{5.6}$$

Beispiel 5.3.1. In einer Stadt wird eine neue Finnbahn für Jogger errichtet. In einer Umfrage werden die ersten zwölf Jogger nach ihrem Alter und der Dauer ihres Laufes (in Minuten) gefragt. Es ergab sich folgende Datensituation:

i	1	2	3	4	5	6	7	8	9	10	11	12
x_i(Alter)	24	35	64	20	33	27	42	41	22	50	36	31
y_i(Laufdauer)	90	65	30	60	60	80	45	45	80	35	50	45

In Abb. 5.4 ist das Streudiagramm der beiden Merkmale dargestellt, das auf einen negativen Einfluss des Alters auf die Laufdauer hindeutet.

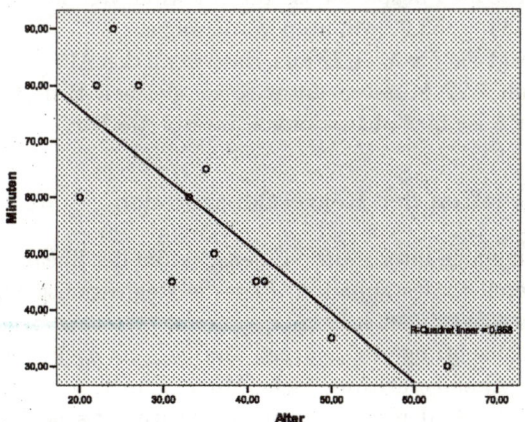

Abb. 5.4. Streudiagramm und Regressionsgerade für die Merkmale "Laufdauer" und "Alter"

$$\bar{x} = \sum x_i \, / \, i$$

Möchten wir nun ein lineares Modell schätzen, so müssen wir zuallererst einige Terme berechnen: Mit $\bar{x} = 35.41$ und $\bar{y} = 57.08$ ergibt sich:

i	$x_i - \bar{x}$	$y_i - \bar{y}$	$(x_i - \bar{x})(y_i - \bar{y})$	$(x_i - \bar{x})^2$
1	-11.41	32.92	-375.61	130.19
2	-0.41	7.92	-3.25	0.17
3	28.59	-27.08	-774.22	817.39
4	-15.41	2.92	-45.00	237.47
5	-2.41	2.92	-7.27	5.81
6	-8.41	22.92	-192.75	70.73
7	6.59	-12.08	-79.61	43.43
8	5.59	-12.08	-67.53	31.25
9	-13.41	22.92	-307.36	179.83
10	14.59	-22.08	-322.14	212.87
11	0.59	-7.08	-4.18	0.35
12	-4.41	-12.08	53.27	19.45
$\sum$			-2125.65	1748.94

Nun lassen sich ohne weiteres die beiden Schätzer $\hat{a}$ und $\hat{b}$ berechnen:

$$\hat{b} = \frac{S_{xy}}{S_{xx}} = \frac{\sum(x_i - \bar{x})(y_i - \bar{y})}{\sum(x_i - \bar{x})^2} = \frac{-2125.65}{1748.94} \approx -1.22$$

$$\hat{a} = \bar{y} - \hat{b}\bar{x} = 57.08 - (-1.215) \cdot 35.41 = 100.28$$

Damit ergibt sich also eine Regressionsgerade von

$$\hat{y} = 100.28 - 1.22 \cdot x$$

Unsere Schätzung für einen linearen Zusammenhang zwischen Alter und Laufdauer würde also beispielsweise für ein Alter von 38 eine Laufdauer von $100.28 - 1.22 \cdot 38 = 53.92$ Minuten voraussagen.

Des weiteren sagt ein $\hat{b}$ von -1.22 aus, dass wenn das Alter um ein Jahr steigt, die Laufzeit um 1.22 Minuten unter sonst gleichen Bedingungen abnimmt. Der Parameter $\hat{a}$ ist hier nicht sinnvoll interpretierbar.

5.3.1 Eigenschaften der Regressionsgeraden

Wir wollen nun einige interessante Eigenschaften der linearen Regression diskutieren. Generell ist festzuhalten, dass die Regressionsgerade $\hat{y}_i = \hat{a} + \hat{b}x_i$ nur sinnvoll im Wertebereich $[x_{(1)}, x_{(n)}]$ der x-Werte zu interpretieren ist.

Für die Beobachtungen $x_1, \ldots, x_n$ und $y_1, \ldots, y_n$ können wir als Lageparameter das jeweilige arithmetische Mittel $\bar{x}$ bzw. $\bar{y}$ berechnen. Damit erhalten wir mit $(\bar{x}, \bar{y})$ den Lageparameter „arithmetisches Mittel" des zweidimensionalen Merkmals (X, Y). Physikalisch stellt $(\bar{x}, \bar{y})$ den Schwerpunkt der bivariaten Daten (x_i, y_i) dar. Es gilt, dass der Schwerpunkt $(\bar{x}, \bar{y})$ auf der Geraden liegt. Aus (5.6) folgt für die Werte $\hat{P}_i = (x_i, \hat{y}_i)$ die Beziehung

$$\hat{y}_i = \hat{a} + \hat{b}x_i = \bar{y} + \hat{b}(x_i - \bar{x}). \tag{5.7}$$

Setzt man $x_i = \bar{x}$, so wird $\hat{y}_i = \bar{y}$, d. h. der Punkt $(\bar{x}, \bar{y})$ liegt auf der Geraden.

Die Summe der geschätzten Residuen ist Null. Die geschätzten Residuen sind

$$\hat{e}_i = y_i - \hat{y}_i$$
$$= y_i - (\hat{a} + \hat{b}x_i)$$
$$= y_i - (\bar{y} + \hat{b}(x_i - \bar{x})). \tag{5.8}$$

Damit erhalten wir für ihre Summe

$$\sum_{i=1}^{n} \hat{e}_i = \sum_{i=1}^{n} y_i - \sum_{i=1}^{n} \bar{y} - \hat{b}\sum_{i=1}^{n}(x_i - \bar{x})$$
$$= n\bar{y} - n\bar{y} - \hat{b}(n\bar{x} - n\bar{x}) = 0. \tag{5.9}$$

Die Regressionsgerade ist also fehlerausgleichend in dem Sinne, dass die Summe der negativen Residuen (absolut genommen) gleich der Summe der positiven Residuen ist.

Die durch die Regression angepassten Werte $\hat{y}_i$ haben das gleiche arithmetische Mittel wie die Originaldaten y_i:

$$\bar{\hat{y}} = \frac{1}{n} \sum_{i=1}^{n} \hat{y}_i = \frac{1}{n}(n\bar{y} + \hat{b}(n\bar{x} - n\bar{x})) = \bar{y}. \tag{5.10}$$

Im Folgenden wollen wir den Zusammenhang zwischen der KQ-Schätzung $\hat{b}$ und dem Korrelationskoeffizienten r betrachten. Der Korrelationskoeffizient der beiden Messreihen (x_i, y_i), $i = 1, \ldots, n$, ist (vgl. (4.13))

$$r = \frac{S_{xy}}{\sqrt{S_{xx}S_{yy}}}.$$

Damit gilt folgende Relation zwischen $\hat{b}$ und r

$$\hat{b} = \frac{S_{xy}}{S_{xx}} = \frac{S_{xy}}{\sqrt{S_{xx}}\sqrt{S_{yy}}} \cdot \sqrt{\frac{S_{yy}}{S_{xx}}} = r\sqrt{\frac{S_{yy}}{S_{xx}}}. \tag{5.11}$$

Die Richtung des Anstiegs, d.h. der steigende bzw. fallende Verlauf der Regressionsgeraden, wird durch das positive bzw. negative Vorzeichen des Korrelationskoeffizienten r bestimmt. Der Anstieg $\hat{b}$ der Regressionsgeraden ist also direkt proportional zum Korrelationskoeffizienten r. Der Anstieg $\hat{b}$ ist andererseits proportional zur Größe des Anstiegswinkels selbst. Sei der Korrelationskoeffizient r positiv, so dass die Gerade steigt. Der Einfluss von X auf Y ist dann um so stärker je größer $\hat{b}$ ist. Die Größe von $\hat{b}$ wird gemäß (5.11) aber nicht nur vom Korrelationskoeffizienten r sondern auch vom Faktor $\sqrt{S_{yy}/S_{xx}}$ bestimmt, so dass eine höhere Korrelation nicht automatisch einen steileren Anstieg $\hat{b}$ bedeutet. Andererseits bedeutet eine identische Korrelation nicht den gleichen Anstieg $\hat{b}$.

5.4 Güte der Anpassung

5.4.1 Varianzanalyse

Wir wollen nun ein Maß für die Güte der Anpassung der Regressionsgeraden an die Punktwolke (x_i, y_i), $i = 1, \ldots, n$, herleiten und analysieren deshalb die geschätzten Residuen $\hat{e}_i = y_i - \hat{y}_i$. Es gilt:

$$\sum_{i=1}^{n}(y_i - \bar{y})^2 = \sum_{i=1}^{n}(\hat{y}_i - \bar{y})^2 + \sum_{i=1}^{n}(y_i - \hat{y}_i)^2. \tag{5.12}$$

Die Quadratsumme S_{yy} auf der linken Seite von Gleichung (5.12) misst die totale Variabilität der y-Messreihe bezogen auf das arithmetische Mittel $\bar{y}$. Sie wird auch mit SQ_{Total} bezeichnet. Die beiden Quadratsummen auf der rechten Seite haben folgende Bedeutung:

$$SQ_{\text{Residual}} = \sum_{i=1}^{n}(y_i - \hat{y}_i)^2 \tag{5.13}$$

misst die Abweichung (längs der y-Achse) zwischen der Originalpunktwolke und den durch die Regression angepassten, also durch die Gerade vorhergesagten Werten.

Die Quadratsumme (5.12)

$$SQ_{\text{Regression}} = \sum_{i=1}^{n}(\hat{y}_i - \bar{y})^2 \tag{5.14}$$

misst den durch die Regression erklärten Anteil an der Gesamtvariabilität. Damit lautet die fundamentale Formel der **Streuungszerlegung**:

$$SQ_{\text{Total}} = SQ_{\text{Regression}} + SQ_{\text{Residual}} . \tag{5.15}$$

Ausgehend von dieser Gleichung definiert man folgendes Maß für die Güte der Anpassung

$$R^2 = \frac{SQ_{\text{Regression}}}{SQ_{\text{Total}}} = 1 - \frac{SQ_{\text{Residual}}}{SQ_{\text{Total}}} . \tag{5.16}$$

R^2 heißt **Bestimmtheitsmaß**. Es gilt $0 \leq R^2 \leq 1$. R^2 gibt den Anteil der von der Regression erklärten Streuung in den Daten wieder

Je kleiner SQ_{Residual} ist, d. h. je näher R^2 an 1 liegt, desto besser ist die mit der Regression erzielte Anpassung an die Punktwolke. Wir betrachten die beiden möglichen Grenzfälle.

Falls alle Punkte (x_i, y_i) auf der Regressionsgeraden liegen würden, wäre $y_i = \hat{y}_i$, $(i = 1, \dots, n)$ und damit $SQ_{\text{Residual}} = 0$ und

$$R^2 = \frac{SQ_{\text{Regression}}}{SQ_{\text{Total}}} = 1 .$$

Diesen Grenzfall bezeichnet man als perfekte Anpassung (vgl. Abbildung 5.5).

Beispiel. Eine Firma zahlt Gehälter nach dem Schlüssel „Grundbetrag a plus Steigerung in Abhängigkeit von der Dauer der Betriebszugehörigkeit", d. h. nach dem linearen Modell

Gehalt $= a + b \cdot$ Dauer der Betriebszugehörigkeit .

Die Gehälter y_i in Abhängigkeit von der Dauer der Betriebszugehörigkeit x_i liegen damit exakt auf einer Geraden (Abbildung 5.5).

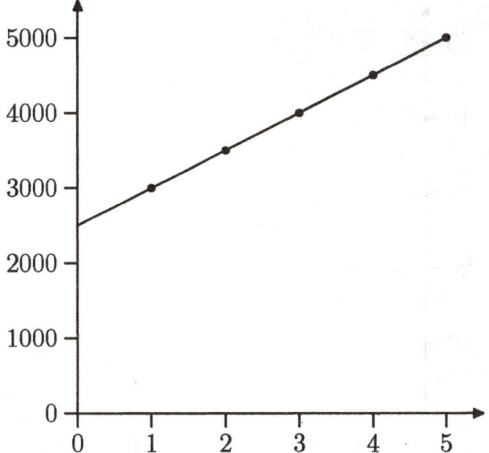

Abb. 5.5. Perfekte Anpassung, alle Punkte liegen auf der Regressionsgeraden

Der andere Grenzfall $R^2 = 0$ (Null-Anpassung) tritt ein, falls $SQ_{\text{Regression}} = 0$, bzw. äquivalent $SQ_{\text{Residual}} = SQ_{\text{Total}}$ ist. Dies bedeutet $\hat{y}_i = \bar{y}$ für alle i und $\hat{b} = 0$. Die Regressionsgerade verläuft dann parallel zur x-Achse, so dass zu jedem x-Wert derselbe $\hat{y}$-Wert, nämlich $\bar{y}$, gehört. Damit hat X überhaupt keinen Einfluss auf Y, es existiert also keine Ursache-Wirkungs-Beziehung.

Beispiel 5.4.1. Wir erheben die Merkmale X 'Punktezahl in der Mathematikklausur' und Y 'Punktezahl in der Deutschklausur' bei $n = 4$ Schülern. Mit den beobachteten Wertepaaren $(10, 20)$, $(40, 10)$, $(50, 40)$ und $(20, 50)$ erhalten wir $\bar{x} = 30$, $\bar{y} = 30$, $S_{xy} = 0$ und $\hat{b} = 0$ und damit $R^2 = 0$. Es besteht also kein Zusammenhang zwischen beiden Merkmalen (siehe auch Abb. 5.6).

5.4.2 Korrelation

Die Güte der Anpassung der Regression an die Daten wird durch R^2 gemessen. Je größer R^2, desto stärker ist eine lineare Ursache-Wirkungs-Beziehung zwischen X und Y ausgeprägt. Andererseits gibt auch der Korrelationskoeffizient r Auskunft über die Stärke des linearen Zusammenhangs zwischen X und Y.

Das Bestimmtheitsmaß R^2 und der Korrelationskoeffizient r stehen in folgendem direkten Zusammenhang:

$$R^2 = r^2. \tag{5.17}$$

In der einfachen linearen Regression wird die Güte der Anpassung durch das Quadrat des Korrelationskoeffizienten von X und Y bestimmt.

Beispiel 5.4.2. Wir betrachten erneut das Beispiel der Jogger und ihrer Laufdauer (siehe Kap 5.3). Wir haben bereits die Regressionsgerade berechnet und

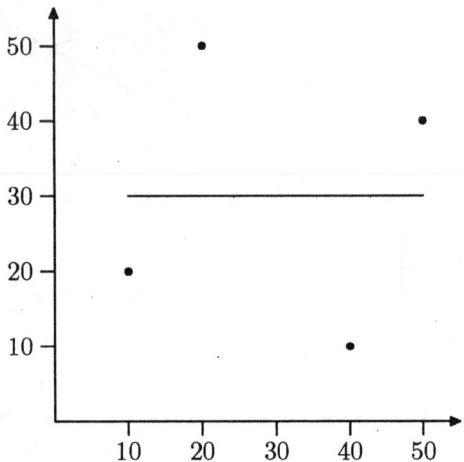

Abb. 5.6. Kein Zusammenhang zwischen X und Y (Beispiel 5.4.1)

möchten nun wissen, wie die Güte des linearen Modells ist. Dazu müssen wir zu allererst erneut einige wichtige Terme berechnen:

i	y_i	$\hat{y}_i$	$y_i - \bar{y}$	$(y_i - \bar{y})^2$	$\hat{y}_i - \bar{y}$	$\hat{y}_i - \bar{y}^2$
1	90	70.84	32.92	1083.73	13.76	189.34
2	65	57.42	7.92	62.73	0.34	0.12
3	30	22.04	-27.08	733.33	-35.04	1227.80
4	60	75.72	2.92	8.53	18.64	347.45
5	60	59.86	2.92	8.53	2.78	7.73
6	80	67.18	22.92	525.33	10.10	102.01
7	45	48.88	-12.08	145.93	-8.2	67.24
8	45	50.10	-12.08	145.93	-6.83	48.72
9	80	73.28	22.92	525.33	16.20	262.44
10	35	39.12	-22.08	487.53	-17.96	322.56
11	50	56.20	-7.08	50.13	-0.88	0.72
12	45	62.30	-12.08	145.93	5.22	27.25
$\sum$				3922.96		2603.43

Das Bestimmtheitsmaß lässt sich nun wie folgt berechnen:

$$R^2 = \frac{SQ_{\text{Regression}}}{SQ_{\text{Total}}} = \frac{\sum_{i=1}^{n}(\hat{y}_i - \bar{y})^2}{\sum_{i=1}^{n}(y_i - \bar{y})^2} = \frac{2603.43}{3922.96} = 0.66.$$

Der Anteil der erklärten Varianz an der Gesamtvarianz liegt damit bei 66% und lässt auf eine mittlere Güte des Modells schliessen.

5.5 Lineare Regression mit kategorialen Regressoren

In den bisherigen Ausführungen haben wir Y und X stets als quantitativ stetig vorausgesetzt. Wir wollen nun den in Anwendungen ebenfalls wichtigen Fall behandeln, dass der Regressor X kategoriales Skalenniveau besitzt. Wir betrachten zunächst einige Beispiele für kategoriale Regressoren:

Beispiele.

- Geschlecht: männlich, weiblich
- Familienstand: ledig, verheiratet, geschieden, verwitwet
- Prädikat des Diplomzeugnisses: sehr gut, gut, befriedigend, ausreichend

Regressoren mit kategorialem Skalenniveau erfordern eine spezifische Behandlung. Die kodierten Merkmalsausprägungen wie z. B. 'ledig'=1, 'verheiratet'=2, 'geschieden'=3, 'verwitwet'=4 können wir nicht wie reelle Zahlen in die Berechnung der Parameterschätzungen $\hat{a}$ und $\hat{b}$ einbeziehen, da den Kodierungen wie z. B. beim nominalen Merkmal 'Familienstand' nicht notwendig eine Ordnung zugrundeliegt und Abstände bei nominalen Merkmalen nicht definiert sind. Um diesem Problem zu begegnen, müssen kategoriale Regressoren umkodiert werden. Hierfür gibt es zwei Möglichkeiten: Dummy- und Effektkodierung. Dabei wird ein kategorialer Regressor mit k möglichen Merkmalsausprägungen in $k - 1$ neue Regressoren (Dummys) umgewandelt. Eine der Originalkategorien (Merkmalsausprägungen) wird dabei als sogenannte **Referenzkategorie** ausgewählt.

Dummykodierung. Ein kategoriales Merkmal X mit k möglichen Merkmalsausprägungen wird durch $k - 1$ Dummys X_i kodiert. Nach Wahl einer Referenzkategorie $j \in \{1, \ldots, k\}$ ergeben sich die Dummys X_i, $i = 1, \ldots, k$, $i \neq j$ wie folgt:

$$x_i = \begin{cases} 1 \text{ falls Kategorie } i \text{ vorliegt,} \\ 0 \text{ sonst.} \end{cases} \tag{5.18}$$

Effektkodierung. Ein kategoriales Merkmal X mit k möglichen Merkmalsausprägungen wird durch $k - 1$ Dummys X_i kodiert. Nach Wahl einer Referenzkategorie $j \in \{1, \ldots, k\}$ ergeben sich die Dummys X_i, $i = 1, \ldots, k$, $i \neq j$ wie folgt:

$$x_i = \begin{cases} 1 \text{ falls Kategorie } i \text{ vorliegt,} \\ -1 \text{ falls Kategorie } j \text{ vorliegt,} \\ 0 \text{ sonst.} \end{cases} \tag{5.19}$$

Beispiel 5.5.1. Betrachten wir das Merkmal X 'mathematische Vorkenntnisse' innerhalb der Auswertung einer Studentenbefragung. Es besitzt vier mögliche Merkmalsausprägungen ('keine', 'Mathe-Grundkurs', 'Mathe-Leistungskurs' und 'Vorlesung Mathematik'), die mit 1, 2, 3 und 4 kodiert sind. Wir verwenden die letzte Kategorie, d. h. die Kategorie 4 'Vorlesung Mathematik', als Referenzkategorie. Damit erhalten wir die Dummys X_1, X_2 und X_3 wie in folgender Tabelle angegeben.

Merkmalsausprägung	Wert von		
von X	X_1	X_2	X_3
1 'keine'	1	0	0
2 'Mathe-Grundkurs'	0	1	0
3 'Mathe-Leistungskurs'	0	0	1
4 'Vorlesung Mathematik'	0	0	0

Für die Effektkodierung erhalten wir

Merkmalsausprägung	Wert von		
von X	X_1	X_2	X_3
1 'keine'	1	0	0
2 'Mathe-Grundkurs'	0	1	0
3 'Mathe-Leistungskurs'	0	0	1
4 'Vorlesung Mathematik'	−1	−1	−1

Wir wollen die Berechnung der Parameterschätzungen an einem Rechenbeispiel demonstrieren. Dazu betrachten wir die bei der Statistikklausur erreichten Punktezahlen (Merkmal Y) abhängig vom Studienfach (Merkmal X). Ein Ausschnitt der Daten ist in der folgenden Datenmatrix angegeben.

$$
\begin{array}{c}
\begin{array}{ccc} & \text{Punkte} & \text{Studienfach} \end{array} \\
\begin{array}{c} 1 \\ 2 \\ 3 \\ 4 \\ 5 \\ \vdots \end{array}
\left(
\begin{array}{ccc}
34 & \text{Physik} \\
78 & \text{Physik} \\
30 & \text{Sonstige} \\
64 & \text{Chemie} \\
71 & \text{Chemie} \\
\vdots & \vdots
\end{array}
\right)
\end{array}
$$

Mit der Kodierung Physik=1, Chemie=2, Sonstige=3 erhalten wir mit Wahl der Referenzkategorie 3 (Sonstige) zwei Dummys X_1 (für Physik) und X_2 (für Chemie) gemäß folgendem Schema

Merkmalsausprägung	Wert von	
von X	X_1	X_2
1 'Physik'	1	0
2 'Chemie'	0	1
3 'Sonstige'	0	0

Die Datenmatrix wird damit zu

$$
\begin{array}{c}
\begin{array}{ccc} & y & x_1 & x_2 \end{array} \\
\begin{array}{c} 1 \\ 2 \\ 3 \\ 4 \\ 5 \\ \vdots \end{array}
\left(
\begin{array}{ccc}
34 & 1 & 0 \\
78 & 1 & 0 \\
30 & 0 & 0 \\
64 & 0 & 1 \\
71 & 0 & 1 \\
\vdots & \vdots & \vdots
\end{array}
\right)
\end{array}
$$

Wir berechnen die Schätzungen $\hat{a}$, $\hat{b}_1$ und $\hat{b}_2$ mit SPSS und erhalten die Ausgabe in Abbildung 5.7. Aus den Parameterschätzungen erhalten wir die angepassten Werte $\hat{y}$ gemäß

$$\hat{y} = \hat{a} + \hat{b}_1 X_1 + \hat{b}_2 X_2 \,.$$

Diese entsprechen gerade den durchschnittlichen Punktezahlen der Studenten der verschiedenen Fachrichtungen. Wir erhalten für

$$\text{Physik } \hat{y} = \hat{a} + \hat{b}_1 \cdot 1 + \hat{b}_2 \cdot 0 = 62.800 + 1.083 = 63.883 \,,$$
$$\text{Chemie } \hat{y} = \hat{a} + \hat{b}_1 \cdot 0 + \hat{b}_2 \cdot 1 = 62.800 + (-6.229) = 56.571 \,,$$
$$\text{Sonstige } \hat{y} = \hat{a} + \hat{b}_1 \cdot 0 + \hat{b}_2 \cdot 0 = 62.800 \,.$$

Coefficients^a

Model		Unstandardized Coefficients		Standardized Coefficients		
		B	Std. Error	Beta	t	Sig.
1	(Constant)	62.800	7.432		8.450	.000
	x_1	1.083	7.501	.013	.144	.885
	x_2	-6.229	9.731	-.058	-.640	.523

a. Dependent Variable: PUNKTE

Abb. 5.7. Berechnungen der Parameterschätzungen bei Dummykodierung in Beispiel 5.5.1 mit SPSS

Verwenden wir nun die Effektkodierung zur Berechnung der Parameterschätzungen, wobei wir wieder als Referenzkategorie die Kategorie 3, Sonstige, verwenden, so erhalten wir folgende Datenmatrix

$$\begin{array}{c} \\ 1 \\ 2 \\ 3 \\ 4 \\ 5 \\ \vdots \end{array} \begin{array}{ccc} y & x_1 & x_2 \\ \left(\begin{array}{ccc} 34 & 1 & 0 \\ 78 & 1 & 0 \\ 30 & -1 & -1 \\ 64 & 0 & 1 \\ 71 & 0 & 1 \\ \vdots & \vdots & \vdots \end{array}\right) \end{array}$$

Wir berechnen ebenfalls die Schätzungen $\hat{a}$, $\hat{b}_1$ und $\hat{b}_2$ mit SPSS und erhalten die Ausgabe in Abbildung 5.8. Aus den Parameterschätzungen erhalten wir die angepassten Werte $\hat{y}$ wiederum gemäß

$$\hat{y} = \hat{a} + \hat{b}_1 X_1 + \hat{b}_2 X_2 \,,$$

nun aber mit anderen Parameterschätzungen. Die angepassten Werte $\hat{y}$ entsprechen auch bei Effektkodierung den durchschnittlichen Punktezahlen der verschiedenen Fachrichtungen. Wir erhalten:

Physik $\hat{y} = \hat{a} + \hat{b}_1 \cdot 1 + \hat{b}_2 \cdot 0 = 61.085 + 2.798 = 63.883\,,$

Chemie $\hat{y} = \hat{a} + \hat{b}_1 \cdot 0 + \hat{b}_2 \cdot 1 = 61.085 + (-4.513) = 56.571\,,$

Sonstige $\hat{y} = \hat{a} + \hat{b}_1 \cdot (-1) + \hat{b}_2 \cdot (-1) = 61.085 - 2.798 + 4.513 = 62.800\,.$

Wie wir sehen liefern Dummy- und Effektkodierung die gleichen Ergebnisse für die mittleren erreichten Punktezahlen der verschiedenen Fachrichtungen. Die **Interpretation** der Parameter ist jedoch verschieden. Bei der Dummykodierung sind die Parameter als Abweichung zur Referenzkategorie zu verstehen. Hier bedeutet $\hat{b}_1 = 1.083$, dass die Physik-Studenten um 1.083 Punkte besser abgeschnitten haben als die Studenten sonstiger Fachrichtungen, die die Referenzkategorie bilden. Bei der Effektkodierung sind die Parameter als Abweichung zu einer mittleren Kategorie zu verstehen. Hier bedeutet $\hat{b}_1 = 2.798$, dass die Physik-Studenten um 2.798 Punkte besser abgeschnitten haben als Studenten einer 'mittleren' Fachrichtung, also 'durchschnittliche' Studenten, bei denen der Effekt des Studienfachs herausgerechnet ist.

Coefficients[a]

Model		Unstandardized Coefficients		Standardized Coefficients	t	Sig.
		B	Std. Error	Beta		
1	(Constant)	61.085	3.261		18.731	.000
	x_1	2.798	3.313	.051	.845	.399
	x_2	-4.513	4.877	-.056	-.925	.356

a. Dependent Variable: PUNKTE

Abb. 5.8. Berechnungen der Parameterschätzungen bei Effektkodierung in Beispiel 5.5.1 mit SPSS

5.6 Aufgaben

Aufgabe 5.1: Die folgende Tabelle enthält die Renditen zweier Aktien für 10 Jahre.

i	1	2	3	4	5	6	7	8	9	10
Aktie X	9	15	-5	3	10	20	7	9	15	10
Aktie Y	9	8	-3	2	6	14	4	8	9	11

a) Zeichnen Sie das Streudiagramm! Gibt es einen Zusammenhang zwischen den beiden Aktien? Ist er positiv oder negativ?

b) Berechnen Sie den Korrelationskoeffizienten nach Bravais-Pearson!

c) Berechnen Sie die KQ-Schätzungen $\hat{a}$ und $\hat{b}$ der linearen Regression von Aktie Y auf Aktie X und das Bestimmtheitsmaß.

d) Wie lautet der Schätzwert $\hat{y}_{11}$ für ein zukünftiges $x_{11} = 8$?

Lösung:

a) Im Streudiagramm lässt sich ein positiver Zusammenhang erkennen:

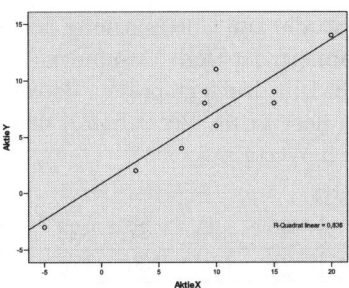

Abb. 5.9. Streudiagramm der beiden Merkmale Aktie X und Aktie Y

b) Wir berechnen die notwendigen Grössen:

i	x_i	y_i	$x_i - \bar{x}$	$y_i - \bar{y}$	v_i	$(x_i - \bar{x})^2$	$(y_i - \bar{y})^2$
1	9	9	-0.3	2.2	-0.66	0.09	4.84
2	15	8	5.7	1.2	6.84	32.49	1.44
3	-5	-3	-14.3	-9.8	140.14	204.49	96.04
4	3	2	-6.3	-4.8	30.24	39.69	23.04
5	10	6	0.7	-0.8	-0.56	0.49	0.64
6	20	14	10.7	7.2	77.04	114.49	51.84
7	7	4	-2.3	-2.8	6.44	5.29	7.84
8	9	8	-0.3	1.2	-0.36	0.09	1.44
9	15	9	5.7	2.2	12.54	32.49	4.84
10	10	11	0.7	4.2	2.94	0.49	17.64
$\sum$					274.6	430.1	209.6

Bezeichne v_i das Produkt $(x_i - \bar{x})(y_i - \bar{y})$, dann folgt mit $\bar{x} = 9.3$ und $\bar{y} = 6.8$:

$$r = \frac{\sum_{i=1}^{10}(x_i - \bar{x})(y_i - \bar{y})}{\sqrt{\sum_{i=1}^{10}(x_i - \bar{x})^2 \sum_{i=1}^{10}(y_i - \bar{y})^2}} = \frac{274.6}{\sqrt{430.1 \cdot 209.6}} = 0.9146.$$

c) $\hat{b} = \dfrac{\sum(x_i - \bar{x})(y_i - \bar{y})}{\sum(x_i - \bar{x})^2} = \dfrac{274.6}{430.1} = 0.638$

$\hat{a} = \bar{y} - \hat{b} \cdot \bar{x} = 6.8 - 0.638 \cdot 9.3 = 0.866.$

Steigt der Aktienkurs X also um eine Geldeinheit, so steigt der Aktienkurs Y um 0.638 Geldeinheiten. $R^2 = r^2 = 0.9146^2 = 0.836$.
Da der Wert sehr nahe bei Eins liegt, kann von einem sehr starken positiven Zusammenhang der beiden Merkmale ausgegangen werden.

d) $\hat{y}_{11} = \hat{a} + \hat{b} \cdot x_{11} = 0.862 + 0.638 \cdot 8 = 5.966.$

Aufgabe 5.2: In einer Studie zur Untersuchung von Herzkreislauferkrankungen wurde bei sechs Männern der BodyMassIndex (BMI) ermittelt. Zusätzlich wurde deren systolischer Blutdruck gemessen, da vermutet wurde, dass Übergewicht Bluthochdruck hervorruft. Bezeichne X den BMI und Y die Systole. Es wurden die folgenden Werte gemessen:

BMI	26	23	27	28	24	25
Systole	170	150	160	175	155	150

a) Bestimmen Sie die Regressionsgerade der Systole in Abhängigkeit vom BodyMassIndex und interpretieren Sie die geschätzten Parameter.

b) Berechnen Sie das Bestimmtheitsmaß.

Lösung:

a) Man erhält: $\bar{x} = 25.5$ und $\bar{y} = 160$

BMI			Systole			
x_i	$x_i - \bar{x}$	$(x_i - \bar{x})^2$	y_i	$y_i - \bar{y}$	$(y_i - \bar{y})^2$	v_i
26	0.5	0.25	170	10	100	5
23	-2.5	6.25	150	-10	100	25
27	1.5	2.25	160	0	0	0
28	2.5	6.25	175	15	225	37.5
24	-1.5	2.25	155	-5	25	7.5
25	-0.5	0.25	150	-10	100	5
$\sum$ 153		17.5	960		550	80

Mit $\sum_i v_i = \sum_i (x_i - \bar{x}) \cdot (y_i - \bar{y}) = 80$ erhalten wir $S_{xx} = 17.5, S_{yy} = 550$ und $S_{xy} = 80$. Es folgt für die Parameterschätzungen:

$$\hat{b} = \frac{S_{xy}}{S_{xx}} = \frac{80}{17.5} \approx 4.57$$

$$\hat{a} = \bar{y} - \hat{b}\bar{x} = 160 - 4.57 \cdot 25.5 = 43.465$$

Der geschätzte Parameter $\hat{b}$ bedeutet hier, dass bei einer Erhöhung des BMI um eine Einheit sich der systolische Blutdruck um etwa 4.6 erhöht. Der Parameter $\hat{a}$ sollte hier nicht interpretiert werden, da ein BMI von "0" eigentlich nicht möglich ist.

b)

$$R^2 = r^2 = \left(\frac{S_{xy}}{\sqrt{S_{xx}S_{yy}}} \right)^2 = \left(\frac{80}{\sqrt{17.5 \cdot 550}} \right)^2 \approx 0.66.$$

Die Regression erklärt also 66% der Streuung der Daten. Das Modell ist damit von mittlerer Güte.

Aufgabe 5.3: Ein Kinderpsychologe vermutet, dass häufiges Fernsehen sich negativ auf das Schlafverhalten von Kindern auswirkt. Um dieser Frage nachzugehen, wurde bei neun zufällig ausgewählten Kindern gleichen Alters die Dauer (Y) der Tiefschlafphasen einer Nacht in Stunden gemessen. Ausserdem wurde ebenfalls in Stunden erhoben, wie lange das Kind am Tag ferngesehen hat (X).

Es ergeben sich folgende Beobachtungen:

Kind i	1	2	3	4	5	6	7	8	9
Fernsehzeit x_i (in h)	0.3	2.2	0.5	0.7	1.0	1.8	3.0	0.2	2.3
Tiefschlafdauer y_i (in h)	5.8	4.4	6.5	5.8	5.6	5.0	4.8	6.0	6.1

a) Berechnen Sie die Regressionsgerade des Merkmals "Tiefschlaf" in Abhängigkeit von der Fernsehzeit!

b) Berechnen Sie den Wert von R^2!

Lösung:

a) Mit $\bar{x} = 1.333$, $\bar{y} = 5.556$, $\sum_{i=1}^{n} x_i y_i = 62.96$;, $\sum_{i=1}^{n} x_i^2 = 24.24$, $\sum_{i=1}^{n} y_i^2 = 281.5$ ergibt sich:

$$\hat{\beta} = \frac{\sum_{i=1}^{n} x_i y_i - n \bar{x} \bar{y}}{\sum_{i=1}^{n} x_i^2 - n \bar{x}^2} \approx \frac{-3.695}{8.248} \approx -0.45$$

$$\hat{\alpha} = \bar{y} - \hat{\beta}\bar{x} = 5.556 + 0.45 \cdot 1,333 \approx 6.16$$

$$\hat{y}_i = 6.16 - 0.45 x_i$$

Würde ein Kind also gar nicht fernsehen, so würde unser Modell eine Tiefschlafzeit von 6.16 Stunden $(= \hat{a})$ voraussagen. Mit jeder Stunde, die das Kind mehr fernsieht, verringert sich die Tiefschlafzeit um 0.45 × 1 Std = 27 Minuten.

b) Mit $S_{xx} \approx 8.248$, $S_{xy} \approx -3.695$, $S_{yy} = \sum_{i=1}^{n} y_i^2 - n\bar{y}^2 \approx 3.678$ folgt:

$$R^2 = r^2 = \frac{S_{xy}^2}{S_{xx}S_{yy}} = \frac{(-3.695)^2}{8.241 \cdot 3.678} \approx 0.45 \,.$$

Bei einer erklärten Streuung von 45% kann nur von einer mittleren Güte des Modells ausgegangen werden.

Aufgabe 5.4: Wir kehren noch einmal zur Aufgabe 4.8 zurück. Dort waren bei separater Betrachtung der drei Orte Davos, Polenca und Basel verschiedene signifikante korrelative Zusammenhänge zwischen Temperatur und Hotelauslastung erkannt worden.

Wir wollen nun die kategoriale Variable 'Ort' in Dummy- und Effektkodierung in einem de facto univariaten Regressionsmodell als Einflussgröße verwenden. Da die univariate Variable X = Ort durch die Dummykodierung zwei Dummys erhält, ist der Begriff univariat grenzwertig, da SPSS mit den zwei Dummyvariablen arbeitet. Falls eine der Dummyvariablen signifikant ist, heißt das, dass X = Ort signifikant ist. Falls also die zweite Dummyvariable nicht signifikant sein sollte, bleibt sie trotzdem im Modell. Wegen des geringen Stichprobenumfangs je Ort von n = 12 wählen wir das 10%-Signifikanzniveau. Als abhängige Variable wählen wir jeweils die Temperatur bzw. die Hotelauslastung.

Die Variable X (also der 'Ort') hat $k = 3$ Ausprägungen, also benötigen wir $k - 1 = 2$ Dummys X_1 und X_2. Wir wählen 'Basel' als Referenzkategorie, X_1 steht für Davos, X_2 für Polenca.

a) Wir wählen als abhängige Variable die 'Temperatur'. Mit SPSS erhalten wir folgendes Regressionsmodell:

Model		SS	df	Mean Sq	F	Sig.
1	Regression	794.389	2	397.194	6.634	.004
	Residual	1975.833	33	59.874		
	Total	2770.222	35			

Model		β	Std.Error	t	Sig.
1	(Constant)	12.000	2.234	5.372	.000
	Dummy1	-5.417	3.159	-1.715	.096
	Dummy2	6.083	3.159	1.926	.063

Interpretieren Sie den Output. Wie lautet das Modell? Ist das Modell signifikant? Sind die beiden Dummys signifikant? Wie lauten die Durchschnittstemperaturen von Basel, Davos und Polenca?

b) Wir wählen als abhängige Variable 'Hotelauslastung' und erhalten folgendes Regressionsmodell mit SPSS:

Model		SS	df	Mean Sq	F	Sig.
1	Regression	450.056	2	225.028	.297	.745
	Residual	25001.167	33	757.611		
	Total	25451.222	35			

Model		β	Std.Error	t	Sig.
1	(Constant)	48.333	7.946	6.083	.000
	Dummy1	7.917	11.237	.705	.486
	Dummy2	.917	11.237	.082	.935

Interpretieren Sie den Output. Wie lautet das Modell? Ist das Modell signifikant? Sind die beiden Dummys signifikant? Wie lauten die Hotel-auslastungen von Basel, Davos und Polenca?

Lösung:

a) Wir erhalten folgendes Modell:

$$Temperatur = 12.000 - 5.417 \cdot X_1(Davos) + 6.083 \cdot X_2(Polenca)$$

Das Modell ist signifikant (Sig. 0.004). Die beiden Dummys sind separat betrachtet auf dem 10%-Niveau ebenfalls signifikant (Sig. 0.096 bzw. 0.063).

Für die Durchschnittstemperaturen (Jahresmittel) erhalten wir:

Temp (Basel) = 12.000 $(X_1 = 0,\ X_2 = 0)$
Temp (Davos) = 12.000 - 5.417 = 6.583 $(X_1 = 1,\ X_2 = 0)$
Temp (Polenca) = 12.000 + 6.083 = 18.083 $(X_1 = 0,\ X_2 = 1)$

Zur weiteren Information betrachten wir noch die Abbildung 5.10 der 95%-Konfidenzintervalle, die den Effekt der Variable 'Ort' noch einmal verdeutlicht.

b) Wir erhalten folgendes Regressionsmodell:

$$Hotelauslastung = 48.333 + 7.917 \cdot X_1(Davos) + 0.917 \cdot X_2(Polenca)$$

Das Modell ist *nicht* signifikant (Sig. 0.745). Die beiden Dummys sind separat betrachtet auf dem 10%-Niveau ebenfalls *nicht* signifikant (Sig. 0.486 bzw. 0.935).

Für die Hotelauslastungen erhalten wir (in %):

Auslastung (Basel) = 48.333 $(X_1 = 0,\ X_2 = 0)$
Auslastung (Davos) = 48.333 + 7.917 = 56.250 $(X_1 = 1,\ X_2 = 0)$
Auslastung (Polenca) = 48.333 + 0.917 = 49.250 $(X_1 = 0,\ X_2 = 1)$

Zur Information geben wir die Grafik 5.11 der 95%-Konfidenzintervalle an, die deutlich macht, dass kein Effekt der Variable 'Ort' auf die Auslastung vorliegt :

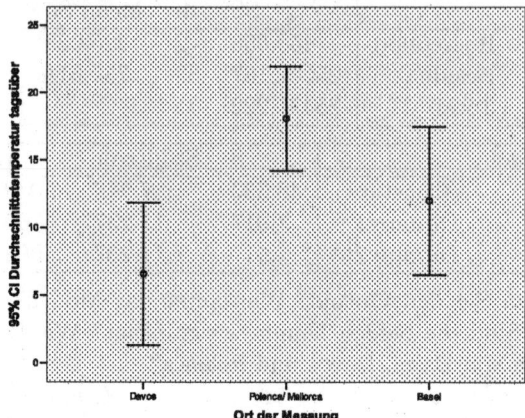

Abb. 5.10. Konfidenzintervalle abhängig von der Variable 'Ort'

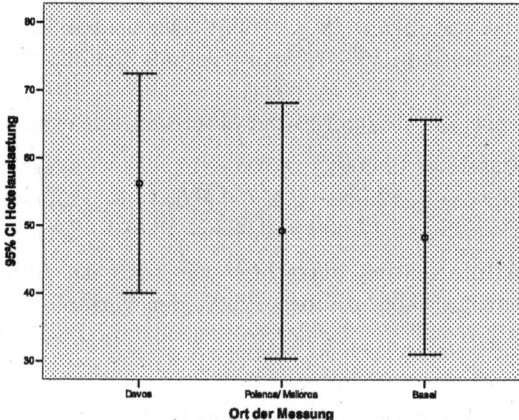

Abb. 5.11. Konfidenzintervalle abhängig von der Variable 'Hotelauslastung'

6. Kombinatorik

6.1 Einleitung

Grundlage vieler statistischer Methoden ist die zufällige Auswahl von m Elementen aus einer Grundgesamtheit von n Elementen. Diese Zufallsauswahl heißt *Stichprobe*. Es stellen sich folgende Fragen:

- Mit wievielen Möglichkeiten kann man m Elemente aus n Elementen auswählen? ⇒ Kombinationen m aus n
- Auf wieviele Arten kann man m Elemente anordnen? ⇒ Permutation von m Elementen

Als theoretische Grundlage für die Stichprobe kann das Urnenmodell betrachtet werden. Man nehme eine Urne, in der sich n Kugeln befinden. Diese können – je nach Fragestellung – entweder alle verschieden sein, oder es können sich mehrere Gruppen von gleichartigen Kugeln in der Urne befinden. Als das Resultat des Ziehens von Kugeln aus der Urne erhalten wir eine Auswahl (Stichprobe) von Kugeln aus der Gesamtheit aller in der Urne vorhandenen Kugeln. Wir unterscheiden dabei zwischen der ungeordneten und der geordneten Auswahl von Elementen.

Definition 6.1.1. *Eine Auswahl von Elementen heißt **geordnet**, wenn die Reihenfolge der Elemente von Bedeutung ist, anderenfalls heißt die Auswahl von Elementen **ungeordnet**.*

Beispiele.

- geordnete Auswahl:
  - Einlauf der ersten drei Autos beim Formel 1-Rennen mit Sieger, Zweitem, Drittem
  - Wahl eines Vorsitzenden und seines Stellvertreters in einem Sportverein
- ungeordnete Auswahl
  - Ziehungsergebnis '6 aus 49' (ohne Zusatzzahl)
  - qualifizierte Fußballmannschaften für die Weltmeisterschaft 2006

Bei den obigen Beispielen will man sich eine Übersicht über die Zahl der verschiedenen Auswahlmöglichkeiten verschaffen, d. h., man fragt nach der Zahl der möglichen Einläufe der ersten drei Autos bei z. B. acht Autos im Wettbewerb, nach der Anzahl der möglichen Wahlausgänge in einem Sportverein, nach den verschiedenen Tippergebnissen beim Lotto, nach den verschiedenen Teilnehmerfeldern für die Weltmeisterschaft 2006 (bei n=207 Mitgliedern der FIFA) usw.

6.2 Permutationen

Definition 6.2.1. *Gegeben sei eine Menge mit n Elementen. Jede Anordnung dieser Elemente in einer bestimmten Reihenfolge heißt* **Permutation** *dieser Elemente.*

Bei Permutationen können wir zwei Fälle unterscheiden: Sind alle n Elemente verschieden (also unterscheidbar), so spricht man von Permutationen ohne Wiederholung. Sind einige Elemente gleich, so handelt es sich um Permutationen mit Wiederholung.

6.2.1 Permutationen ohne Wiederholung

Sind alle n Elemente verschieden, so gibt es

$$n! \tag{6.1}$$

verschiedene Anordnungen dieser Elemente.

Definition 6.2.2. *Der Ausdruck n! heißt* **n Fakultät** *und ist für ganzzahliges $n \geq 0$ wie folgt definiert:*

$$n! = \begin{cases} 1 & \text{für} \quad n = 0 \\ 1 \cdot 2 \cdot 3 \cdots n & \text{für} \quad n > 0 \end{cases} \tag{6.2}$$

So ist beispielsweise

$$1! = 1$$
$$2! = 1 \cdot 2 = 2$$
$$3! = 1 \cdot 2 \cdot 3 = 6.$$

Beispiel 6.2.1. Nach den ersten Ausscheidungskämpfen gibt es noch n=3 Städte, die sich für die Olympischen Spiele 2012 bewerben: London, Paris, und New York. Für diese drei Städte ergeben sich vor dem letzten Wahlgang folgende 3! = 6 Möglichkeiten für den Wahlausgang:

$$(\text{L,P,NY}), \quad (\text{L,NY,P}), \quad (\text{P,L,NY})$$
$$(\text{P,NY,L}), \quad (\text{NY,L,P}), \quad (\text{NY,P,L})$$

6.2.2 Permutationen mit Wiederholung

Sind nicht alle Elemente verschieden, sondern gibt es n_1 gleichartige Elemente E_1, n_2 gleichartige – aber von E_1 verschiedene – Elemente E_2, ..., und schließlich n_s gleichartige – aber von $E_1, ..., E_{s-1}$ verschiedene – Elemente E_s, so haben wir folgende Struktur von insgesamt $n = \sum_{i=1}^{s} n_i$ Elementen:

$$\text{Gruppe 1: } n_1 \text{ Elemente } E_1$$
$$\text{Gruppe 2: } n_2 \text{ Elemente } E_2$$
$$\vdots \qquad \vdots$$
$$\text{Gruppe } s: n_s \text{ Elemente } E_s$$

Die Anzahl der möglichen (unterscheidbaren) Permutationen mit Wiederholung ist

$$\frac{n!}{n_1! \, n_2! \, n_3! \, \cdots n_s!} \, . \tag{6.3}$$

Beispiel 6.2.2. In einer neu eröffneten Bibliothek sind nach dem ersten Tag n = 10 Mitglieder verzeichnet, davon sind 6 Schüler und 4 Berufstätige. Nach (6.1) gibt es 10! verschiedene Permutationen der verzeichneten Mitglieder. Ist bei einer solchen Anordnung nur wichtig, ob ein Mitglied Schüler ist oder nicht, so sind dabei 4! Permutationen bezüglich der Berufstätigen und 6! Permutationen bezüglich der Schüler nicht unterscheidbar. Also ist die Anzahl der (unterscheidbaren) Permutationen mit Wiederholung nach (6.3) gleich

$$\frac{10!}{4! \, 6!} = \frac{10 \cdot 9 \cdot 8 \cdot 7 \cdot 6!}{4! \, 6!} = \frac{10 \cdot 9 \cdot 8 \cdot 7}{4!} = \frac{5040}{24} = 210 \, .$$

Neben der hier beschriebenen *Anordnung* von n Elementen interessiert in der Stichprobenziehung insbesondere der Begriff der *Kombination*.

6.3 Kombinationen

Definition 6.3.1. *Eine Auswahl von m Elementen aus einer Gesamtmenge von n (unterscheidbaren) Elementen (mit $n \geq m$) heißt* **Kombination** *m-ter Ordnung aus n Elementen.*

Definition 6.3.2. *Der* **Binomialkoeffizient** *ist für ganzzahlige $n \geq m \geq 0$ definiert als*

$$\binom{n}{m} = \frac{n!}{m! \, (n - m)!} \, . \tag{6.4}$$

(Der Binomialkoeffizient wird als „n über m" oder „m aus n" gelesen).

Es gilt

$$\binom{n}{0} = 1 \quad \text{(als Definition)}$$

$$\binom{n}{1} = n$$

$$\binom{n}{m} = \binom{n}{n-m}.$$

Wir unterscheiden zwischen vier verschiedenen Modellen für Kombinationen, abhängig von der Bedeutung der Reihenfolge und den Wiederholungen:

- Kombinationen **ohne** Wdh. und **ohne** Berücksichtigung der Reihenfolge
- Kombinationen **ohne** Wdh. und **mit** Berücksichtigung der Reihenfolge
- Kombinationen **mit** Wdh. und **ohne** Berücksichtigung der Reihenfolge
- Kombinationen **mit** Wdh. und **mit** Berücksichtigung der Reihenfolge

Im Weiteren wollen wir näher auf diese Modelle eingehen.

6.3.1 Kombinationen ohne Wiederholung und ohne Berücksichtigung der Reihenfolge

Die Anzahl der Kombinationen ohne Wiederholung und ohne Berücksichtigung der Reihenfolge beträgt

$$\binom{n}{m}. \tag{6.5}$$

Man stelle sich vor, die n Elemente werden in zwei Gruppen unterteilt: die Gruppe der ausgewählten $m = n_1$ Elemente und die Gruppe der nicht ausgewählten restlichen $n - m = n_2$ Elemente. Die Reihenfolge innerhalb der beiden Gruppen interessiert dabei nicht. Damit kann (6.5) mit (6.3) gleichgesetzt werden:

$$\binom{n}{m} = \frac{n!}{m!\,(n-m)!} = \frac{n!}{n_1!\,n_2!}. \tag{6.6}$$

Beispiel 6.3.1. Aus n = 50 Studenten sollen zufällig m = 5 Studenten nach ihrer Meinung zum Professor befragt werden. Es gibt dann

$$\binom{50}{5} = \frac{50!}{5!\,45!} = 2118760$$

verschiedene Stichproben (ohne Wiederholung: kein Student doppelt in der Stichprobe, Reihenfolge in der Stichprobe bleibt unberücksichtigt).

6.3.2 Kombinationen ohne Wiederholung, aber mit Berücksichtigung der Reihenfolge

Sollen zwei Kombinationen, die genau dieselben m Elemente enthalten, aber in verschiedener Anordnung, als verschieden gelten, so spricht man von Kombination mit Berücksichtigung der Reihenfolge. Die Anzahl beträgt

$$\frac{n!}{(n-m)!} = \binom{n}{m} m! \, . \tag{6.7}$$

Die Berücksichtigung der Anordnung der m Elemente erhöht also die Anzahl der Kombinationen um den Faktor $m!$ (vgl. (6.5)), d. h. um die Kombinationen, die vorher als gleich galten. Wir ziehen aus der Urne also m verschiedene Kugeln ohne Zurücklegen, halten aber die Reihenfolge fest, in der sie gezogen wurden.

Beispiel 6.3.2. Berücksichtigt man bei der Dreiereinlaufwette die Reihenfolge der ersten drei Pferde, so gibt es bei $n = 20$ gestarteten Pferden

$$\frac{20!}{(20-3)!} = 20 \cdot 19 \cdot 18 = 6840$$

verschiedene Ergebnisse.

6.3.3 Kombinationen mit Wiederholung, aber ohne Berücksichtigung der Reihenfolge

Lässt man zu, dass Elemente mehrfach in der Kombination auftreten, so spricht man von Kombination mit Wiederholung. Die Anzahl der Kombinationen mit Wiederholung, aber ohne Berücksichtigung der Reihenfolge beträgt

$$\binom{n+m-1}{m} = \frac{(n+m-1)!}{m! \, (n-1)!} \, . \tag{6.8}$$

Im Vergleich zum Fall der Kombinationen ohne Wiederholung (6.5) vergrößert sich die Menge, aus der ausgewählt wird, um $m - 1$ Elemente. Im Urnenmodell entspricht dies dem Ziehen mit Zurücklegen, aber ohne Berücksichtigung der Reihenfolge.

Beispiel 6.3.3. Ein Bauer hat zwei Felder. Aus $n = 4$ verschiedenen Gemüsesorten (a,b,c,d) lassen sich

$$\binom{4+2-1}{2} = \binom{5}{2} = \frac{5!}{2! \, 3!} = \frac{3! \cdot 4 \cdot 5}{1 \cdot 2 \cdot 3!} = 10$$

Paare ($m = 2$) von Gemüsesorten auf den beiden Feldern anbauen, bei denen Wiederholungen (einer Sorte) zugelassen sind und die Reihenfolge unberücksichtigt bleibt:

$$
\begin{array}{cccc}
(a,a) & (a,b) & (a,c) & (a,d) \\
 & (b,b) & (b,c) & (b,d) \\
 & & (c,c) & (c,d) \\
 & & & (d,d)
\end{array}
$$

6.3.4 Kombinationen mit Wiederholung und mit Berücksichtigung der Reihenfolge

Die Anzahl der Kombinationen mit Wiederholung und mit Berücksichtigung der Reihenfolge beträgt

$$n^m \, . \tag{6.9}$$

In diesem Modell gibt es für jede der m Auswahlstellen n mögliche Elemente. Übertragen auf das Urnenmodell heißt das, dass in jedem Zug eine Kugel ausgewählt und danach wieder zurückgelegt wird, und dass zusätzlich die Reihenfolge in der Ziehung von Interesse ist.

Beispiel 6.3.4. Im Spiel "Super 6" wird eine sechsstellige Zahl gezogen. Stimmt diese mit der Spielscheinnummer eines Teilnehmers vollständig überein, so bekommt dieser den Hauptgewinn. Für jede Stelle dieser Zahl findet ein eigener Ziehvorgang statt, in dem eine Zahl zwischen 0 und 9 gezogen wird. Es gibt also n = 10 Möglichkeiten für jede Ziehung. Insgesamt wird m = 6 mal gezogen. Die Anzahl der möglichen Kombinationen ist also:

$$n^m = 10^6 = 1000000.$$

6.4 Zusammenfassung

Die in diesem Kapitel vorgestellten kombinatorischen Regeln sind nochmals in Tabelle 6.1 zusammengefaßt.

Tabelle 6.1. Regeln der Kombinatorik

	ohne Wiederholung	mit Wiederholung
Permutationen	$n!$	$\dfrac{n!}{n_1! \cdots n_s!}$
Kombinationen ohne Reihenfolge	$\dbinom{n}{m}$	$\dbinom{n+m-1}{m}$
Kombinationen mit Reihenfolge	$\dbinom{n}{m} m!$	n^m

6.5 Aufgaben

Aufgabe 6.1: Bei Familie Müller (Mutter, Vater, 3 Kinder) steht der jährliche Frühjahrsputz an. Insgesamt gibt es dieses Jahr 5 größere Arbeiten zu erledigen. Unglücklicherweise werden der älteste Sohn und der Vater der Familie aus unerklärlichen Umständen krank. Die Familie beschliesst daher nur drei der ursprünglich 5 Arbeiten zu erledigen. Die Aufgaben werden an die Mutter und die beiden Töchter zufällig per Los verteilt. Zuerst bekommt die Mutter eine Aufgabe zugeteilt, dann die erste Tochter, dann die zweite! Wieviele mögliche Aufteilungen der 5 Frühjahrsputzarbeiten auf die drei gesunden Mitglieder der Familie gibt es insgesamt?

Lösung:

Insgesamt gibt es n = 5 Arbeiten, die auf m = 5 - 2 = 3 Personen zufällig aufgeteilt werden. Die Reihenfolge spielt eine Rolle, das heißt, es gibt $\frac{5!}{(5-3)!}$ = 60 mögliche Aufgabenaufteilungen.

Aufgabe 6.2: Ein Osterhase bemalt Ostereier: eines davon rot, eines blau, eines gelb, eines grün und eines lila. Am Abend legt er in Fritzchens Osternest vier bemalte Eier. Wieviele Möglichkeiten für die Zusammensetzung des Osternestes gibt es?

Lösung:

Es gibt insgesamt n = 5 Farben, davon sollen m = 4 ausgewählt und in das Osternest gelegt werden. Da die Reihenfolge nicht von Interesse ist, gibt es insgesamt $\binom{n}{m} = \binom{5}{4}$ = 5 Möglichkeiten.

Aufgabe 6.3: Ein Lateinlehrer sorgt sich um die Vokabelkenntnisse seiner Schüler. Um das Vokabelnlernen zu forcieren, droht er seiner Klasse (25 Schüler) damit, regelmäßig zu Beginn der Unterrichtsstunde 5 Schüler abzufragen. Wieviele Anordnungsmöglichkeiten von abzufragenden Schülern gibt es, wenn

a) kein Schüler mehrmals pro Stunde abgefragt werden kann?
b) ein Schüler auch mehrmals pro Stunde abgefragt werden kann?

Lösung:

Im Allgemeinen kann davon ausgegangen werden, dass die Reihenfolge hier nicht von Bedeutung ist, da es beim abgefragten Schüler keine Rolle spielt an welcher Stelle er abgefragt wird.

a) In diesem Fall gibt es mit n = 25 und m = 5 genau $\binom{25}{5}$ = 53130 Möglichkeiten.

b) Hier gibt es $\binom{25+5-1}{5} = \binom{29}{5}$ = 118755 Möglichkeiten der Abfrage.

Aufgabe 6.4: 'Gobang' ist ein Spiel bei dem zwei Spieler abwechselnd auf einem Spielfeld mit 361 Knotenfeldern einen Spielstein platzieren. Sieger ist wer zuerst fünf Spielsteine in einer Reihe legen kann. Nach einem bestimmten Prinzip dürfen Steine auch geschlagen werden. Nehmen Sie an, dass sich bei einem angefangenen Spiel bereits 64 Spielsteine auf dem Feld befinden. Wieviele mögliche Aufteilungen für die Steine auf dem Spielfeld gibt es insgesamt?

Lösung:

Wir haben insgesamt $n = 361$ Spielfelder. Wir können hier vom 'Ziehen ohne Zurücklegen' (also ohne Wdh.) ausgehen, da jeder Knotenpunkt des Spielfeldes nur einmal belegt werden kann. Wir wollen nun $m = 64$ Steine auf dem Spielfeld platzieren. Da hier die Reihenfolge keine Rolle spielt, erhalten wir für die Anzahl der möglichen Kombinationen $\binom{n}{m} = \binom{361}{64} \approx 9.9 \cdot 10^{71}$.

Aufgabe 6.5: Ein Getränkemarkt bietet als Spezialangebot den 'Münchner Kasten' an. Dabei dürfen sich die Kunden aus sechs Bieren der sechs großen Münchner Brauereien ein beliebiges Sortiment zusammenstellen. Ein Kasten fasst dabei 20 Flaschen.

a) Wie viele Kombinationsmöglichkeiten bei der Zusammenstellung eines Kastens gibt es insgesamt?

b) Ein Kunde möchte auf alle Fälle mindestens eine Flasche pro Brauerei in seinem Kasten haben. Wie viele Kombinationsmöglichkeiten für den Kasten gibt es jetzt?

Lösung:

a) Beim Ziehen der Flaschen kann davon ausgegangen werden, dass 'mit Zurücklegen' (also mit Wdh.) gezogen wird, da sich der Kunde an jeder Stelle des Kastens zwischen *allen* sechs Bieren entscheiden kann. Die Reihenfolge der Flaschen spielt keine Rolle. Damit berechnen sich die Kombinationsmöglichkeiten als

$$\binom{n+m-1}{m} = \binom{6+20-1}{20} = \binom{25}{20} = 53130\,.$$

b) Möchte der Kunde mindestens eine Flasche pro Brauerei in seiner Auswahl haben, so sind sechs der insgesamt 20 Plätze des Kastens bereits belegt. Für die übrigen 14 Plätze stellen wir die gleichen Überlegungen wie in Aufgabenteil a) an und erhalten damit für die Anzahl der Kombinationen:

$$\binom{n+m-1}{m} = \binom{6+14-1}{14} = \binom{20}{14} = 38760\,.$$

Aufgabe 6.6: Bei der Fußball WM 2006 nehmen insgesamt 32 Mannschaften teil. Wieviele Möglichkeiten für die Belegung des Siegerpodestes (Plätze 1-3) gibt es, wenn

a) die Reihenfolge der Plätze eine Rolle spielt,

b) die Reihenfolge der Plätze *keine* Rolle spielt?

Lösung:

a) Mit n = 32 und m = 3 ergeben sich genau $\frac{32!}{(32-3)!} = 29760$ mögliche Podestverteilungen.

b) Es gibt $\binom{32}{3} = 4960$ verschiedene Möglichkeiten.

Aufgabe 6.7: Ein Bücherversand vergibt an seine Mitglieder Mitgliedsnummern in Form einer vierstelligen Buchstabenkombination. Mögliche Buchstaben auf der Mitgliedskarte sind "A" bis "L". Die Buchstaben können dabei auch mehrfach auftreten. Durch eine Prämienaktion vergrößert der Buchclub seine Mitgliederzahl von 18200 auf 20500. Können unter diesen Umständen noch genug neue Mitgliedsnummern vergeben werden oder muss sich der Buchclub ein neues System überlegen?

Lösung:

Insgesamt gibt es n = 12 verschiedene Buchstaben für jede der m = 4 Stellen der Mitgliedsnummer. Da die Buchstaben auch doppelt verwendet werden dürfen, gibt es insgesamt $n^m = 12^4 = 20736$ Kombinationsmöglichkeiten. Jedem der 20500 Mitglieder kann also eine eigene Buchstabenkombination übergeben werden.

Aufgabe 6.8: Im alten Wertungssystem zum Eiskunstlauf und Eistanzen, das bis zum Jahr 2004 gültig war, vergaben 9 zufällig ausgeloste Preisrichter Noten auf einer Skala von 0 bis 6. Die Noten mußten dabei nicht ganzzahlig sein, sondern konnten auch bis auf die erste Dezimalstelle abgestuft werden. Wieviele Kombinationsmöglichkeiten an Bewertungen gab es damit insgesamt?

Lösung:

Insgesamt gab es folgende 61 Möglichkeiten der Bewertung pro Preisrichter:

0	0.1	0.2	0.3	0.4	0.5	0.6	0.7	0.8	0.9
1	1.1	1.2	1.3	1.4	1.5	1.6	1.7	1.8	1.9
.					.				.
.					.				.
5	5.1	5.2	5.3	5.4	5.5	5.6	5.7	5.8	5.9
6									

Da verschiedene Preisrichter auch gleiche Bewertungen vergeben dürfen, können wir von einem 'Ziehen mit Zurücklegen' (also mit Wdh.) ausgehen. Jede Note ist mit einem bestimmten Preisrichter 'verbunden', d.h. die Reihenfolge spielt eine Rolle. Daher ist die Menge aller Kombinationsmöglichkeiten gegeben durch $n^m = 61^9 \approx 1.17 \cdot 10^{16}$.

7. Elemente der Wahrscheinlichkeitsrechnung

7.1 Einleitung

Ziel jeder wissenschaftlichen Untersuchung ist es, bei beobachteten Zusammenhängen, Effekten oder Trends zu prüfen, ob diese beobachteten Effekte systematisch oder zufällig sind. Die Statistik bezeichnet dies als **signifikant** oder **nicht signifikant**.

Statistische Erhebungen sind mit einem Experiment vergleichbar, dessen Ergebnis vor seiner Durchführung nicht bekannt ist. Versuche oder Experimente, die bei Wiederholungen unter gleichen Bedingungen zu verschiedenen Ergebnissen führen können, heißen **zufällig**.

Beispiele.

Zufälliges Experiment	Mögliche Ergebnisse
Regenschirm dabei	Regen (ja,nein)
Werfen eines Würfels	Augenzahl z ($z = 1, 2, \ldots, 6$)
Befragen eines Studenten	bestandene Prüfung (ja, nein)
Einsatz von Werbung	Umsatzänderung x (in%) ($x = 0, \pm 1, \pm 2, \ldots$)

7.2 Zufällige Ereignisse

Ein **zufälliges Ereignis** ist eine Menge von Ergebnissen $\{\omega_1, \ldots, \omega_k\}$ eines Zufallsexperiments. Man sagt, das zufällige Ereignis $A = \{\omega_1, \ldots, \omega_k\}$ tritt ein, wenn mindestens eines der zufälligen Ereignisse $\{\omega_i\}$ eingetreten ist. Ereignisse, die nur aus der einelementigen Menge $\{\omega_i\}$ bestehen, heißen **Elementarereignisse**. Ein Elementarereignis ist ein Ereignis, das sich nicht als Vereinigung mehrerer Ergebnisse ω_i ausdrücken lässt. Der Ereignisraum oder **Grundraum** Ω ist die Menge aller Elementarereignisse.

Beispiel 7.2.1 (Würfelwurf). Beim einmaligen Werfen eines Würfels sind die möglichen Ergebnisse die Augenzahlen $1, \ldots, 6$. Damit besteht der Ereignisraum aus den Elementarereignissen $\omega_1 = $ „1", $\omega_2 = $ „2",..., $\omega_6 = $ „6": $\Omega = \{1, \ldots, 6\}$. Das Ereignis $A = \{\omega_2, \omega_4, \omega_6\}$ tritt ein, falls eines der

Elementarereignisse ω_2, ω_4 oder ω_6 eingetreten ist. In diesem Fall ist A das zufällige Ereignis „gerade Augenzahl beim einmaligen Würfeln".

Beim zweifachen Würfelwurf sind die Elementarereignisse $\omega_1, \ldots, \omega_{36}$ die Paare $(1, 1)$ bis $(6, 6)$. Damit hat Ω die Gestalt

$$\Omega = \begin{matrix} \{(1,1), \ (1,2), \ (1,3), \ (1,4), \ (1,5), \ \ (1,6) \\ (2,1), \ (2,2), \qquad\qquad \cdots \qquad\qquad (2,6) \\ \vdots \qquad\qquad\qquad\qquad\qquad\qquad \vdots \\ (6,1), \qquad\qquad \cdots \qquad\qquad (6,5), \ (6,6)\} \end{matrix}$$

Das **unmögliche Ereignis** $\emptyset$ ist das Ereignis, das kein Elementarereignis enthält. Das **sichere Ereignis** ist die Menge $\Omega = \{\omega_1, \ldots, \omega_n\}$ aller Elementarereignisse. Das sichere Ereignis tritt in jeder Wiederholung des Zufallsexperiments ein.

Beispiele.

- für das sichere Ereignis:
  - Beim Befragen eines Studenten wird der Professor mit einer Note zwischen 1 und 5 bewertet.
  - Eine Kunde eines Supermarktes ist mit dem dortigen Angebot "sehr zufrieden", "zufrieden", "unzufrieden" oder "ohne Meinung".
- für das unmögliche Ereignis:
  - Die gezogene Zahl $z = -1$, $z = 5.5$ oder $z = 51$ bei der Ziehung im Lotto '6 aus 49'.
  - „Gerade Augenzahl in beiden Würfen und ungerade Augensumme" beim zweifachen Würfelwurf.

Das **Komplementärereignis** $\bar{A}$ ist das Ereignis, das genau dann eintritt, wenn A nicht eintritt.

Beispiele.

- Beim Münzwurf ist „Wappen" das zu „Zahl" komplementäre Ereignis.
- Für das zufällige Ereignis A: „Professor beliebt" ist das komplementäre Ereignis $\bar{A}$: „Professor nicht beliebt".

Wie bereits erwähnt, kann man bei Zufallsexperimenten an einem Elementarereignis ω_i interessiert sein oder auch an einem zusammengesetzten Ereignis $A = \{\omega_2, \omega_5, \ldots\}$. Da zufällige Ereignisse Mengen von Elementarereignissen sind, sind folgende Mengenoperationen von Interesse, die in den Abbildungen 7.1 und 7.2 veranschaulicht werden.

$A \cup B$ Das zufällige Ereignis $A \cup B$ ist die Vereinigungsmenge aller Elementarereignisse aus A und B, wobei gemeinsame Elementarereignisse nur einmal aufgeführt werden. Das Ereignis „A oder B" tritt genau dann ein, wenn mindestens eines der beiden Ereignisse A oder B eintritt.

        Beispiel Würfel: $A = \{\omega_2, \omega_4, \omega_6\}$ (gerade Zahl), $B = \{\omega_3, \omega_6\}$ (durch 3 teilbar), $A \cup B = \{\omega_2, \omega_3, \omega_4, \omega_6\}$ (gerade oder durch 3 teilbar).

$A \cap B$ Das zufällige Ereignis $A \cap B$ ist die Durchschnittsmenge aller Elementarereignisse aus A und B. Das Ereignis „A und B" tritt genau dann ein, wenn sowohl A als auch B eintreten.

        Beispiel Würfel: $A = \{\omega_2, \omega_4, \omega_6\}$ (gerade Zahl), $B = \{\omega_3, \omega_6\}$ (durch 3 teilbar), $A \cap B = \{\omega_6\}$ (gerade und durch 3 teilbar).

$A \backslash B$ Das zufällige Ereignis $A \backslash B$ enthält alle Elementarereignisse aus A, die nicht gleichzeitig in B enthalten sind. Das Ereignis „A aber nicht B" oder „A minus B" tritt genau dann ein, wenn A aber nicht B eintritt. Es gilt $A \backslash B = A \cap \bar{B}$

        Beispiel Würfel: $A = \{\omega_2, \omega_4, \omega_6\}$ (gerade Zahl), $B = \{\omega_3, \omega_6\}$ (durch 3 teilbar), $A \backslash B = \{\omega_2, \omega_4\}$ (gerade, aber nicht durch 3 teilbar).

$\bar{A}$ Das zufällige Ereignis $\bar{A}$ enthält alle Elementarereignisse aus Ω, die nicht in A vorkommen. Das zu A komplementäre Ereignis „Nicht-A" oder „A quer" tritt genau dann ein, wenn A nicht eintritt.

        Beispiel Würfel: $A = \{\omega_2, \omega_4, \omega_6\}$ (gerade Zahl), $\bar{A} = \{\omega_1, \omega_3, \omega_5\}$ (ungerade Zahl).

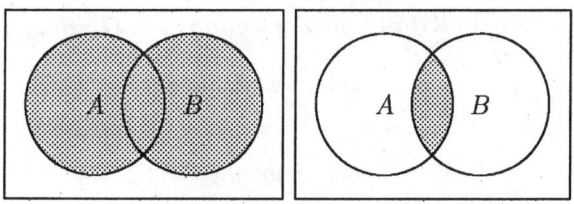

Abb. 7.1. $A \cup B$ und $A \cap B$

Anmerkung. Folgende Schreibweisen sind ebenfalls üblich:

$$\begin{array}{lll} A + B & \text{für} & A \cup B \\ AB & \text{für} & A \cap B \\ A - B & \text{für} & A \backslash B \end{array}$$

Betrachten wir ein Ereignis A, so sind folgende Zusammenhänge von Interesse:

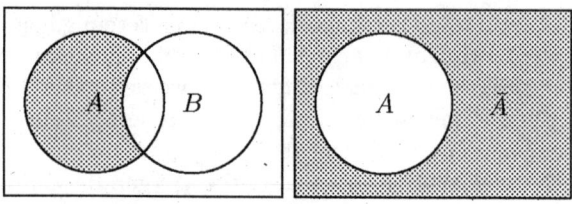

Abb. 7.2. $A\backslash B$ und $\bar{A} = \Omega\backslash A$

$$A \cup A = A \qquad A \cap A = A$$
$$A \cup \Omega = \Omega \qquad A \cap \Omega = A$$
$$A \cup \emptyset = A \qquad A \cap \emptyset = \emptyset$$
$$A \cup \bar{A} = \Omega \qquad A \cap \bar{A} = \emptyset$$

Definition 7.2.1. *Zwei zufällige Ereignisse A und B heißen unvereinbar oder **disjunkt**, falls ihr gleichzeitiges Eintreten unmöglich ist, d.h., falls $A \cap B = \emptyset$ gilt.*

Damit gilt natürlich insbesondere, dass A und $\bar{A}$ disjunkt sind.

Beispiel (Einfacher Würfelwurf). Die zufälligen Ereignisse „ungerade Augenzahl" $A = \{\omega_1, \omega_3, \omega_5\}$ und „gerade Augenzahl" $B = \bar{A} = \{\omega_2, \omega_4, \omega_6\}$ sind disjunkt.

Wir können einen zufälligen Versuch durch die Menge der Elementarereignisse $\Omega = \{\omega_1, \dots, \omega_n\}$ oder durch Mengen von zufälligen Ereignissen $A_1, \dots, A_m$ $(m \leq n)$ beschreiben, die folgender Definition genügen.

Definition 7.2.2. *Die zufälligen Ereignisse $A_1, \dots, A_m$ bilden ein vollständiges System bzw. eine **vollständige Zerlegung** von Ω genau dann, wenn*

$$A_1 \cup A_2 \cup \dots \cup A_m = \Omega$$

und

$$A_i \cap A_j = \emptyset \quad (\text{für alle } i \neq j).$$

Beispiel (Einmaliger Würfelwurf). Die Elementarereignisse $\omega_1, \dots, \omega_6$ bilden in jedem Fall ein vollständiges System. Weitere mögliche vollständige Systeme sind z.B.:

- $A_1 = \{\omega_1, \omega_3, \omega_5\} \quad A_2 = \{\omega_2, \omega_4, \omega_6\}$
- $A_1 = \{\omega_1\} \quad A_2 = \{\omega_2, \dots, \omega_6\}$
- $A_1 = \{\omega_1, \omega_2, \omega_3\} \quad A_2 = \{\omega_4, \omega_5, \omega_6\}$.

7.3 Relative Häufigkeit und Laplacesche Wahrscheinlichkeit

Ein zufälliger Versuch wird durch die Angabe der möglichen Versuchsausgänge beschrieben (Augenzahlen 1 bis 6 beim Würfelwurf). Darüber hinaus ist eine Quantifizierung der Versuchsergebnisse von Interesse. Die Quantifizierung mit Hilfe der relativen Häufigkeit zielt auf die Abschätzung der Realisierungschancen eines Versuchsergebnisses ab. Man betrachtet deshalb einen zufälligen Versuch mit den möglichen Ergebnissen $A_1, A_2, \ldots, A_m$, der n-fach unabhängig wiederholt wird, und registriert die absoluten Häufigkeiten $n_i = n(A_i)$ der Ereignisse A_i.

Beispiel 7.3.1 (Roulette). Beim Roulette betrachten wir das zufällige (Elementar-) Ereigniss A_1: „Rot", A_2: „Schwarz" und A_3: „Zero". Die Anzahl der Wiederholungen sei $n = 500$. In 300 Fällen sei A_1, in 180 Fällen A_2 und in 20 Fällen A_3 aufgetreten, d.h. es ist $n_1 = n(A_1) = 300$, $n_2 = n(A_2) = 180$ und $n_3 = n(A_3) = 20$.

Die relative Häufigkeit $f_i = f(A_i)$ eines zufälligen Ereignisses A_i bei n Wiederholungen berechnet sich gemäß

$$f_i = f(A_i) = \frac{n_i}{n},$$

wobei

- $f_i = f(A_i)$ die relative Häufigkeit eines Ereignisses A_i,
- $n_i = n(A_i)$ die absolute Häufigkeit eines Ereignisses A_i und
- n die Anzahl der Versuchswiederholungen ist.

Für das obige Beispiel gilt also:

$$f_1 = f(A_1) = \frac{300}{500} = 0.6, \quad f_2 = f(A_2) = \frac{180}{500} = 0.36,$$

$$f_3 = f(A_3) = \frac{20}{500} = 0.04.$$

Anmerkung. Es zeigt sich, dass die relative Häufigkeit $f(A)$ für hinreichend großes n unter gewissen Voraussetzungen eine Stabilität aufweist in dem Sinne, dass $f(A)$ gegen einen für das Ereignis A typischen Wert strebt. Diese Konstante werden wir als Wahrscheinlichkeit des Ereignisses A bezeichnen, die Schreibweise ist $P(A)$.

Beispiel. Man erwartet beim wiederholten Roulettespiel, dass die relative Häufigkeit $f(\text{Rot})$ gegen $\frac{18}{37}$ strebt, sofern der Einsatz auf Rot sehr oft wiederholt wird. Voraussetzung bleibt jedoch, dass die Versuchsbedingungen konstant gehalten werden.

Einen der Häufigkeitsinterpretation sehr ähnlichen Ansatz stellt der Laplacesche Wahrscheinlichkeitsbegriff dar. Ein **Laplace-Experiment** ist ein Zufallsexperiment mit einer endlichen Ergebnismenge, bei dem alle Ergebnisse gleichwahrscheinlich sind. Die Wahrscheinlichkeit eines beliebigen zufälligen Ereignisses ist dann wie folgt definiert:

Definition 7.3.1. *Der Quotient*

$$P(A) = \frac{|A|}{|\Omega|} = \frac{\text{Anzahl der für } A \text{ günstigen Fälle}}{\text{Anzahl der möglichen Fälle}} \tag{7.1}$$

*wird als **Laplace-Wahrscheinlichkeit** bezeichnet (hierbei ist $|A|$ die Anzahl der Elemente von A und $|\Omega|$ die Anzahl der Elemente von Ω).*

Die Mächtigkeiten $|A|$ und $|\Omega|$ in der Laplaceschen Wahrscheinlichkeitsdefinition können mit Hilfe der eingeführten kombinatorischen Regeln bestimmt werden.

7.4 Axiome der Wahrscheinlichkeitsrechnung

Die relative Häufigkeit, die Laplacesche Wahrscheinlichkeit und andere Ansätze zur Definition des Begriffs „Wahrscheinlichkeit" sind zwar anschaulich und nachvollziehbar, eine formale Grundlage bietet jedoch erst das **Axiomensystem der Wahrscheinlichkeitsrechnung** von A.N. Kolmogorov (1933):

Axiom 1: Jedem zufälligen Ereignis A eines zufälligen Versuchs ist eine Wahrscheinlichkeit $P(A)$ zugeordnet, die Werte zwischen 0 und 1 annehmen kann:

$$0 \leq P(A) \leq 1.$$

Axiom 2: Das sichere Ereignis hat die Wahrscheinlichkeit 1:

$$P(\Omega) = 1.$$

Axiom 3: Sind A_1 und A_2 disjunkte Ereignisse, so ist

$$P(A_1 \cup A_2) = P(A_1) + P(A_2).$$

Anmerkung. Axiom 3 gilt für drei oder mehr disjunkte Ereignisse analog und wird als **Additionssatz für disjunkte Ereignisse** bezeichnet.

Beispiele.

- Beim einmaligen Münzwurf sind die Ereignisse A_1: „Wappen" und A_2: „Zahl" möglich. A_1 und A_2 sind disjunkt. Das zufällige Ereignis $A_1 \cup A_2$: „Wappen oder Zahl" hat dann die Wahrscheinlichkeit

$$P(A_1 \cup A_2) = P(A_1) + P(A_2) = 1/2 + 1/2 = 1.$$

- Beim einmaligen Würfeln hat jede Zahl die gleiche Wahrscheinlichkeit $P(1) = P(2) = \cdots = P(6) = 1/6$. Die Wahrscheinlichkeit, eine gerade Zahl zu erhalten, ist also

$$P(\text{„gerade Zahl“}) = P(2) + P(4) + P(6) = 1/6 + 1/6 + 1/6 = 1/2.$$

7.4.1 Folgerungen aus den Axiomen

Wir wissen bereits, dass $A \cup \bar{A} = \Omega$ (sicheres Ereignis) gilt. Da A und $\bar{A}$ disjunkt sind, gilt nach Axiom 3 die grundlegende Beziehung

$$P(A \cup \bar{A}) = P(A) + P(\bar{A}) = 1.$$

Damit erhalten wir

Folgerung 1: Die Wahrscheinlichkeit für das zu A komplementäre Ereignis $\bar{A}$ ist

$$P(\bar{A}) = 1 - P(A). \tag{7.2}$$

Diese Regel wird häufig dann benutzt, wenn die Wahrscheinlichkeit von A bekannt ist oder leichter zu berechnen ist als die von $\bar{A}$.

Beispiel. Max kauft sich eine Schachtel Pralinen in der sechs Geschmacksrichtungen enthalten seien. Von jeder Geschmacksrichtung gibt es 5 Pralinen. Sei $A = \{\text{"}Marzipan\text{"}\}$. Die Wahrscheinlichkeit bei blindem Hineingreifen eine Marzipanpraline zu erwischen, beträgt $P(\text{"}Marzipan\text{"}) = 5/30$. Dann ist die Wahrscheinlichkeit für das Ereignis $\bar{A}$: „keine Marzipanpraline"

$$P(\text{„keine Marzipanpraline“}) = 1 - P(\text{"}Marzipan\text{"}) = 25/30.$$

Folgerung 2: Die Wahrscheinlichkeit des unmöglichen Ereignisses $\emptyset$ ist gleich Null:

$$P(\emptyset) = P(\bar{\Omega}) = 1 - P(\Omega) = 0.$$

Folgerung 3: Die Wahrscheinlichkeit, dass von zwei Ereignissen A_1 und A_2, die sich nicht notwendig gegenseitig ausschliessen, mindestens eines eintritt, ist

$$P(A_1 \cup A_2) = P(A_1) + P(A_2) - P(A_1 \cap A_2). \tag{7.3}$$

Gleichung (7.3) wird als **Additionssatz für beliebige Ereignisse** bezeichnet.

Beispiel. In einem Ruderbootrennen (Achter mit Steuermann) sind die vier Länder Schweiz(CH), Deutschland, USA und Australien vertreten. Einer der 36 Ruderer wird zufällig ausgewählt. Damit gilt:

$$P(\text{Steuermann oder CH}) = P(\text{Steuermann}) + P(\text{CH}) - P(\text{Steuermann-CH})$$
$$= \frac{4}{36} + \frac{9}{36} - \frac{1}{36} = \frac{12}{36}.$$

Falls ein Ereignis A vollständig in einem Ereignis B enthalten ist (B hat also dieselben Elementarereignisse wie A plus möglicherweise weitere), so ist die Wahrscheinlichkeit für B mindestens so gross wie die von A:

Folgerung 4: Für $A \subseteq B$ gilt stets $P(A) \leq P(B)$.

Der Beweis benutzt die Darstellung $B = A \cup (\bar{A} \cap B)$ mit den disjunkten Mengen A und $\bar{A} \cap B$. Damit gilt nach Axiom 3 und Axiom 1

$$P(B) = P(A) + P(\bar{A} \cap B) \geq P(A).$$

7.4.2 Rechenregeln für Wahrscheinlichkeiten

Wir fassen die Axiome und die Folgerungen 1 bis 5 in der folgenden Übersicht zusammen:

(1) $0 \leq P(A) \leq 1$

(2) $P(\Omega) = 1$

(3) $P(\emptyset) = 0$

(4) $P(\bar{A}) = 1 - P(A)$

(5) $P(A_1 \cup A_2) = P(A_1) + P(A_2) - P(A_1 \cap A_2)$

(6) $P(A_1 \cup A_2) = P(A_1) + P(A_2)$, falls A_1 und A_2 disjunkt sind.

7.5 Bedingte Wahrscheinlichkeit

7.5.1 Motivation und Definition

Wir betrachten nun die Situation, dass von zwei Ereignissen A und B z.B. das Ereignis A eine Vorinformation dahingehend liefert, dass sein Eintreten den möglichen Ereignisraum von B reduziert. Formal gesehen betrachten wir einen zufälligen Versuch mit n Elementarereignissen, d.h., es gelte $\Omega = \{\omega_1, \ldots, \omega_n\}$, und zwei zufällige Ereignisse A (mit n_A Elementarereignissen) und B (mit n_B Elementarereignissen). Ferner enthalte das Ereignis $A \cap B$ n_{AB} Elementarereignisse. Nach den bisherigen Regeln (vgl. z.B. (7.1)) gilt dann

$$P(A) = \frac{n_A}{n}, \quad P(B) = \frac{n_B}{n}, \quad P(A \cap B) = \frac{n_{AB}}{n}.$$

Nach Realisierung des Versuchs sei bekannt, dass A eingetreten ist. Damit stellt sich die Frage, wie groß dann unter dieser Zusatzinformation die Wahrscheinlichkeit dafür ist, dass auch B eingetreten ist. Hierzu gehen wir von Ω zur reduzierten Menge A mit n_A Elementen über. Nun gibt es unter den n_A möglichen Ereignissen nur noch m für B günstige Ereignisse. Bei diesen m Ereignissen ist immer auch A eingetreten, so dass $m = n_{AB}$ gilt. Die Laplace-Wahrscheinlichkeit ist dann

$$\frac{m}{n_A} = \frac{n_{AB}/n}{n_A/n} = \frac{P(A \cap B)}{P(A)}. \tag{7.4}$$

Dies führt zur folgenden Definition

Definition 7.5.1. *Sei $P(A) > 0$, so ist*

$$P(B|A) = \frac{P(A \cap B)}{P(A)} \tag{7.5}$$

*die **bedingte Wahrscheinlichkeit** von B unter der Bedingung, dass A eingetreten ist. Vertauschen wir die Rollen von A und B und sei $P(B) > 0$,
so ist die bedingte Wahrscheinlichkeit von A unter der Bedingung, dass B
eingetreten ist, gleich*

$$P(A|B) = \frac{P(A \cap B)}{P(B)} . \tag{7.6}$$

Lösen wir (7.5) und (7.6) jeweils nach $P(A \cap B)$ auf, so folgt

Theorem 7.5.1 (Multiplikationssatz). *Für zwei beliebige Ereignisse A
und B gilt*

$$P(A \cap B) = P(B|A)P(A) = P(A|B)P(B) . \tag{7.7}$$

Theorem 7.5.2 (Satz von der totalen Wahrscheinlichkeit). *Bilden
die Ereignisse $A_1, \ldots, A_m$ eine vollständige Zerlegung von $\Omega = \cup_{i=1}^{m} A_i$ in
paarweise disjunkte Ereignisse, so gilt für ein beliebiges Ereignis B*

$$P(B) = \sum_{i=1}^{m} P(B|A_i)P(A_i) . \tag{7.8}$$

7.5.2 Der Satz von Bayes

Der Satz von Bayes untersucht den Zusammenhang zwischen $P(A|B)$ und
$P(B|A)$. Für beliebige Ereignisse A und B mit $P(A) > 0$ und $P(B) > 0$ gilt
mit (7.5) und (7.6)

$$\begin{aligned}
P(A|B) &= \frac{P(A \cap B)}{P(B)} = \frac{P(A \cap B)}{P(A)} \frac{P(A)}{P(B)} \\
&= \frac{P(B|A)P(A)}{P(B)} .
\end{aligned} \tag{7.9}$$

Bilden die A_i eine vollständige Zerlegung von Ω und ist B irgendein Ereignis, so gilt mit (7.8) und (7.9)

$$P(A_j|B) = \frac{P(B|A_j)P(A_j)}{\sum_i P(B|A_i)P(A_i)} . \tag{7.10}$$

Die $P(A_i)$ heißen **a-priori Wahrscheinlichkeiten** , die $P(B|A_i)$ **Modell-
wahrscheinlichkeiten** und die $P(A_j|B)$ **a-posteriori Wahrscheinlich-
keiten**.

Beispiel 7.5.1. Ein Kunde leiht sich regelmässig Filme aus zwei verschiedenen Videotheken aus. Ab und zu passiert es jedoch, dass ein von ihm ausgeliehener Film nicht zurückgespult wurde. Wir betrachten folgende zufällige Ereignisse: A_i ($i = 1, 2$) sei das zufällige Ereignis „Der Film wird aus Videothek i ausgeliehen", B sei das zufällige Ereignis „Der Film wurde zurückgespult".

Wenn wir wissen, dass $P(A_1) = 0.6$ und $P(A_2) = 0.4$ sowie $P(B|A_1) = 0.95$, $P(B|A_2) = 0.75$, dann folgt für die Wahrscheinlichkeit, dass ein Film zurückgespult ist:

$$P(B) = P(B|A_1)P(A_1) + P(B|A_2)P(A_2) \qquad \text{[nach (7.8)]}$$
$$= 0.6 \cdot 0.95 + 0.4 \cdot 0.75$$
$$= 0.87.$$

Interessiert uns die Wahrscheinlichkeit, dass ein ausgewählter Film aus Videothek 1 ist und ausserdem zurückgespult wurde ist, dann folgt:

$$P(B \cap A_1) = P(B|A_1)P(A_1) \qquad \text{[nach (7.7)]}$$
$$= 0.95 \cdot 0.6$$
$$= 0.57.$$

Sei ein zufällig ausgewählter Film zurückgespult. Wie groß ist die Wahrscheinlichkeit, dass dieser Film aus der ersten Videothek stammt?

$$P(A_1|B) = \frac{P(A_1 \cap B)}{P(B)} = \frac{0.57}{0.88} = 0.6552. \qquad \text{[nach (7.6)]}$$

Sei ein zufällig ausgewählter Film *nicht* zurückgespult (d.h. $\bar{B}$ tritt ein). Die Wahrscheinlichkeit, dass dieser aus der ersten Videothek stammt, ist mit $P(\bar{B}|A_1) = 0.05$ und $P(\bar{B}|A_2) = 0.25$ für Videothek 1

$$P(A_1|\bar{B}) = \frac{P(\bar{B}|A_1)P(A_1)}{P(\bar{B}|A_1)P(A_1) + P(\bar{B}|A_2)P(A_2)} \qquad \text{[nach (7.9)]}$$
$$= \frac{0.05 \cdot 0.6}{0.05 \cdot 0.6 + 0.25 \cdot 0.4} = 0.2308.$$

7.6 Unabhängigkeit

Sind zwei zufällige Ereignisse A und B unabhängig in dem Sinne, dass das Eintreten des Ereignisses B keinen Einfluss auf das Eintreten von A hat, so erwartet man, dass

$$P(A|B) = P(A) \quad \text{und} \quad P(A|\bar{B}) = P(A)$$

gilt. Mit (7.6) erhalten wir in dieser Situation

$$P(A|B) = \frac{P(A \cap B)}{P(B)}$$

$$= \frac{P(A \cap \bar{B})}{P(\bar{B})} = P(A|\bar{B}) \,. \tag{7.11}$$

Durch Umformen erhalten wir die zu (7.11) äquivalente Beziehung

$$P(A \cap B)P(\bar{B}) = P(A \cap \bar{B})P(B)$$
$$P(A \cap B)(1 - P(B)) = P(A \cap \bar{B})P(B)$$
$$P(A \cap B) = (P(A \cap \bar{B}) + P(A \cap B))P(B)$$
$$P(A \cap B) = P(A)P(B) \,. \tag{7.12}$$

Dies führt zur Definition der (stochastischen) Unabhängigkeit.

Definition 7.6.1. *Zwei zufällige Ereignisse A und B heißen genau dann voneinander (stochastisch) unabhängig, wenn*

$$P(A \cap B) = P(A)P(B) \tag{7.13}$$

gilt, d.h., wenn die Wahrscheinlichkeit für das gleichzeitige Eintreten von A und B gleich dem Produkt der beiden Einzelwahrscheinlichkeiten ist.

Der Begriff der Unabhängigkeit kann auf den Fall von mehr als zwei Ereignissen verallgemeinert werden.

Definition 7.6.2. *n Ereignisse $A_1, \ldots, A_n$ heißen (stochastisch) unabhängig, falls für jede Auswahl $A_{i_1}, \ldots, A_{i_m}$ ($m \leq n$)*

$$P(A_{i_1} \cap \cdots \cap A_{i_m}) = P(A_{i_1}) \cdot \ldots \cdot P(A_{i_m}) \tag{7.14}$$

gilt.

Ein schwächerer Begriff ist der Begriff der paarweisen Unabhängigkeit. Wenn die Bedingung (7.14) nur für jeweils zwei beliebige Ereignisse ($m = 2$) erfüllt werden muß, so heißen die Ereignisse **paarweise unabhängig**. Der Unterschied zwischen paarweiser Unabhängigkeit und stochastischer Unabhängigkeit wird an folgendem Beispiel erläutert.

Beispiel 7.6.1. In einer Urne befinden sich vier Kugeln mit den aufgedruckten Zahlenkombinationen 110, 101, 011, 000. Es werde eine Kugel aus der Urne gezogen. Wir definieren dabei die folgenden Ereignisse:

A_1 : Die gezogene Kugel hat an der ersten Stelle eine Eins.

A_2 : Die gezogene Kugel hat an der zweiten Stelle eine Eins.

A_3 : Die gezogene Kugel hat an der dritten Stelle eine Eins.

Da jedes dieser Ereignisse zwei günstige Fälle hat, gilt

$$P(A_1) = P(A_2) = P(A_3) = \frac{2}{4} = \frac{1}{2}.$$

Das gemeinsame Auftreten aller drei Ereignisse ist jedoch unmöglich, da es keine Kugel mit der Kombination 111 gibt. Damit sind die drei Ereignisse nicht stochastisch unabhängig, da gilt

$$P(A_1)P(A_2)P(A_3) = \frac{1}{8} \neq 0 = P(A_1 \cap A_2 \cap A_3).$$

Es gilt jedoch

$$P(A_1 \cap A_2) = \frac{1}{4} = P(A_1)P(A_2),$$

$$P(A_1 \cap A_3) = \frac{1}{4} = P(A_1)P(A_3),$$

$$P(A_2 \cap A_3) = \frac{1}{4} = P(A_2)P(A_3),$$

so dass die drei Ereignisse paarweise unabhängig sind.

7.7 Aufgaben

Aufgabe 7.1: Früher war in Deutschland das Tippspiel "6 aus 45" sehr populär. Aus 45 Fußballbegegnungen sollten die sechs Begegnungen mit den höchsten Unentschieden getippt werden. Betrachten wir das Ereigniss A: "Spiel i endet Unentschieden, i=1,...,45".. Formulieren Sie je ein Beispiel für das komplemetäre Ereignis und ein unmögliches Ereignis!

Lösung:

Das Komplementärereignis stellt hier einen "Heim- oder Auswärtssieg" in der Begegnung i dar. Beispiel für ein unmögliches Ereignis wäre der Sieg beider Mannschaften.

Aufgabe 7.2: Auf einer Spielemesse muss bei einem neu erschienen Spiel mit einem Dodekaeder (Würfel mit 12 Seiten) gewürfelt werden. Betrachten wir die für das Spiel relevanten Ereignisse A: "gerade Zahl gewürfelt" und B: "Die Zahl ist größer als neun". Wie hoch ist die Wahrscheinlichkeit bei einmaligem Werfen des Dodekaeders

a) eine gerade Zahl zu werfen?
b) eine Zahl größer als neun zu werfen?
c) eine gerade Zahl, die größer als neun ist zu werfen?
d) eine gerade Zahl oder eine Zahl größer als neun zu werfen?

Lösung:

Die Anzahl aller möglichen Ereignisse beträgt $|\Omega| = 12$

a) Die Anzahl der günstigen Ereignisse beträgt hier $|A|= 6$ (die Zahlen 2,4,6,8,10,12). Damit ist $P(A) = \frac{6}{12} = \frac{1}{2}$.

b) Die Anzahl der günstigen Ereignisse beträgt hier $|A|= 3$ (die Zahlen 10,11,12). Damit ist $P(B) = \frac{3}{12} = \frac{1}{4}$.

c) Die Anzahl der günstigen Ereignisse beträgt hier $|A|= 2$ (die Zahlen 10,12). Damit ist $P(A \cap B) = \frac{2}{12} = \frac{1}{6}$.

d) Die Anzahl der günstigen Ereignisse beträgt hier $|A|= 7$ (die Zahlen 2,4,6,8,10,11,12). Damit ist $P(A \cup B) = \frac{7}{12}$.

Aufgabe 7.3: Unter dem Dach von Familie Maier leben 6 Personen: Mutter, Vater, 2 Kinder, Oma und Großtante. Wie jedes Jahr feiert die Familie Weihnachten zusammen. Insgesamt liegen dieses Jahr 12 Geschenke unterm Weihnachtsbaum - für jedes Falilienmitglied sind zwei der Geschenke vorgesehen. Durch einen Wasserschaden, den der jüngste Sohn verursacht hat, sind die Namen auf den Geschenken jedoch unleserlich geworden. Oma schlägt vor, dass sich jeder zufällig 2 Geschenke nimmt. Wie hoch ist die Wahrscheinlichheit, dass der Vater

a) *genau seine beiden* Geschenke zieht?

b) *keines* der für ihn vorgesehenen Geschenke erwischt?

Lösung:

Die Anzahl aller möglichen Fälle, zwei Geschenke aus insgesamt zwölf zu ziehen (also $|\Omega|$), beträgt genau $\binom{12}{2}$.

a) Hier beträgt die Anzahl der günstigen Fälle genau eins, da nur eine gezogene Kombination *genau* die zwei richtigen Geschenke garantiert. Mit Hilfe von (7.3) folgt:

$$P(\text{"beide Geschenke"}) = \frac{|A|}{|\Omega|} = \frac{1}{\binom{12}{2}} \approx 0.015 .$$

b) Die Anzahl der günstigen Fälle beträgt hier $\binom{10}{2}\binom{2}{0}$, da aus den 10 "falschen Geschenken" genau zwei gezogen werden, während aus den zwei "richtigen" keines gezogen wird. Es ergibt sich also:

$$P(\text{"kein Geschenk"}) = \frac{|A|}{|\Omega|} = \frac{\binom{10}{2}\binom{2}{0}}{\binom{12}{2}} \approx 0.682 .$$

Aufgabe 7.4: Ein berühmter Fernsehkoch versalzt seine Kürbissuppe mit einer Wahrscheinlichkeit von 0.2. Ist er jedoch verliebt - und in diesem Zustand befindet er sich mit einer Wahrscheinlichkeit von 0.3 - so versalzt er seine Suppen mit einer Wahrscheinlichkeit von 0.6.

a) Geben Sie die Wahrscheinlichkeitstabelle für die Merkmale 'Fernsehkoch verliebt/nicht verliebt' und 'Suppe versalzen/nicht versalzen' mit den zugehörigen Randwahrscheinlichkeiten an.

b) Sind die beiden Ereignisse unabhängig?

Lösung:

a) Laut Angabe versalzt der Koch die Suppe mit einer Wahrscheinlichkeit von 0.2, das heißt wir erhalten die Randwahrscheinlichkeiten:

$$P(V) = 0.2 \Rightarrow P(\bar{V}) = 0.8\,.$$

Äquivalent erhalten wir für die (Rand-)Wahrscheinlichkeiten des Verliebt-seins:

$$P(L) = 0.3 \Rightarrow P(\bar{L}) = 0.7\,.$$

Des weiteren können wir berechnen:

$$P(V \cap L) = P(V|L) \cdot P(L) = 0.6 \cdot 0.3 = 0.18$$
$$P(\bar{V} \cap L) = P(L) - P(V \cap L) = 0.3 - 0.18 = 0.12$$
$$P(V \cap \bar{L}) = P(V) - P(V \cap L) = 0.2 - 0.18 = 0.02$$
$$P(\bar{V} \cap \bar{L}) = P(\bar{V}) - P(\bar{V} \cap L) = 0.8 - 0.12 = 0.68$$

Wir erhalten damit folgende Tabelle:

	V	$\bar{V}$	$\sum$
L	0.18	0.12	0.3
$\bar{L}$	0.02	0.68	0.7
$\sum$	0.2	0.8	1

b) Die beiden Ereignisse sind nicht unabhängig, da z.B. $P(V) \cdot P(L) = 0.3 \cdot 0.2 = 0.06 \neq 0.18 = P(V \cap L)$.

Aufgabe 7.5: Herr O. bittet seinen Nachbarn Herrn P., während seiner Abwe-senheit sein geliebtes Basilikum zu giessen. Allerdings muß er davon ausgehen, dass Herr P. seine Pflanze mit einer Wahrscheinlichkeit von $\frac{1}{3}$ nicht gießt. Das Basilikum geht mit einer Wahrscheinlichkeit von $\frac{1}{2}$ ein, wenn es gegossen wird und mit einer Wahrscheinlichkeit von $\frac{3}{4}$ wenn es nicht gegossen wird.

a) Wie hoch ist die Wahrscheinlichkeit, dass das Basilikum während der Ab-wesenheit von Herrn O. eingeht?

b) Das Basilikum geht während der Abwesenheit von Herrn O. tatsächlich ein! Wie hoch ist die Wahrscheinlichkeit, dass Herr P. die Pflanze nicht gegossen hat?

Lösung:

a) G = Basilikum wird gegossen, $\bar{G}$ = Basilikum wird nicht gegossen
   E = Basilikum geht ein, $\bar{E}$ = Basilikum geht nicht ein

$$P(\bar{G}) = \frac{1}{3} \Longrightarrow P(G) = \frac{2}{3}$$

$$P(E|G) = \frac{1}{2}$$

$$P(E|\bar{G}) = \frac{3}{4} \, .$$

Mit dem Satz von der totalen Wahrscheinlichkeit gilt:

$$P(E) = P(E|G) \cdot P(G) + P(E|\bar{G}) \cdot P(\bar{G})$$

$$= \frac{1}{2} \cdot \frac{2}{3} + \frac{3}{4} \cdot \frac{1}{3} = \frac{1}{3} + \frac{1}{4}$$

$$= \frac{7}{12} \approx 0.58 \, .$$

b) Mit dem Satz von Bayes gilt:

$$P(\bar{G}|E) = \frac{P(E|\bar{G}) \cdot P(\bar{G})}{P(E|\bar{G}) \cdot P(\bar{G}) + P(E|G) \cdot P(G)}$$

$$= \frac{\frac{3}{4} \cdot \frac{1}{3}}{\frac{7}{12}} = \frac{3}{7} \approx 0.43 \, .$$

Aufgabe 7.6: In einer Tierklinik wurden $n = 200$ Pferde auf eine bestimmte Krankheit untersucht. Das Ergebnis jeder Untersuchung wird durch die zufälligen Ereignisse B „Pferd ist krank" bzw. $\bar{B}$ „Pferd ist nicht krank" ausgedrückt. Gleichzeitig wurde untersucht, ob die Pferde ein bestimmmtes Futter hatten oder nicht. Dies ist durch die Ereignisse A_1 „Pferd frisst spezielles Futter" und A_2 „Pferd frisst spezielles Futter nicht" festgehalten. Die absoluten Häufigkeiten für die eintretenden Ereignisse findet man in folgender Tabelle:

	B	$\bar{B}$	
A_1	40	60	100
A_2	20	80	100
	60	140	200

Wie hoch ist die Wahrscheinlichkeit

a) ein gesundes Pferd zu haben, das das spezielle Futter gefressen hat?
b) ein gesundes Pferd zu haben, unter der Bedingung, dass es das spezielle Futter gefressen hat (bzw. nicht)?

Lösung:

Mit $P(A_1) = \frac{100}{200} = P(A_2)$, $P(B) = \frac{60}{200}$, sowie $P(\bar{B}) = \frac{140}{200} = 1 - P(B)$ folgt:

a)

$$P(B \cap A_1) = \frac{40}{200}$$

b)

$$P(B|A_1) = \frac{P(B \cap A_1)}{P(A_1)} = \frac{40/200}{100/200} = \frac{40}{100}$$

$$P(B|A_2) = \frac{P(B \cap A_2)}{P(A_2)} = \frac{20/200}{100/200} = \frac{20}{100}$$

Mit diesen Ergebnissen lässt sich $P(B)$ auch mit Hilfe des Satzes von der totalen Wahrscheinlichkeit (7.8) berechnen:

$$P(B) = P(B|A_1)P(A_1) + P(B|A_2)P(A_2)$$
$$= 0.40 \cdot 0.50 + 0.20 \cdot 0.50 = 0.30 \,.$$

8. Zufallsvariablen

8.1 Einleitung

Mit dem Konstrukt einer Zufallsvariable können Versuchsergebnisse, die zunächst in qualitativer Form vorliegen („Wappen" oder „Zahl" beim Münzwurf, „Augenzahl" beim einmaligen Würfelwurf etc.), durch reelle Zahlen verschlüsselt werden. Dies ist das formale Äquivalent zu den tatsächlich durchgeführten Zufallsexperimenten. Der einmalige Münzwurf mit den möglichen Ergebnissen „Wappen" oder „Zahl" wird ersetzt durch eine Zufallsvariable X, die ebenfalls nur zwei Werte (z. B. 0 oder 1) annehmen kann. Dieselbe Variable beschreibt auch alle anderen zufälligen Versuche mit zwei möglichen Ergebnissen (Geschlecht eines Neugeborenen: männlich/weiblich, Ergebnis eines Studenten bei einer Klausur: bestanden/nicht bestanden). Der Übergang vom zufälligen Versuch zur Zufallsvariablen ermöglicht erst eine einheitliche mathematische Handhabung der statistischen Datenanalyse. *Allgemein heißt eine Funktion X eine (reelle) Zufallsvariable, wenn ihre Werte reelle Zahlen sind und als Ergebnis eines zufälligen Versuchs interpretiert werden können.* Da die Werte der Zufallsvariablen das formale Äquivalent der zufälligen Experimente darstellen, muß auch den Werten der Zufallsvariablen – den reellen Zahlen – eine Wahrscheinlichkeit zuzuordnen sein. Diese Wahrscheinlichkeit muß mit der Wahrscheinlichkeit der entsprechenden zufälligen Ereignisse übereinstimmen und es müssen die Axiome der Wahrscheinlichkeitsrechnung gelten.

Beispiel 8.1.1. In Tabelle 8.1 sind Beispiele für diskrete Zufallsvariablen angegeben. Es sind jeweils das zu Grunde liegende Zufallsexperiment und die dazugehörigen Ereignisse sowie die Realisationen der Zufallsvariablen X angegeben.

8.2 Verteilungsfunktion einer Zufallsvariablen

Neben den möglichen Werten der Zufallsvariablen X benötigen wir zur statistischen Beschreibung von X die Angabe der Wahrscheinlichkeiten, mit denen die Werte $x_1, x_2, \ldots$ realisiert werden.

Tabelle 8.1. Beispiele für diskrete Zufallsvariablen

zufälliger Versuch	zufälliges Ereignis	Realisation der Zufallsvariablen X
Roulette	A_1: Rot	$x = 1$
(Ein Spiel)	A_2: Schwarz	$x = 2$
	A_3: Zero	$x = 0$
Lebensdauer eines Fernsehers	A_i: Lebensdauer beträgt i Monate $(i = 1, 2, \ldots)$	$x = i$
Einmaliges Würfeln (mit einem Würfel)	A_i: Zahl i gewürfelt $(i = 1, \ldots, 6)$	$x = i$

Beispiel. Beim einmaligen Münzwurf mit den zufälligen Elementarereignissen „Wappen" und „Zahl" war $P(W) = P(Z) = 1/2$. Die zugeordnete Zufallsvariable X sei definiert durch ihre Werte $X(W) = x_1 = 0$ und $X(Z) = x_2 = 1$ mit den Wahrscheinlichkeiten $P(X = x_i) = 1/2$ für $i = 1, 2$.

Eine Zufallsvariable X wird also durch ihre Werte x_i und die zugehörigen Wahrscheinlichkeiten $P(X = x_i)$ eindeutig beschrieben. Alternativ können wir anstelle der Wahrscheinlichkeiten $P(X = x_i)$ auch die kumulierten Wahrscheinlichkeiten $P(X \leq x_i)$ verwenden. Dazu benötigen wir die folgende Definition:

Definition 8.2.1. *Die **Verteilungsfunktion einer Zufallsvariablen** X ist definiert durch*

$$F(x) = P(X \leq x) = P(-\infty < X \leq x). \qquad (8.1)$$

Die Verteilungsfunktion $F(x)$ beschreibt die Verteilung von X eindeutig und vollständig. Sie ist schwach monoton wachsend, d.h., für $x_1 \leq x_2$ folgt $F(x_1) \leq F(x_2)$. Die Werte einer Verteilungsfunktion $F(x)$ liegen stets zwischen 0 und 1. D.h., es gilt:

$$0 \leq F(x) \leq 1.$$

Rechenregeln für Verteilungsfunktionen

Die Verteilungsfunktion $F(x) = P(X \leq x)$ ermöglicht es uns, die Wahrscheinlichkeit für Wertebereiche der Zufallsvariablen X zu berechnen. Es gilt:

$$P(X \leq a) = F(a), \qquad (8.2)$$
$$P(X < a) = P(X \leq a) - P(X = a) = F(a) - P(X = a). \qquad (8.3)$$

Für die Wahrscheinlichkeiten $P(X > a)$ und $P(X \geq a)$ der komplementären Wertebereiche gilt:

$$P(X > a) = 1 - P(X \le a) = 1 - F(a)\,, \tag{8.4}$$

$$P(X \ge a) = 1 - P(X < a) = 1 - F(a) + P(X = a)\,. \tag{8.5}$$

Damit können wir Rechenregeln für allgemeine Intervalle der Form $(a; b)$, $(a; b]$, $[a; b)$ und $[a; b]$ angeben:

$$P(a \le X \le b) = P(X \le b) - P(X < a)$$
$$= F(b) - F(a) + P(X = a)\,. \tag{8.6}$$

Folglich ergibt sich dann auch:

$$P(a < X \le b) = F(b) - F(a) \tag{8.7}$$

$$P(a < X < b) = F(b) - F(a) - P(X = b) \tag{8.8}$$

$$P(a \le X < b) = F(b) - F(a) - P(X = b) + P(X = a)\,. \tag{8.9}$$

Anmerkung. Für stetige Zufallsvariablen X ist $P(X = a) = P(X = b) = 0$, so dass sich obige Formeln vereinfachen.

8.3 Diskrete Zufallsvariablen und ihre Verteilungsfunktion

Definition 8.3.1. *Eine Zufallsvariable heißt **diskret**, wenn sie nur endlich viele (oder abzählbar viele) Werte $x_1, \ldots, x_n$ mit den zugehörigen Wahrscheinlichkeiten $p_1, \ldots, p_n$ annehmen kann.*

Die Menge $\{x_1, \ldots, x_n\}$ heißt **Träger von X**. Es gilt

$$\sum_{i=1}^{n} p_i = 1\,. \tag{8.10}$$

Definition 8.3.2. *Die Zuordnung*

$$P(X = x_i) = p_i \quad i = 1, \ldots, n$$

*heißt **Wahrscheinlichkeitsfunktion** von X, sofern (8.10) erfüllt ist.*

Damit hat die Verteilungsfunktion von X die Gestalt

$$F(x) = \sum_{i=1}^{n} 1_{\{x_i \le x\}} p_i\,.$$

Dies ist die Summe der Wahrscheinlichkeiten p_i derjenigen Indizes i, für die $x_i \le x$ gilt. Die möglichen Werte x_i einer diskreten Zufallsvariablen X heißen **Sprungstellen** und die Wahrscheinlichkeiten p_i heißen **Sprunghöhen** der Verteilungsfunktion $F(x)$. Der Zusammenhang wird klar, wenn man sich das Bild der Verteilungsfunktion $F(x)$ in Abbildung 8.1 ansieht. Nur an den Stellen x_i erfolgt ein Sprung der Funktion und zwar um den Wert p_i. Die Verteilungsfunktion einer diskreten Zufallsvariablen ist eine **Treppenfunktion**.

Beispiel 8.3.1 (Würfelwurf). Die zufälligen Elementarereignisse beim einmaligen Würfeln sind ω_i: „Zahl i gewürfelt" ($i = 1, \ldots, 6$). Die Zufallsvariable X kann die Werte $x_1 = 1$, $x_2 = 2$, $\ldots, x_6 = 6$ annehmen, wobei $P(X = x_i) = 1/6$ gilt. Dann hat die Verteilungsfunktion $F(x)$ die Gestalt

$$F(x) = \begin{cases} 0 & -\infty < x < 1 \\ 1/6 & 1 \le x < 2 \\ 2/6 & 2 \le x < 3 \\ 3/6 & \text{für} \quad 3 \le x < 4 \\ 4/6 & 4 \le x < 5 \\ 5/6 & 5 \le x < 6 \\ 1 & 6 \le x < \infty \end{cases}$$

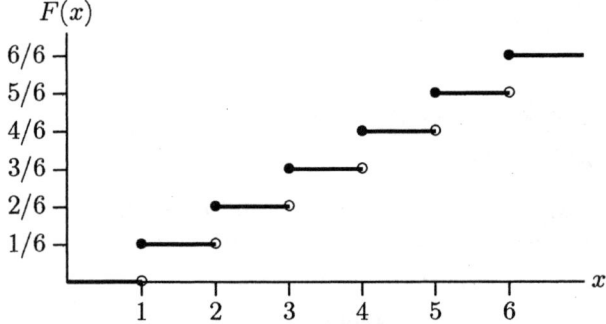

Abb. 8.1. Verteilungsfunktion beim einmaligen Würfeln. '•' charakterisiert einen eingeschlossenen Wert, 'o' einen ausgeschlossenen Wert

8.4 Stetige Zufallsvariablen und ihre Verteilungsfunktion

Im Gegensatz zu den diskreten Zufallsvariablen, die nur endlich oder abzählbar viele Werte annehmen können, betrachten wir nun Zufallsvariablen mit überabzählbar vielen Werten.

Definition 8.4.1. *Wir nennen eine Zufallsvariable X **stetig**, wenn eine nichtnegative Funktion $f(x)$ existiert, die für jedes reelle x die Beziehung*

$$F(x) = \int_{-\infty}^{x} f(t)dt$$

*erfüllt, wobei $F(x)$ die Verteilungsfunktion der Zufallsvariablen X ist. $f(x)$ heißt die **Dichtefunktion** (kurz: Dichte) von X.*

Theorem 8.4.1. *Eine reelle integrierbare Funktion $f(x)$ ist Dichtefunktion einer stetigen Zufallsvariablen X genau dann, wenn*

(1)$f(x) \geq 0$ (Nichtnegativität)

(2)$\int_{-\infty}^{\infty} f(x)dx = 1$ (Normiertheit)
erfüllt ist.

Bei einer stetigen Verteilungsfunktion tritt die Integration über die Dichtefunktion $f(t)$ an die Stelle der Summation über die p_i im Fall einer diskreten Zufallsvariablen.

Theorem 8.4.2. *Die Wahrscheinlichkeit dafür, dass eine stetige Zufallsvariable einen beliebigen Wert x_0 annimmt, ist gleich Null:*

$$P(X = x_0) = 0. \tag{8.11}$$

Daraus erklärt sich die Tatsache, dass man in der praktischen Anwendung von stetigen Zufallsvariablen nur an Ereignissen der Gestalt „X nimmt Werte zwischen a und b an" und nicht an sogenannten Punktereignissen $X = x_i$ interessiert ist.

Beispiel 8.4.1. Bei der stetigen Zufallsvariablen X: „Dauer des Schlangestehens vor der Kasse im Supermarkt" wäre das Ereignis „der Kunde wartet genau 8 Minuten und 12 Sekunden bis er bezahlen kann" ohne Interesse. Vielmehr fragt man danach, wie groß die Wahrscheinlichkeit dafür ist, dass die Wartezeit z.B. zwischen 7 und 9 Minuten liegt.

Die Wahrscheinlichkeit dafür, dass eine stetige Zufallsvariable X z.B. in einem Intervall $[x_1, x_2]$ liegt, lässt sich nach (8.6) bestimmen:

$$P(x_1 \leq X \leq x_2) = F(x_2) - F(x_1). \tag{8.12}$$

Da nach (8.11) die Wahrscheinlichkeiten für die Endpunkte des Intervalls Null sind, ist es unerheblich, ob sie zu dem Intervall gehören: $[x_1, x_2]$ oder nicht: $[x_1, x_2)$, (x_1, x_2) oder $(x_1, x_2]$.

Wir können die Wahrscheinlichkeit dafür, dass die Zufallsvariable Werte im Intervall $[x_1, x_2]$ annimmt, als Fläche (Kurvenintegral) zwischen der Dichtefunktion $f(x)$ und der x-Achse in den Grenzen x_1 und x_2 interpretieren. Der Flächeninhalt zwischen der Dichtefunktion und der gesamten Abszissenachse ist gleich Eins, d.h., es gilt $\lim_{x \to \infty} F(x) = 1$ (siehe auch Abb. 8.2).

Beispiel 8.4.2. Gegeben sei folgende Funktion

$$f(x) = \begin{cases} a(x - 4) & \text{für } 4 \leq x \leq 5 \\ 0 & sonst. \end{cases}$$

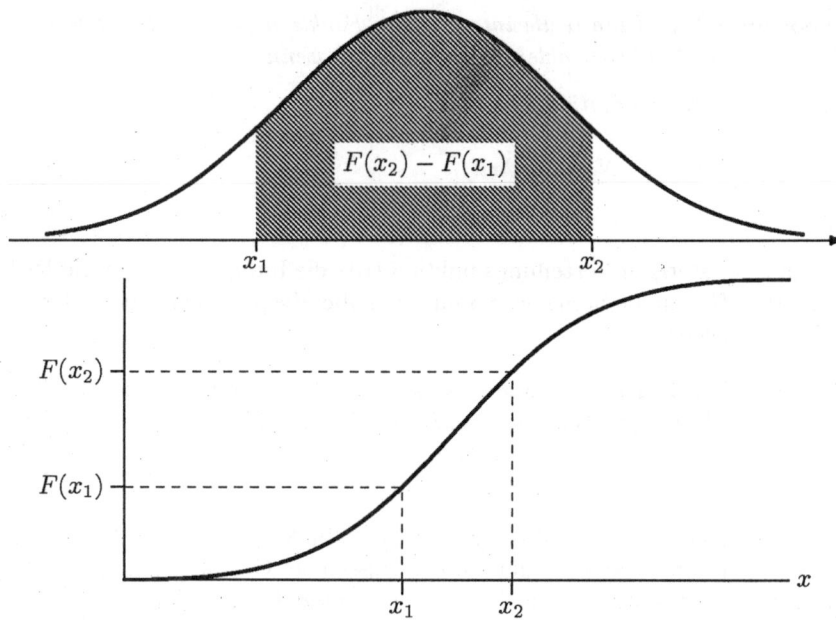

Abb. 8.2. Grafische Darstellungen der Wahrscheinlichkeit $P(x_1 \leq X \leq x_2)$

Wir suchen den Wert der Konstanten a, für den die Funktion $f(x)$ die Dichte funktion einer Zufallsvariablen X ist. Mit Hilfe der Normiertheitsbedingun aus Satz 8.4.1 bestimmen wir die Konstante a:

$$
\begin{aligned}
1 &= \int_{-\infty}^{+\infty} f(x)dx \\
&= \int_{4}^{5} a(x-4)dx \\
&= \left[\frac{ax^2}{2} - 4ax \right]_{4}^{5} \\
&= 12.5a - 20a - 8a + 16a = \frac{a}{2}
\end{aligned}
$$

Damit erhalten wir $a = 2$.

Unabhängigkeit zweier Zufallsvariablen

Analog zur Definition der Unabhängigkeit von zufälligen Ereignissen gilt:

Definition 8.4.2. *Zwei Zufallsvariablen X und Y sind genau dann **unabhängig**, wenn für alle (zugelassenen) Bereiche A und B gilt*

$$
P(X \in A, Y \in B) = P(X \in A)P(Y \in B).
$$

Für diskrete Zufallsvariablen bestehen die zulässigen Bereiche aus den Werten x_i bzw. y_i der Zustandsräume von X bzw. Y, für stetige Zufallsvariablen bestehen die zulässigen Bereiche aus Intervallen.

Im Falle diskreter Zufallsvariablen können wir Definition 8.4.2 auch schreiben als: Zwei diskrete Zufallsvariablen X und Y sind genau dann unabhängig, wenn für alle Paare (i, j)

$$P(X = x_i, Y = y_j) = P(X = x_i)P(Y = y_j) \qquad (8.13)$$

gilt.

8.5 Erwartungswert und Varianz einer Zufallsvariablen

Weitere Informationen über eine Verteilung liefern sogenannte Maßzahlen oder Parameter einer Verteilung. Die beiden wichtigsten sind der Erwartungswert und die Varianz einer Zufallsvariablen.

8.5.1 Erwartungswert

Der Erwartungswert $E(X)$ ist ein Lageparameter. Er charakterisiert den Schwerpunkt einer Verteilung.

Definition 8.5.1. *Ist X eine diskrete Zufallsvariable mit den Werten x_1, ..., x_n und den zugehörigen Wahrscheinlichkeiten p_i, so wird der **Erwartungswert** von X definiert als*

$$E(X) = \sum_{i=1}^{n} x_i p_i = x_1 P(X = x_1) + x_2 P(X = x_2) + \ldots + x_n P(X = x_n).$$

$$(8.14)$$

Für eine stetige Zufallsvariable X mit der Dichtefunktion $f(x)$ wird der Erwartungswert von X definiert als

$$E(X) = \int_{-\infty}^{+\infty} x f(x) dx. \qquad (8.15)$$

Anmerkung. Der Erwartungswert einer Zufallsvariablen wird häufig mit $\mu = E(X)$ abgekürzt. Er ist ein quantitativer Parameter der Verteilung von X. Umgangssprachlich heißt der Erwartungswert auch Mittelwert. Dieser Ausdruck darf jedoch nicht mit dem arithmetischen Mittel $\bar{x}$ verwechselt werden.

Beispiel 8.5.1. Wir wollen nun den Erwartungswert der stetigen Zufallsvariable aus Beispiel 8.4.2 bestimmen: Da die Dichte nur im Bereich [4; 5] Werte größer als Null annimmt, reicht es aus, das Integral in diesem Bereich zu berechnen. Mit a = 2 folgt:

$$E(X) = \int_4^5 x f(x) dx = \int_4^5 x \cdot (2x - 8) dx = \int_4^5 (2x^2 - 8x) dx$$

$$= \left[\frac{2x^3}{3} - 4x^2 \right]_4^5$$

$$= \frac{250}{3} - 100 - \frac{128}{3} + 64 = \frac{14}{3} .$$

Hätte obige Funktion etwa eine Wartezeit beschrieben, so wäre E(X) als die mittlere Wartezeit zu interpretieren.

8.5.2 Rechenregeln für den Erwartungswert

Sind a und b beliebige Konstanten und ist X eine beliebige Zufallsvariable, so gilt:

$$E(a) = a , \tag{8.16}$$

$$E(bX) = b \, E(X) , \tag{8.17}$$

$$E(a + bX) = a + b \, E(X) . \tag{8.18}$$

Additivität des Erwartungswerts

Sind X und Y zwei beliebige (nicht notwendig voneinander unabhängige) Zufallsvariablen, so gilt stets

$$E(X + Y) = E(X) + E(Y) . \tag{8.19}$$

8.5.3 Varianz

Wir benötigen zur Charakterisierung einer Verteilung neben dem Erwartungswert noch eine Maßzahl, die etwas über die Konzentration der Verteilung aussagt. Eine solche Maßzahl ist die Varianz. Sie misst die Konzentration der Verteilung um den Erwartungswert.

Definition 8.5.2. *Die Varianz einer Zufallsvariablen X ist definiert als*

$$\text{Var}(X) = E[X - E(X)]^2 . \tag{8.20}$$

Anmerkung. Die Varianz heißt auch mittlere quadratische Abweichung der Variablen X von $E(X)$ oder Dispersion oder zentrales Moment 2. Ordnung. Sie wird häufig mit σ^2 abgekürzt.

Bei einer diskreten Zufallsvariablen erhalten wir unter Verwendung von (8.14)

$$\text{Var}(X) = \sum_{i=1}^n (x_i - E(X))^2 p_i , \tag{8.21}$$

für eine stetige Zufallsvariable gilt unter Verwendung von (8.15)

$$\text{Var}(X) = \int_{-\infty}^{+\infty} (x - \text{E}(X))^2 f(x) dx \,. \tag{8.22}$$

Definition 8.5.3. *Die (positive) Wurzel der Varianz heißt* **Standardabweichung.**

Beispiel 8.5.2. Wir wollen nun auch die Varianz der stetigen Zufallsvariablen aus Beispiel 8.4.2 bestimmen. Gemäß (8.22) müssen wir hierzu das Integral über $(x - \text{E}(X))^2 f(x)$ berechnen. Analog zur Berechnung des Erwartungswertes müssen wir das Integral nur im Bereich $[4; 5]$ berechnen:

$$\begin{aligned}
\text{Var}(X) &= \int_4^5 (x - \frac{14}{3})^2 f(x) dx = \int_4^5 (x - \frac{14}{3})^2 (2x - 8) dx \\
&= \int_4^5 (2x^3 - 26\frac{2}{3}x^2 + 118\frac{2}{9}x - 174\frac{2}{9}) dx \\
&= \left[\frac{2}{4}x^4 - \frac{78}{9}x^3 + \frac{1064}{18}x^2 - 174\frac{2}{9}x \right]_4^5 \\
&\approx 13.62 \,.
\end{aligned}$$

8.5.4 Rechenregeln für die Varianz

Sind a und b beliebige Konstanten, so gilt

$$\text{Var}(a) = 0 \,, \tag{8.23}$$
$$\text{Var}(bX) = b^2 \text{Var}(X) \,, \tag{8.24}$$
$$\text{Var}(a + bX) = b^2 \text{Var}(X) \,. \tag{8.25}$$

Theorem 8.5.1 (Verschiebungssatz der Varianz). *Es gilt*

$$\text{Var}(X) = E(X^2) - [E(X)]^2 \,. \tag{8.26}$$

Theorem 8.5.2 (Additivität der Varianz bei Unabhängigkeit). *Sind X und Y unabhängige Zufallsvariablen, so gilt*

$$\text{Var}(X + Y) = \text{Var}(X) + \text{Var}(Y) \,. \tag{8.27}$$

Diese Additivität der Variabilität spielt z.B. in der Industrie, speziell im Qualitätsmanagment eine große Rolle: Die Varianz des Endprodukts wird über die Varianz der Zwischenprodukte gesteuert.

8.5.5 Standardisierte Zufallsvariablen

Für statistische Vergleiche von zwei Zufallsvariablen X_1 und X_2 oder für die Ableitung von Teststatistiken ist es zweckmäßig, eine lineare Transformation der Variablen so durchzuführen, dass die transformierte Variable den Erwartungswert 0 und die Varianz 1 besitzt. Eine solche Transformation heißt Standardisierung.

Definition 8.5.4. *Eine Zufallsvariable Y heißt* **standardisiert**, *falls* $E(Y) = 0$ *und* $\mathrm{Var}(Y) = 1$ *gilt.*

Unter Verwendung der obigen Regeln können wir eine beliebige Zufallvariable X mit $E(X) = \mu$ und $\mathrm{Var}(X) = \sigma^2$ wie folgt standardisieren:

$$Y = \frac{X - \mu}{\sigma} = \frac{X - E(X)}{\sqrt{\mathrm{Var}(X)}}. \tag{8.28}$$

8.5.6 Erwartungswert und Varianz des arithmetischen Mittels

Definition 8.5.5. *Wir bezeichnen Zufallsvariablen $X_1, \ldots, X_n$ als i.i.d. (independently identically distributed), falls alle X_i dieselbe Verteilung besitzen und voneinander unabhängig sind.*

Seien $X_1, \ldots, X_n$ i.i.d. Zufallsvariablen mit $E(X_i) = \mu$ und $\mathrm{Var}(X_i) = \sigma^2$ für $i = 1, \ldots, n$. Wir bilden daraus die Zufallsvariable

$$\bar{X} = \frac{1}{n} \sum_{i=1}^{n} X_i.$$

Dann berechnen wir mit (8.19) für die Zufallsvariable „arithmetisches Mittel"

$$E(\bar{X}) = \frac{1}{n} \sum_{i=1}^{n} E(X_i) = \mu. \tag{8.29}$$

Mit (8.25) und wegen der Unabhängigkeit der X_i gilt nach (8.27)

$$\mathrm{Var}(\bar{X}) = \frac{1}{n^2} \sum_{i=1}^{n} \mathrm{Var}(X_i) = \frac{\sigma^2}{n}. \tag{8.30}$$

Es gilt folgende Regel: Das arithmetische Mittel hat den gleichen Erwartungswert wie jedes X_i selbst, jedoch eine kleinere Varianz $\frac{\sigma^2}{n}$. Dies bedeutet, dass mit steigendem Stichprobenumfang n die Unsicherheit über den Parameter μ abnimmt.

8.5.7 Ungleichung von Tschebyschev

Für eine beliebige Zufallsvariable X kann man ohne Kenntnis der Verteilung die Wahrscheinlichkeit abschätzen, mit der X außerhalb eines bestimmten, um den Erwartungswert μ symmetrischen Intervalls liegt.

Theorem 8.5.3 (Ungleichung von Tschebyschev). *Sei X eine beliebige Zufallsvariable mit* $E(X) = \mu$ *und* $\mathrm{Var}(X) = \sigma^2$. *Dann gilt*

$$P(|X - \mu| \geq c) \leq \frac{\mathrm{Var}(X)}{c^2} \,. \tag{8.31}$$

Unter Verwendung der Regel $P(\bar{A}) = 1 - P(A)$, d. h. mit

$$P(|X - \mu| \geq c) = 1 - P(|X - \mu| < c) \,,$$

erhalten wir die **alternative Darstellung der Tschebyschev-Ungleichung**

$$P(|X - \mu| < c) \geq 1 - \frac{\mathrm{Var}(X)}{c^2} \,. \tag{8.32}$$

Beispiel 8.5.3. Die Körpergröße von Frauen in einem europäischen Land sei eine Zufallsvariable X mit $E(X) = \mu = 172$ cm und einer Varianz $\sigma^2 = 6^2$. Damit ist die Wahrscheinlichkeit, dass eine zufällig ausgewählte Frau zwischen 160 cm und 184 cm groß ist nach (8.32):

$$P(|X - 172| < 12) \geq 1 - \frac{6^2}{12^2} = 0.75 \,.$$

8.6 Zweidimensionale Zufallsvariablen

Wir erweitern unsere bisherigen Betrachtungen dahingehend, dass wir nicht nur **eine** Zufallsvariable, sondern **zwei** Zufallsvariablen X und Y gleichzeitig untersuchen. Die Verteilung des Vektors (X, Y) heißt zweidimensional.

Beispiele.

• Werbezeit X und Umsatzsteigerung Y eines Unternehmens,
• Dauer der Betriebszugehörigkeit X und Höhe der Gratifikation Y eines Mitarbeiters.
• Gewicht X und Körpergröße Y eines Schülers,
• Geschwindigkeit X und Bremsweg Y eines Fahrrads.

Die Zufallsvariablen X und Y können jeweils in allen Skalarten vorliegen. Wir beschränken uns hier auf die Fälle X und Y diskret oder X und Y stetig.

8.6.1 Zweidimensionale diskrete Zufallsvariablen

Wir setzen voraus, dass X die möglichen Ausprägungen $x_1, \ldots, x_I$ und analog Y die Ausprägungen $y_1, \ldots, y_J$ habe. Die gemeinsame Wahrscheinlichkeitsfunktion sei

$$P(X = x_i, Y = y_j) = p_{ij} \quad (i = 1, \ldots, I, \, j = 1, \ldots, J)$$

mit $\sum_{i=1}^{I} \sum_{j=1}^{J} p_{ij} = 1$. Die **Randverteilungen** von X und Y erhält man durch Summation über alle Ausprägungen der jeweils anderen Variablen.

Randverteilung von X

Mit der Notation p_{i+} für $\sum_{j=1}^{J} p_{ij}$ erhalten wir

$$P(X = x_i) = \sum_{j=1}^{J} p_{ij} = p_{i+} \quad i = 1, \ldots, I.$$

Es gilt $\sum_{i=1}^{I} p_{i+} = 1$.

Randverteilung von Y

Analog erhalten wir

$$P(Y = y_j) = \sum_{i=1}^{I} p_{ij} = p_{+j} \quad j = 1, \ldots, J.$$

Hier gilt $\sum_{j=1}^{J} p_{+j} = 1$.

Bedingte Verteilung von X gegeben Y = y$_j$

Mit der Definition der gemeinsamen Verteilung und der Randverteilung ergibt sich für die bedingte Verteilung von X gegeben $Y = y_j$

$$P(X = x_i | Y = y_j) = p_{i|j} = \frac{p_{ij}}{p_{+j}} \quad i = 1, \ldots, I.$$

Bedingte Verteilung von Y gegeben X = x$_i$

Analog zur bedingten Verteilung von X gegeben $Y = y_j$ erhalten wir

$$P(Y = y_j | X = x_i) = p_{j|i} = \frac{p_{ij}}{p_{i+}} \quad j = 1, \ldots, J.$$

Die bedingten Verteilungen spielen insbesondere bei der Definition der Unabhängigkeit eine wichtige Rolle. Die gemeinsame Verteilung und die

Randverteilungen lassen sich in einer Kontingenztafel für Wahrscheinlichkeiten zusammenfassen. Die gemeinsame Verteilung steht als Matrix mit Elementen p_{ij} im Inneren der Kontingenztafel, die Randverteilung von X bildet den rechten Rand, die Randverteilung von Y den unteren Rand.

		Y				
		1	2	$\ldots$	J	$\sum$
	1	p_{11}	p_{12}	$\ldots$	p_{1J}	p_{1+}
	2	p_{21}	p_{22}	$\ldots$	p_{2J}	p_{2+}
X	$\vdots$	$\vdots$	$\vdots$			$\vdots$
	I	p_{I1}	p_{I2}	$\ldots$	p_{IJ}	p_{I+}
	$\sum$	p_{+1}	p_{+2}	$\ldots$	p_{+J}	1

Beispiel 8.6.1. An n = 1000 Personen werden gleichzeitig die Variablen X: "Bildung" (1: "höchstens mittlere Reife", 2: "Abitur", 3: "Hochschulabschluß") und Y: "Gesundheitsverhalten" (1: "Nichtraucher", 2: "gelegentlicher Raucher", 3: "starker Raucher") beobachtet. Wir erhalten folgende Kontingenztafel der absoluten Häufigkeiten n_{ij} (links) und daraus die Kontingenztafel der Wahrscheinlichkeiten p_{ij} (rechts):

		Y						Y			
		1	2	3	$\sum$			1	2	3	$\sum$
	1	100	200	300	600		1	0.10	0.20	0.30	0.60
X	2	100	100	100	300	X	2	0.10	0.10	0.10	0.30
	3	80	10	10	100		3	0.08	0.01	0.01	0.10
	$\sum$	280	310	410	1000		$\sum$	0.28	0.31	0.41	1

So ist beispielsweise in der gemeinsamen Verteilung $p_{23} = \mathrm{P}($"Abitur und starker Raucher"$) = 0.10$. In der bedingten Verteilung von X gegeben Y = 3 ist z.B. $P(X = 2|Y = 3) = p_{2|3} = \frac{0.10}{0.41} = 0.24$. Das heißt, die Wahrscheinlichkeit für Abitur unter der Bedingung, dass man starker Raucher ist, liegt bei 0.24.

8.6.2 Zweidimensionale stetige Zufallsvariablen

Analog zur Definition der zweidimensionalen diskreten Zufallsvariablen geben wir folgende Definition.

Definition 8.6.1. *Eine zweidimensionale zufällige Variable (oder ein Zufallsvektor) (X, Y) heißt stetig, falls es eine nichtnegative reelle Funktion $f_{XY}(x, y)$ gibt, so dass*

$$P(X \leq x, Y \leq y) = \int_{-\infty}^{y} \int_{-\infty}^{x} f_{XY}(x, y)\, dx dy \qquad (8.33)$$

erfüllt ist.

Die Funktion F_{XY} heißt gemeinsame Verteilungsfunktion, $f_{XY}(x,y)$ heißt die gemeinsame Dichte von (X,Y). Mit der gemeinsamen Dichte f_{XY} lässt sich – analog zur Bestimmung der Wahrscheinlichkeitsmasse von Intervallen $[a,b]$ bei eindimensionalen Zufallsvariablen – die Wahrscheinlichkeitsmasse für beliebige Rechtecke mit den Eckpunkten (x_1,y_1), (x_1,y_2), (x_2,y_1), (x_2,y_2) (vgl. Abbildung 8.3) bestimmen:

$$P(x_1 \le X \le x_2, y_1 \le Y \le y_2) = \int_{y_1}^{y_2} \int_{x_1}^{x_2} f_{XY}(x,y)\,dxdy\,.$$

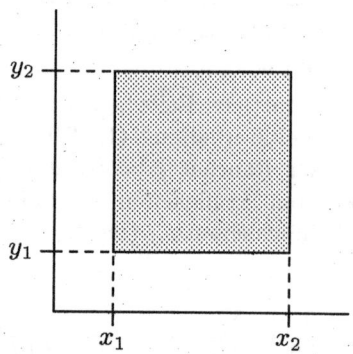

Abb. 8.3. Menge aller Punkte (X,Y) mit $(x_1 \le X \le x_2, y_1 \le Y \le y_2)$

Analog zum diskreten Fall definiert man die beiden **Randdichten**

$$f_X(x) = \int_{-\infty}^{\infty} f_{XY}(x,y)dy\,,$$
$$f_Y(y) = \int_{-\infty}^{\infty} f_{XY}(x,y)dx\,,$$

die dann die **Randverteilungsfunktionen** bestimmen:

$$F_X(x) = \int_{-\infty}^{x} f_X(t)dt\,,$$
$$F_Y(y) = \int_{-\infty}^{y} f_Y(t)dt\,.$$

Damit ist Definition 8.4.2 äquivalent mit: Zwei stetige Zufallsvariablen X und Y heißen unabhängig genau dann, wenn

$$f_{XY}(x,y) = f_X(x)f_Y(y)\,. \tag{8.34}$$

Beispiel 8.6.2. Wir betrachten die Funktion

$$f(x) = \begin{cases} x+y & \text{für } 0 \le x \le 1, \quad 0 \le y \le 1 \\ 0 & sonst. \end{cases}$$

Um die Randdichten zu bestimmen gehen wir wie folgt vor:

$$f_X(x) = \int_{-\infty}^{\infty} f_{XY}(x,y)dy = \int_0^1 (x+y)\,dy = \left[xy + \frac{1}{2}y^2\right]_0^1 = x + \frac{1}{2},$$

$$f_Y(x) = \int_{-\infty}^{\infty} f_{XY}(x,y)dx = \int_0^1 (x+y)\,dx = \left[\frac{1}{2}x^2 + xy\right]_0^1 = y + \frac{1}{2}.$$

Da $f_X \cdot f_Y = (x + \frac{1}{2})(y + \frac{1}{2}) \ne f_{XY}$ folgt, dass X und Y *nicht* unabhängig sind.

8.6.3 Momente von zweidimensionalen Zufallsvariablen

Die zweidimensionale Zufallsvariable (X,Y) mit der gemeinsamen Dichte $f_{XY}(x,y)$ im stetigen Fall bzw. mit der gemeinsamen Wahrscheinlichkeitsfunktion p_{ij}, $i = 1,\ldots,I$, $j = 1,\ldots,J$ im diskreten Fall hat die jeweiligen Erwartungswerte und Varianzen der Randverteilungen von X bzw. Y:

$$\begin{aligned} E(X) &= \mu_X, \quad \text{Var}(X) = \sigma_X^2, \\ E(Y) &= \mu_Y, \quad \text{Var}(Y) = \sigma_Y^2. \end{aligned}$$

Als Parameter der zweidimensionalen Verteilung definieren wir die Kovarianz von X und Y, die als Basis für ein Maß (Korrelationskoeffizient) für den linearen Zusammenhang von X und Y dient (vgl. (8.37)).

Definition 8.6.2. *Die **Kovarianz** von X und Y ist definiert als*

$$\text{Cov}(X,Y) = E[(X - E(X))(Y - E(Y))].$$

Es gilt:

$$\text{Cov}(X,Y) = \text{Cov}(Y,X) \tag{8.35}$$

$$\text{Cov}(X,Y) = E(XY) - E(X)E(Y). \tag{8.36}$$

Dabei ist im stetigen Fall:

$$E(XY) = \int_{-\infty}^{\infty}\int_{-\infty}^{\infty} xy f(x,y)dxdy$$

bzw. im diskreten Fall:

$$E(XY) = \sum_{i=1}^{I}\sum_{j=1}^{J} x_i y_j p_{ij}.$$

Für unabhängige X und Y gilt:

$$E(XY) = E(X)\,E(Y) = \mu_X\mu_Y$$

und damit:

$$\mathrm{Cov}(X,Y) = 0\,.$$

Für lineare Transformationen gilt:

$$\mathrm{Cov}(aX + b, cY + d) = ac\,\mathrm{Cov}(X,Y)\,.$$

Beispiel 8.6.3. Betrachten wir die Kovarianz von 2 gleichzeitig geworfenen Würfeln X und Y. Es ist zu zeigen, dass $\mathrm{Cov}(X,Y) = 0$ gilt, da Würfel bekanntermaßen unabhängig sind.

Man kann zeigen, dass der Erwartungswert eines Würfels $E(X) = E(Y) = 6.5$ ist. Also muss noch $E(XY)$ bestimmt werden und dazu wird die gemeinsame Verteilung benötigt.

Es gibt $6^2 = 36$ Kombinationen für den Wurf von 2 Würfeln. Jede Kombination hat die gleiche Wahrscheinlichkeit, z.B. $P(X = 1, Y = 5) = P(X = 5, Y = 1) = \frac{1}{36}$. Bei unabhängigen Zufallsvariablen kann man alternativ die gemeinsame Wahrscheinlichkeitsfunktion auch über das Produkt der Randverteilungen bestimmen, $P(X = i, Y = j) = \frac{1}{6}\cdot\frac{1}{6} = \frac{1}{36}$ für alle $i, j = 1, \ldots, 6$. Somit ist der gemeinsame Erwartungswert

$$
\begin{aligned}
E(XY) &= 1\cdot 1\cdot\frac{1}{36} + 1\cdot 2\cdot\frac{1}{36} + 1\cdot 3\cdot\frac{1}{36} + \ldots + 6\cdot 6\cdot\frac{1}{36}\\
&= 1\cdot\frac{1}{6}\cdot 1\cdot\frac{1}{6} + 1\cdot\frac{1}{6}\cdot 2\cdot\frac{1}{6} + \ldots 6\cdot\frac{1}{6}\cdot 6\cdot\frac{1}{6}\\
&= (1\cdot\frac{1}{6} + 2\cdot\frac{1}{6} + \ldots 6\cdot\frac{1}{6})(1\cdot\frac{1}{6} + 2\cdot\frac{1}{6} + \ldots 6\cdot\frac{1}{6})\\
&= E(X)E(Y)\,.
\end{aligned}
$$

Die Kovarianz ist dann

$$\mathrm{Cov}(X,Y) = E(XY) - E(X)E(Y) = E(X)E(Y) - E(X)E(Y) = 0\,.$$

Dieses Beispiel zeigt, dass $E(XY) = E(X)E(Y)$ für unabhängige Zufallsvariablen gilt.

Theorem 8.6.1 (Additionssatz für die Varianz). *Für beliebige Zufallsvariablen X und Y gilt*

$$\mathrm{Var}(X \pm Y) = \mathrm{Var}(X) + \mathrm{Var}(Y) \pm 2\,\mathrm{Cov}(X,Y)\,.$$

8.6.4 Korrelationskoeffizient

Auf der Basis der Kovarianz definieren wir als normiertes Maß für die (lineare) Abhängigkeit zwischen zwei Zufallsvariablen X und Y den Korrelationskoeffizienten.

Definition 8.6.3. *Der **Korrelationskoeffizient** von X und Y ist definiert durch*

$$\rho(X,Y) = \frac{\mathrm{Cov}(X,Y)}{\sqrt{\mathrm{Var}(X)\,\mathrm{Var}(Y)}} . \tag{8.37}$$

Es gilt stets $-1 \leq \rho(X,Y) \leq 1$. Ist $\rho(X,Y) = 0$, so heißen X und Y unkorreliert. Im Fall einer exakten linearen Abhängigkeit zwischen X und Y, d.h. im Fall von $Y = aX + b$ mit $a \neq 0$, folgt

$$\begin{aligned}
\mathrm{Cov}(X,Y) &= \mathrm{E}[(X - \mu_X)(Y - \mu_Y)] \\
&= a\,\mathrm{E}[(X - \mu_X)(X - \mu_X)]\,, \\
&= a\,\mathrm{Var}(X)\,, \\
\mathrm{Var}(Y) &= a^2\,\mathrm{Var}(X) \qquad [\text{vgl. (8.23)}]
\end{aligned}$$

und damit im Fall $a > 0$

$$\rho(X,Y) = \frac{a\,\mathrm{Var}(X)}{\sqrt{a^2\,\mathrm{Var}(X)\,\mathrm{Var}(X)}} = \frac{a}{|a|} = 1 \,.$$

Im Fall einer exakten linearen Abhängigkeit $Y = aX + b$ mit $a < 0$ folgt analog $\rho(X,Y) = -1$.

Theorem 8.6.2. *Sind X und Y unabhängig, so sind sie auch unkorreliert.*

Anmerkung. Die Umkehrung gilt im allgemeinen nicht. Falls X und Y unkorreliert sind, so kann dennoch zwischen ihnen eine Abhängigkeit bestehen, die nicht linear ist.

8.7 Aufgaben

Wiederholungsaufgabe. Wir betrachten erneut das Beispiel der beiden Spieler Jupp und Horst aus Kapitel 3.5. Anhand dieser längeren Wiederholungsaufgabe haben Sie die Möglichkeit Ihr Wissen über die letzten drei Kapitel zu testen.

Aufgabe 8.1: Jupp und Horst haben ausgiebig ihre Würfeldaten analysiert. Nun stellt sich die Frage wie die theoretische Verteilung des Würfelexperiments aussieht. Dazu definieren Sie die Zufallsvariable X als Summe zweier fairer Würfel.

a) Führen Sie alle Ereignisse an, die zu den Werten "3", "5" und "8" von X führen.
b) Wieviele mögliche Ergebnisse gibt es für das Würfeln zweier Würfel?
c) Berechnen Sie die Wahrscheinlichkeits- und Verteilungsfunktion und stellen Sie sie grafisch dar. Was fällt auf? Entspricht das Ergebnis den empirischen Vorkenntnissen?
d) Berechnen Sie den Erwartungswert und die Varianz von X.
e) Bestimmen Sie die Wahrscheinlichkeit, dass X zwischen "6" und "8" liegt und die Wahrscheinlichkeit, dass X echt kleiner als "6" ist ($X < 6$).

Lösung:

a) Eine "3" als Summe kann nur durch die Würfelergebnisse $(1,2)$ und $(2,1)$ erzielt werden, es gibt also zwei Möglichkeiten. Die "5" kann durch vier verschiedene Würfelergebnisse erzeugt werden, $(1,4),(4,1),(2,3),(3,2)$. Für die "8" gibt es fünf Möglichkeiten, $(2,6),(6,2),(3,5),(5,3),(4,4)$.

b) Beim Würfeln mit zwei fairen Würfeln handelt es sich um eine Kombination mit Wiederholung und mit Berücksichtigung der Reihenfolge, da man zwischen dem Ergebnis des ersten Würfels und des zweiten Würfels unterscheiden muss.

Es gibt also $n^m = 6^2 = 36$ Möglichkeiten.

c) Nachdem wir alle möglichen Ergebnisse kennen, müssen wir noch die günstigen Fälle für die einzelnen Summen identifizieren. Im ersten Aufgabenteil wurde dazu schon entscheidene Vorarbeit geleistet. Wir berechnen die Werte für die Wahrscheinlichkeits- und Dichtefunktion in folgender Tabelle:

Ausprägungen von X	Günstige Fälle	Wahrscheinlichkeiten $P(X = x)$	Verteilungsfunktion $F(x)$
2	1	1/36	1/36
3	2	1/18	1/12
4	3	1/12	1/6
5	4	1/9	5/18
6	5	5/36	5/12
7	6	1/6	7/12
8	5	5/36	13/18
9	4	1/9	5/6
10	3	1/12	11/12
11	2	1/18	35/36
12	1	1/36	1
Gesamt	36	1	

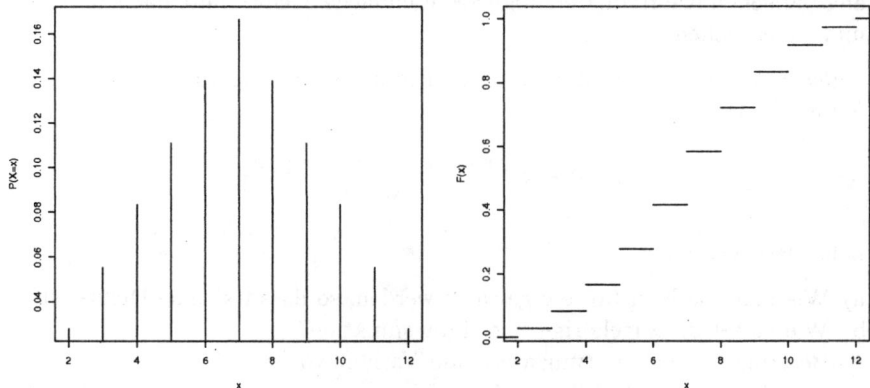

Abb. 8.4. Die Wahrscheinlichkeits- und Verteilungsfunktion von X

Die Verteilung von X ist symmetrisch. Der wahrscheinlichste Wert ist die "7", gefolgt von "6" und "8". Diese Verteilung kann man als diskrete Dreiecksverteilung bezeichnen.

Die Ergebnisse entsprechen den durch die Empirie vorgegebenen Erwartungen. Die Würfelsumme ist symmetrisch und die Lage konzentriert sich um die "7".

d) Der Ewartungswert ergibt sich folgendermassen:
$E(X) = 1 \cdot \frac{1}{36} + 2 \cdot \frac{1}{18} + \ldots + 12 \cdot \frac{1}{36} = 7$.
Alternativ hätte man auch damit argumentieren können, dass der Erwartungswert bei einer eingipfeligen symmetrischen Verteilung immer der wahrscheinlichste Wert ist und somit nur die "7" in Frage kommt.

Die Varianz erhalten wir mit
$Var(X) = E(X^2) - E(X)^2$, wobei
$E(X^2) = 1^2 \cdot \frac{1}{36} + 2^2 \cdot \frac{1}{18} + \ldots + 12^2 \cdot \frac{1}{36} = 54.8333$ ist.
Somit erhalten wir $54.8333 - 7^2 = 5.833$ als Varianz von X.

e) Die Wahrscheinlichkeit, dass X zwischen "6" und "8" liegt, ist
$P(6 \leq X \leq 8) = F(8) - F(5) = \frac{13}{18} - \frac{5}{18} = \frac{4}{9}$.
Damit liegen 44.44% der Summen zwischen "6" und "8".
Kleinere Werte als "6" erhält man mit
$P(X < 6) = F(5) = \frac{5}{18}$.
Also sind 27.78% der Summen kleiner als "6".

Rechenaufgaben. Die folgenden Aufgaben bieten, wie bereits in den vorangegangenen Kapiteln, die Möglichkeit einfache Sachverhalte nachzurechnen und zu verstehen.

Aufgabe 8.2: Der Qualitätsindex eines Produktes kann als eine Zufallsvariable X mit der Dichte

$$F(x) = \begin{cases} cx - 2x & \text{für } 0 \leq x \leq 2 \\ 0 & sonst \end{cases}$$

aufgefasst werden.

a) Wie muß die Konstante c gewählt werden, so dass f(x) eine Dichte ist?
b) Wie lautet die zugehörige Verteilungsfunktion?
c) Berechnen Sie Erwartungswert und Varianz von X!
d) Berechnen Sie mit Hilfe der Ungleichung von Tschebyschev wie groß die Wahrscheinlichkeit mindestens ist , dass X um höchstens 0.5 vom Erwartungswert abweicht?
e) Die Herstellungskosten des Produkts betragen pro Einheit 300 Euro. Der Verkaufspreis liegt bei 365 Euro bei x $\leq \frac{4}{3}$ und bei 500 Euro für x $> \frac{4}{3}$. Wie hoch ist der zu erwartende Gewinn pro Einheit?

Lösung:

a) Es muß gelten:
   (i) $\int_0^2 f(x)dx = 1$
   (ii) $f(x) \geq 0$

   Zu (i):

$$\int_0^2 f(x)dx = \int_0^2 c \cdot x(2-x)dx = c \int_0^2 x(2-x)dx$$

$$= c \int_0^2 (2x - x^2)dx = c \left[x^2 - \frac{1}{3}x^3 \right]_0^2$$

$$= c \left[4 - \frac{8}{3} - 0 \right] = c \cdot \frac{4}{3} = 1$$

$$\implies c = \frac{3}{4}$$

   Zu (ii):

$$f(x) = \frac{3}{4}x(2-x) \geq 0 \quad \forall \ x \in [0,2]$$

b) Wir erhalten für die Verteilungsfunktion:

$$F(x) = P(X \leq x) = \int_0^x f(t)dt =$$

$$= \int_0^x \frac{3}{4}t(2-t)dt$$

$$= \frac{3}{4}\int_0^x (2t - t^2)dt = \frac{3}{4}\left[t^2 - \frac{1}{3}t^3\right]_0^x$$

$$= \frac{3}{4}\left[x^2 - \frac{1}{3}x^3 - 0\right]$$

$$= \frac{3}{4}x^2\left(1 - \frac{1}{3}x\right)$$

Daraus folgt:

$$F(x) = \begin{cases} 0 & \text{für } x < 0 \\ \frac{3}{4}x^2(1 - \frac{1}{3}x) & \text{für } 0 \leq x \leq 2 \\ 1 & \text{für } 2 < x \end{cases}$$

c)

$$E(X) = \int_0^2 x f(x)dx$$

$$= \frac{3}{4}\int_0^2 (2x^2 - x^3)dx$$

$$= \frac{3}{4}\left[\frac{2}{3}x^3 - \frac{1}{4}x^4\right]_0^2 = \frac{3}{4}\left[\frac{2}{3}\cdot 8 - \frac{1}{4}\cdot 16 - 0\right]$$

$$= \frac{3}{4}\left[\frac{16}{3} - \frac{12}{3}\right] = \frac{3}{4}\cdot\frac{4}{3} = 1$$

Es gilt:

$$Var(X) = E(X^2) - (E(X))^2$$

$$E(X^2) = \int_0^2 x^2 f(x)dx$$

$$= \frac{3}{4} \int_0^2 (2x^3 - x^4)dx$$

$$= \frac{3}{4} \left[\frac{2}{4}x^4 - \frac{1}{5}x^5 \right]_0^2 = \frac{3}{4} \left[\frac{2}{4} \cdot 16 - \frac{1}{5} \cdot 32 - 0 \right]$$

$$= 6 - \frac{3 \cdot 32}{4 \cdot 5} = 6 - \frac{3 \cdot 8}{5} = \frac{6}{5}$$

Damit ist

$$Var(X) = \frac{6}{5} - 1^2 = \frac{1}{5}$$

d) Ungleichung von Tschebyschev

$$P(|X - \mu| \leq 0.5) \geq 1 - \frac{\sigma^2}{c^2} = 1 - \frac{(\frac{1}{5})}{(0.5)^2} = 1 - 0.8 = 0.20$$

e) Sei $Y =$ Gewinn. Y ist diskret verteilt mit

$$Y = \begin{cases} 365 - 300 = 65 \text{ falls } x \leq \frac{4}{3} \\ 500 - 300 = 200 \text{ falls } x > \frac{4}{3} \end{cases}$$

Aufgabe 8.3: Ein Weinhändler beobachtet die Füllmenge eines grossen Wein-fasses. Der Anteil X der Tankfüllung, der bis zum Ende des Monats verkauft sein wird, ist eine Zufallsvariable mit folgender Verteilungsfunktion:

$$F(x) = \begin{cases} 0 & \text{für } x < 0 \\ 3x^2 - 2x^3 & \text{für } 0 \leq x \leq 1 \\ 1 & \text{für } x > 1 \end{cases}$$

a) Bestimmen Sie die Dichtefunktion f(x)!
b) Mit welcher Wahrscheinlichkeit werden zwischen $\frac{1}{3}$ und $\frac{2}{3}$ der Tankfüllung verkauft?
c) Berechnen Sie die Varianz von X!

Lösung:

a)

$$\frac{d}{dx}F(x) = f(x) = \begin{cases} 6(x - x^2) \text{ für } 0 \leq x \leq 1 \\ 0 \qquad\qquad \text{sonst} \end{cases}$$

b)

$$P(\frac{1}{3} \le X \le \frac{2}{3}) = \int_{\frac{1}{3}}^{\frac{2}{3}} f(x)dx$$

$$= F\left(\frac{2}{3}\right) - F\left(\frac{1}{3}\right)$$

$$= \left[3\left(\frac{2}{3}\right)^2 - 2\left(\frac{2}{3}\right)^3\right] - \left[3\left(\frac{1}{3}\right)^2 - 2\left(\frac{1}{3}\right)^3\right] = 0.48149$$

c)

$$E(x) = \int_0^1 x6(x - x^2)dx = 6 \cdot \int_0^1 (x^2 - x^3)dx$$

$$= 6\left[\frac{1}{3}x^3 - \frac{1}{4}x^4\right]_0^1$$

$$= 6 \cdot \left(\frac{1}{3} - \frac{1}{4}\right) = 0.5$$

$$E(x^2) = \int_0^1 x^2 6(x - x^2)dx = 6 \cdot \int_0^1 (x^3 - x^4)dx$$

$$= 6\left[\frac{1}{4}x^4 - \frac{1}{5}x^5\right]_0^1$$

$$= 6 \cdot \left(\frac{1}{4} - \frac{1}{5}\right) = 0.3$$

$$Var(x) = E(x^2) - [E(x)]^2 = 0.3 - 0.5^2 = 0.05$$

Aufgabe 8.4: Gegeben seien eine beliebige Zufallsvariable X und zwei Zahlen $a, b \in R$.

a) Zeigen Sie die Beziehung $E(a + bX) = a + bE(X)$.
b) Zeigen Sie, dass $Var(bX) = b^2 Var(X)$ ist.

Lösung:

a) Um $E(a+bX) = a+bE(X)$ für beliebige Zufallsvariablen zu zeigen müssen wir zwischen dem stetigen und diskreten Fall unterscheiden.

- X diskret:
  Nach der Definition des Erwartungswertes für diskrete Zufallsvariablen ist $E(a + bX) = \sum_i (a + bx_i)p_i$.

Durch Ausmultiplizieren der Klammer erhalten wir $\sum_i(ap_i + bx_ip_i)$.
Jetzt können wir die Summe in den Ausdruck herein ziehen und die
Konstanten vor die Summen ziehen, $a\sum_i p_i + b\sum_i x_ip_i$.
Bekanntlich ist $\sum_i p_i = 1$ und $\sum_i x_ip_i = E(X)$, damit erhalten wir
$E(a + bX) = a + bE(X)$. q.e.d.

- X stetig:
  Der Beweis läuft völlig analog zu dem obigen ab, da das Integral einer
  Summe der Summe der Integrale entspricht und man Konstanten vor
  ein Integral ziehen kann.
  $E(a + bX) = \int_{-\infty}^{\infty}(a + bx)f(x)dx = \int_{-\infty}^{\infty}(af(x)dx + bxf(x)dx) = a\int_{-\infty}^{\infty} f(x)dx + b\int_{-\infty}^{\infty} xf(x)dx = a + bE(X)$. q.e.d.

b) Für diesen Beweis nutzen wir die Beziehung $Var(X) = E(X^2) - E(X)^2$.
   Damit ist $Var(bX) = E((bX)^2) - E(bX)^2$.
   Wie wir oben gezeigt haben, lassen sich Konstanten vor den Erwartungswert ziehen, damit ist $E((bX)^2) = b^2E(X^2)$ und $E(bX)^2 = (bE(X))^2$. Es
   steht also vor jedem Summanden ein b^2, welches ausgeklammert werden
   kann:
   $Var(bX) = b^2(E(X^2) - E(X)^2) = b^2Var(X)$. q.e.d.

Aufgabe 8.5: Gegeben seien n i.i.d. Zufallsvariablen X_i mit $E(X_i) = \mu$ und
$Var(X_i) = \sigma^2$.

a) Zeigen Sie, dass für die standardisierte Zufallsvariable $Y = \frac{X-\mu}{\sigma}$ gilt, dass
   $E(Y) = 0$ und $Var(Y) = 1$ ist.
b) Bestimmen Sie den Erwartungswert und die Varianz der Stichprobenfunk-
   tion $\bar{X} = \frac{1}{n}\sum_{i=1}^{n} X_i$.

Lösung:

a) • Erwartungswert:

   Bestimmen wir zuerst den Erwartungswert von Y, dieser ist
   $E(Y) = E(\frac{X-\mu}{\sigma})$.
   Wenn wir die Konstante $\frac{1}{\sigma}$ vor den Erwartungswertoperator ziehen und
   anschließend die Summe auflösen erhalten wir
   $E(Y) = \frac{1}{\sigma}(E(X) - \mu)$.
   Da $E(X) = \mu$ ist, gilt $E(Y) = 0$.

- Varianz:

  Betrachten wir nun die Varianz
  $Var(Y) = Var(\frac{X-\mu}{\sigma})$.
  Wenn wir die Beziehung $Var(a + bX) = b^2Var(x)$ nutzen, erhalten wir

mit $a = \mu$ und $b = \frac{1}{\sigma}$
$Var(Y) = \frac{1}{\sigma^2} Var(X)$.
Mit $Var(X) = \sigma^2$ bekommen wir $Var(Y) = 1$.

b) • Erwartungswert:

Der Erwartungswert des Mittelwertes ist
$E(\bar{X}) = E(\frac{1}{n} \sum_{i=1}^{n} X_i)$.
Wiedereinmal nutzen wir die schon gut eingeübten Eigenschaften des Erwartungswertes aus, um den folgenden Ausdruck zu bekommen:
$E(\bar{X}) = \frac{1}{n} \sum_{i=1}^{n} E(X_i)$.
Alle X_i haben den gleichen Erwartungswert μ, dies führt zu $\sum_{i=1}^{n} \mu = n\mu$ und damit zu $E(\bar{X}) = \mu$.

• Varianz:

Die Varianz erhalten wir durch
$Var(\bar{X}) = Var(\frac{1}{n} \sum_{i=1}^{n} X_i)$.
Zunächst ziehen wir die Konstante vor:
$Var(\bar{X}) = \frac{1}{n^2} Var(\sum_{i=1}^{n} X_i)$.
Da alle X_i unabhängig sind (i.i.d) dürfen wir die Summe wie folgt auflösen:
$Var(\bar{X}) = \frac{1}{n^2} \sum_{i=1}^{n} Var(X_i)$.
Mit $Var(X_i) = \sigma^2$ für alle $i = 1, \ldots, n$ erhalten wir direkt
$Var(\bar{X}) = \frac{\sigma^2}{n}$.

Aufgabe 8.6: Für 2 diskrete Zufallsvariablen X und Y sei nur die gemeinsame Verteilung bekannt.

$X \backslash Y$	1	2	3
0	0	1/2	1/4
1	1/6	1/12	0

a) Bestimmen Sie die Randverteilungen von X und Y.
b) Sind X und Y unabhängig?
c) Bestimmen Sie die Kovarianz zwischen X und Y.

Lösung:

a) Die Randverteilungen erhalten wir über Addition der Wahrscheinlichkeiten in den einzelnen Zeilen bzw. Spalten. Wir erhalten die folgenden Wahrscheinlichkeitsfunktionen für X und Y:

X	$P(X = x_i)$
0	3/4
1	1/4

Y	$P(Y = y_i)$
1	1/6
2	7/12
3	1/4

b) Für unabhängige Zufallsvariablen gilt, dass das Produkt der Randverteilungen die gemeinsame Verteilung ist. Unter Unabhängigkeit müsste also $P(X = 0, Y = 1) = P(X = 0)P(X = 1) = \frac{3}{4} \cdot \frac{1}{6} = 0$ sein. Dies ist aber ein Widerspruch und damit sind X und Y nicht unabhängig.

c) Die Kovarianz von X und Y ist $Cov(X, Y) = E(XY) - E(X)E(Y)$.
Dabei ist $E(X) = 0 \cdot \frac{3}{4} + 1 \cdot \frac{1}{4} = \frac{1}{4}$ und $E(Y) = 1 \cdot \frac{1}{6} + 2 \cdot \frac{7}{12} + 3 \cdot \frac{1}{4} = \frac{25}{12}$.

Der gemeinsame Erwartungswert ist
$E(XY) = 0 \cdot 1 \cdot 0 + 1 \cdot 1 \cdot \frac{1}{6} + 0 \cdot 2 \cdot \frac{1}{2} + 1 \cdot 2 \cdot \frac{1}{12} + 0 \cdot 3 \cdot \frac{1}{4} + 1 \cdot 3 \cdot 0 = \frac{1}{6} + \frac{1}{6} = \frac{2}{6}$.

Als Kovarianz erhalten wir
$Cov(X, Y) = \frac{2}{6} - \frac{1}{4} \cdot \frac{25}{12} = -\frac{3}{16}$.

Es besteht also ein negativer Zusammenhang zwischen den beiden Zufallsvariablen.

9. Diskrete und stetige Standardverteilungen

9.1 Spezielle diskrete Verteilungen

9.1.1 Die diskrete Gleichverteilung

Die diskrete Gleichverteilung ist ebenso wie ihr stetiges Analogon eine der grundlegenden Verteilungen überhaupt. Die diskrete Gleichverteilung geht von der Annahme aus, dass alle Ausprägungen einer Zufallsvariablen gleichwahrscheinlich sind.

Definition 9.1.1. *Eine diskrete Zufallsvariable X mit den Ausprägungen $x_1, \ldots, x_k$ heißt **gleichverteilt**, wenn für ihre Wahrscheinlichkeitsfunktion*

$$P(X = x_i) = \frac{1}{k}, \quad \forall i = 1, \ldots, k \tag{9.1}$$

gilt.

Diese Definition erinnert sehr stark an die Laplacesche Wahrscheinlichkeitsdefinition (7.1), bei der alle Elementarereignisse als gleichwahrscheinlich angesehen werden.

Anmerkung. In einer Stichprobe werden alle Elemente als gleichberechtigt behandelt. Sie erhalten z.B. beim arithmetischen Mittel das Gewicht $\frac{1}{n}$. Die gleichberechtigte Behandlung basiert auf der i.i.d. Annahme, die jedoch nicht mit der Gleichverteilung verwechselt werden darf.

Definition 9.1.2. *Sei X eine Zufallsvariable und $X_1, \ldots, X_n$ eine Stichprobe. Falls alle X_i aus derselben Verteilung stammen und unabhängig sind, heißt die Stichprobe i.i.d. (identically independently distributed).*

Für die diskrete Gleichverteilung mit den speziellen Ausprägungen $x_i = i$ $(i = 1, \ldots, k)$ erhalten wir

$$\mathrm{E}(X) = \frac{k+1}{2}, \tag{9.2}$$

$$\mathrm{Var}(X) = \frac{1}{12}(k^2 - 1). \tag{9.3}$$

Beispiel 9.1.1 (Würfelwurf). Wirft man einen unverfälschten Würfel, so sind die Ergebnisse '1' bis '6' alle gleichwahrscheinlich, und damit ist die Zufallsvariable X „Augenzahl beim einmaligen Würfelwurf" gleichverteilt mit der Wahrscheinlichkeitsfunktion

$$P(X = i) = \frac{1}{6}, \quad \forall i = 1, \ldots, 6.$$

Für den Erwartungswert und die Varianz von X gilt dann

$$E(X) = \frac{6+1}{2} = 3.5,$$

$$\text{Var}(X) = \frac{1}{12}(6^2 - 1) = 35/12.$$

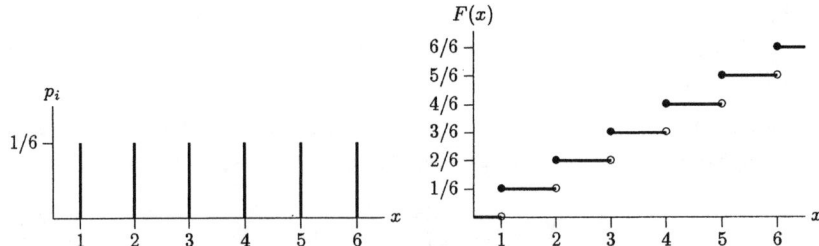

Abb. 9.1. Wahrscheinlichkeitsfunktion und Verteilungsfunktion einer diskreten Gleichverteilung (einfacher Würfelwurf)

9.1.2 Die Einpunktverteilung

Definition 9.1.3. *Eine Zufallsvariable X hat die **Einpunktverteilung** im Punkt a, wenn sie nur eine Ausprägung a mit $P(X = a) = 1$ besitzt, d.h. wenn*

$$F(x) = \begin{cases} 0 \\ 1 \end{cases} \text{ für } \begin{array}{l} x < a \\ x \geq a \end{array}$$

gilt.

Dann gilt $E(X) = a$ und $\text{Var}(X) = 0$.

Die Einpunktverteilung beschreibt eine Konstante. Der Zufall beginnt also erst mit zwei möglichen Versuchsergebnissen, d.h. mit der Null-Eins-Verteilung.

9.1.3 Die Null-Eins-Verteilung

Definition 9.1.4. *Eine Zufallsvariable X heißt* **Null-Eins-verteilt***, wenn sie die Wahrscheinlichkeitsfunktion*

$$P(X = x) = \begin{cases} p & \text{für } x = 1 \\ 1 - p & \text{für } x = 0 \end{cases}$$

besitzt.

Die Verteilungsfunktion der Null-Eins-Verteilung hat damit die Gestalt

$$F(x) = \begin{cases} 0 & \text{für } x < 0 \\ 1 - p & \text{für } 0 \leq x < 1 \\ 1 & \text{für } x \geq 1. \end{cases}$$

Wir berechnen den Erwartungswert der Null-Eins-Verteilung (vgl. (8.14))

$$E(X) = 1 \cdot p + 0 \cdot (1 - p) = p \tag{9.4}$$

und die Varianz (vgl. (8.21))

$$\text{Var}(X) = (1 - p)^2 p + (0 - p)^2 (1 - p) = p(1 - p). \tag{9.5}$$

Die Kenntnis der Wahrscheinlichkeit p genügt also zur vollständigen Beschreibung der Null-Eins-Verteilung.

Anmerkung. Eine Zufallsvariable X mit zwei möglichen Ausprägungen x_1 und x_2 heißt Zweipunktverteilung. Durch die Kodierung $x_1 = 1$ und $x_2 = 0$ erhält man als Standardisierung die Null-Eins-Verteilung.

Beispiel 9.1.2. Einige Mitarbeiter einer großen Firma beschliessen auf ihrer Betriebsweihnachtsfeier eine Tombola anzubieten. Insgesamt sollen unter den 300 Losen 50 Gewinne sein. Beschreibe das Ereignis X die "zufällige Anzahl der Nieten bei der Ziehung eines Loses", so kann die Zufallsvariable X nur die Werte X = 1 (Los gewinnt *nicht*) oder X = 0 (Los gewinnt) annehmen. Mit Hilfe der relativen Häufigkeiten erhält man:

$$P(X = 1) = \tfrac{250}{300} = \tfrac{5}{6} = p \quad \text{und} \quad P(X = 0) = \tfrac{50}{300} = \tfrac{1}{6} = 1 - p.$$

Für den Erwartungswert und die Varianz folgt nach (9.4) und (9.5):

$$E(X) = \tfrac{5}{6} \quad \text{bzw.} \quad Var(X) = \tfrac{5}{6} \cdot \tfrac{1}{6} = \tfrac{5}{36}.$$

9.1.4 Die Binomialverteilung

Beobachtet man in einem Zufallsexperiment ob ein bestimmtes Ereignis A eintritt oder nicht ($\bar{A}$) und wiederholt dieses Experiment n-mal unabhängig, so ist die Frage interessant, wie oft A in diesen n Wiederholungen eingetreten ist. Damit erhält man die Zufallsvariable

X : „Anzahl der eingetretenen Ereignisse A bei n Wiederholungen“.

Beispiel 9.1.3. Beim Münzwurf sei das interessierende Ereignis $A = $ „Wappen“. Bei zehnmaligem Werfen besitzt die Zufallsvariable X die möglichen Ausprägungen $k = 0, 1, \ldots, 10$. Man könnte nun beispielsweise nach der Wahrscheinlichkeit für das 7-malige Auftreten von Wappen fragen.

Über das Urnenmodell lässt sich die Binomialverteilung wie folgt herleiten: In der Urne befinden sich M weiße und $N - M$ schwarze Kugeln. Es werden n Kugeln zufällig aus der Urne gezogen, jedoch im Gegensatz zum Urnenmodell der hypergeometrischen Verteilung wird jede gezogene Kugel wieder in die Urne zurückgelegt (**Ziehen mit Zurücklegen**). Damit bleibt die Wahrscheinlichkeit P(A) gleich, das heißt jede Ziehung ist eine Null-Eins-verteilte Variable X_i mit den Werten

$$A \Rightarrow 1, \, P(A) = p \qquad bzw. \qquad \bar{A} \Rightarrow 0, \, P(\bar{A}) = 1 - p \,.$$

Gesucht ist die Wahrscheinlichkeit dafür, dass $X = k$ ($k = 0, 1, \ldots n$) ist, d.h., dass bei n Wiederholungen k-mal A und $(n - k)$-mal $\bar{A}$ auftritt. Dabei ist es gleichgültig, bei welchen der n Versuche A oder $\bar{A}$ auftritt, registriert wird nur die Gesamtzahl der Ergebnisse mit A. Diese Anzahl ist gleich dem Binomialkoeffizienten $\binom{n}{k}$.

Die Wahrscheinlichkeit für k-mal A und $(n - k)$-mal $\bar{A}$ in n Wiederholungen ist dann

$$P(X = k) = \binom{n}{k} p^k (1 - p)^{n-k} \qquad (k = 0, 1, \ldots, n) \,. \qquad (9.6)$$

Definition 9.1.5. *Eine diskrete Zufallsvariable X mit der Wahrscheinlichkeitsfunktion (9.6) heißt Binomialvariable oder **binomialverteilt** mit den Parametern n und p, kurz $X \sim B(n; p)$.*

Anmerkung. Eine Null-Eins-verteilte Variable ist damit auch B(1;p)-verteilt.

Für zwei binomialverteilte Zufallsvariable gilt der folgende Additionssatz:

Theorem 9.1.1. *Seien $X \sim B(n; p)$ und $Y \sim B(m; p)$ und sind X und Y unabhängig, so gilt*

$$X + Y \sim B(n + m; p) \,. \qquad (9.7)$$

Für den Erwartungswert und die Varianz einer binomialverteilten Zufallsvariablen X gilt

$$E(X) = np\,, \tag{9.8}$$

$$Var(X) = np(1 - p)\,. \tag{9.9}$$

Für die Berechnung der Binomialwahrscheinlichkeit $P(X = k)$ stehen Tabellen zur Verfügung. Für hinreichend große Werte von n kann man die Binomial- durch die Normalverteilung approximieren.

Beispiel 9.1.4. Wir betrachten eine unfaire Münze. Die Wahrscheinlichkeit für Wappen liege hier bei $p(W) = 0.6$. Daraus folgt $P(Z) = 1 - p(W) = 0.4$. Nun interessiert man sich für die Wahrscheinlichkeit, dass bei n = 10 Würfen insgesamt k = 5 mal Wappen erscheint. Es folgt:

$$P(X = 5) = \binom{n}{k} p^k (1 - p)^{n-k} = \binom{10}{5} 0.6^5 (0.4)^5 \approx 0.2\,.$$

Ausserdem folgt:

$$E(X) = np = 10 \cdot 0.6 = 6, \qquad Var(X) = np(1 - p) = 10 \cdot 0.6 \cdot 0.4 = 1.44\,.$$

9.1.5 Die hypergeometrische Verteilung

Die Idee zur hypergeometrischen Verteilung kann mit Hilfe des Urnenmodells beschrieben werden:

In einer Urne befinden sich

M	weiße Kugeln
$N - M$	schwarze Kugeln
N	Kugeln insgesamt.

Man zieht zufällig und **ohne Zurücklegen** n Kugeln. Die Reihenfolge spielt hierbei keine Rolle. Wir definieren die folgende Zufallsvariable

X : „Anzahl der weißen Kugeln unter den n gezogenen Kugeln".

Seien nun x weiße Kugeln gezogen worden, so gibt es $\binom{M}{x}$ Möglichkeiten, diese aus den insgesamt M weißen Kugeln auszuwählen und analog $\binom{N-M}{n-x}$ Möglichkeiten für die Auswahl der $(n - x)$ gezogenen schwarzen Kugeln aus den insgesamt $N - M$ schwarzen Kugeln. Damit gilt

$$P(X = x) = \frac{\binom{M}{x}\binom{N-M}{n-x}}{\binom{N}{n}} \tag{9.10}$$

für $x \in \{\max(0, n - (N - M)), \ldots, \min(n, M)\}$.

Definition 9.1.6. *Die Zufallsvariable* X *mit der Wahrscheinlichkeitsfunktion (9.10) heißt* **hypergeometrisch** *verteilt mit den Parametern* n, M, N *oder kurz* $X \sim H(n, M, N)$.

Beispiel 9.1.5. Wir betrachten die Lotterie "6 aus 49". In einer Urne befinden sich genau N = 49 Kugeln. Davon sind M = 6 Gewinnerkugeln und N - M = 43 Verliererkugeln. Dann folgt für die Wahrscheinlichkeit einen "Dreier" im Lotto zu haben:

$$P(X = 3) = \frac{\binom{6}{3}\binom{43}{3}}{\binom{49}{6}} \approx 0.0177 \,.$$

9.2 Spezielle stetige Verteilungen

9.2.1 Die stetige Gleichverteilung

Analog zum diskreten Fall gibt es auch bei stetigen Zufallsvariablen die Gleichverteilung. Dabei lassen sich die für den diskreten Fall gemachten Aussagen und Definitionen größtenteils übertragen, wenn man die in Kapitel 4 dargestellten Zusammenhänge zwischen diskreten und stetigen Zufallsvariablen berücksichtigt.

Definition 9.2.1. *Eine stetige Zufallsvariable* X *mit der Dichte*

$$f(x) = \begin{cases} \frac{1}{b-a} & \text{für } a \leq x \leq b \quad (a < b) \\ 0 & \text{sonst} \end{cases}$$

heißt (stetig) **gleichverteilt** *auf dem Intervall* $[a, b]$.

Für den Erwartungswert und die Varianz der stetigen Gleichverteilung gilt

$$\mathrm{E}(X) = \frac{a + b}{2} \,,$$

$$\mathrm{Var}(X) = \frac{(b - a)^2}{12} \,.$$

Beispiel. Eine S-Bahn fährt im 10-Minuten-Takt. Die Wartezeit eines Reisenden auf die S-Bahn ist stetig gleichverteilt mit:

$$f(x) = \begin{cases} \frac{1}{10} & \text{für } 0 \leq x \leq 10 \\ 0 & \text{sonst} \end{cases}$$

9.2.2 Die Normalverteilung

Die Normalverteilung ist die in der Statistik am häufigsten verwendete stetige Verteilung. Der Begriff Normalverteilung wurde von C.F. Gauss geprägt und zwar im Zusammenhang mit dem Auftreten zufälliger Abweichungen der Messergebnisse vom wahren Wert bei geodätischen und astronomischen Messungen. Die zufälligen Abweichungen liegen symmetrisch um den wahren Wert.

Definition 9.2.2. *Eine stetige Zufallsvariable X mit der Dichtefunktion*

$$f(x) = \frac{1}{\sigma\sqrt{2\pi}} \exp\left(-\frac{(x-\mu)^2}{2\sigma^2}\right) \tag{9.11}$$

heißt **normalverteilt** *mit den Parametern μ und σ^2, kurz $X \sim N(\mu, \sigma^2)$.*

Für die Momente einer normalverteilten Zufallsgröße gilt

$$E(X) = \mu,$$
$$\text{Var}(X) = \sigma^2.$$

Sind speziell $\mu = 0$ und $\sigma^2 = 1$, so heißt X **standardnormalverteilt**, $X \sim N(0, 1)$. Die Dichte einer standardnormalverteilten Zufallsvariablen ist damit gegeben durch

$$\phi(x) = \frac{1}{\sqrt{2\pi}} \exp(-\frac{x^2}{2}).$$

Die Dichte einer Normalverteilung (Abbildung 9.2) hat ihr Maximum an der Stelle μ. Dies ist gleichzeitig der Symmetriepunkt der Dichte. Die Wendepunkte dieser Dichte liegen bei $(\mu - \sigma)$ und $(\mu + \sigma)$ (vgl. Abbildung 9.2). Je kleiner σ ist, desto mehr ist die Dichte um den Erwartungswert μ konzentriert. Je größer σ ist, desto flacher verläuft die Dichte (vgl. Abbildung 9.3).

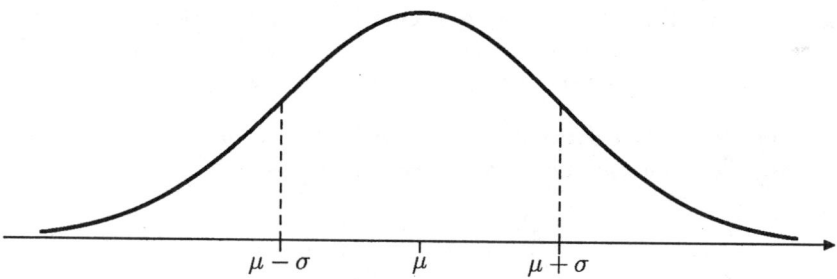

Abb. 9.2. Dichtefunktion der $N(\mu, \sigma^2)$ Verteilung

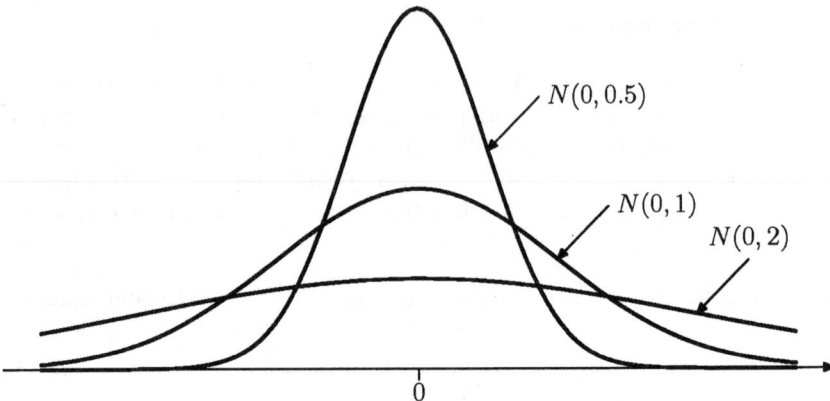

Abb. 9.3. Dichten der Normalverteilungen $N(0,2)$, $N(0,1)$ und $N(0,0.5)$

Die Berechnung der Verteilungsfunktion

$$F(x) = \int_{-\infty}^{x} f(t)dt$$

einer normalverteilten Zufallsvariablen ist nicht mit elementaren Methoden möglich, so dass eine Tabellierung erforderlich wird. Dabei beschränken wir uns auf die Standardnormalverteilung. Im Anhang ist die Tabelle A.1 zur Verteilungsfunktion $\phi(x)$ der Standardnormalverteilung aufgeführt.

Standardisierung einer $N(\mu, \sigma^2)$-verteilten Variablen

Es sei $X \sim N(\mu, \sigma^2)$. Unter Verwendung der Standardisierungs-Transformation (vgl. (8.28)) erhalten wir

$$Z = \frac{X - \mu}{\sigma} \sim N(0,1)\,. \tag{9.12}$$

Dabei wird die Tatsache genutzt, dass eine lineare Transformation einer normalverteilten Variablen wieder zu einer normalverteilten Variablen führt. Eine $N(0,1)$-verteilte Variable wird mit Z bezeichnet.

Theorem 9.2.1 (Additionssatz). *Seien $X_1, \ldots, X_n$ unabhängig und identisch verteilte Zufallsvariablen mit $X_i \sim N(\mu, \sigma^2)$, so gilt*

$$\sum_{i=1}^{n} X_i \sim N(n\mu, n\sigma^2)\,. \tag{9.13}$$

Rechenregeln für normalverteilte Zufallsvariablen

Die Wahrscheinlichkeit für $X \leq b$ ist

$$P(X \leq b) = \Phi\left(\frac{b-\mu}{\sigma}\right) . \tag{9.14}$$

Die Wahrscheinlichkeit für $X > a$ ist

$$P(X > a) = 1 - P(X \leq a) = 1 - \Phi\left(\frac{a-\mu}{\sigma}\right) . \tag{9.15}$$

Die Wahrscheinlichkeit dafür, dass X Werte im Intervall $[a, b]$ annimmt, ist

$$P(a \leq X \leq b) = P\left(\frac{a-\mu}{\sigma} \leq Z \leq \frac{b-\mu}{\sigma}\right) = \Phi\left(\frac{b-\mu}{\sigma}\right) - \Phi\left(\frac{a-\mu}{\sigma}\right) . \tag{9.16}$$

Anmerkung. Für die standardnormalverteilte Zufallsgröße $Z \sim N(0,1)$ gilt insbesondere wegen der Symmetrie der Dichte $\phi(x)$ bezüglich 0 für jeden Wert a

$$\Phi(-a) = 1 - \Phi(a) .$$

Damit gilt insbesondere $\Phi(0) = 0.5$. Mit (9.16) gilt speziell $P(-a < Z < a) = 2 \cdot \phi(a) - 1$. Dieser Zusammenhang ist in Abbildung 9.4 dargestellt.

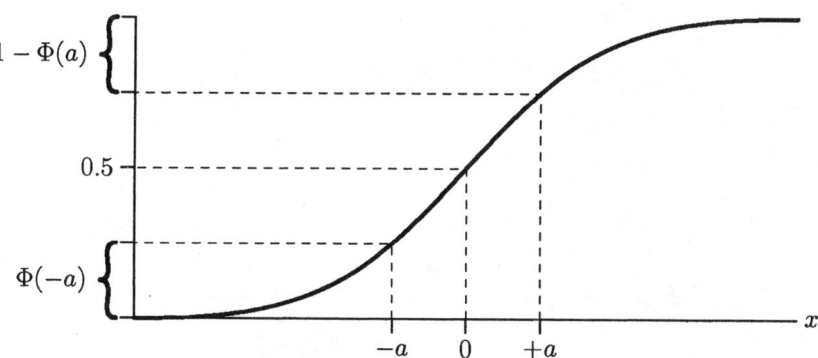

Abb. 9.4. Verteilungsfunktion der Standardnormalverteilung

Beispiel 9.2.1. Ein Olivenbauer aus Kreta verkauft seine Oliven in Kisten nach Mitteleuropa. Das Gewicht einer Kiste Oliven (in kg) sei normalverteilt mit $\mu = 32$ und $\sigma^2 = \frac{9}{4}$. Der Bauer möchte nun wissen wie hoch die Wahrscheinlichkeit dafür ist, dass eine Kiste mit einem Gewicht von weniger als 30 kg versendet wird.

Für das Gewicht einer Kiste X folgt also: $X \sim N(32, \frac{9}{4})$. Um die Wahrscheinlichkeit für ein Gewicht von weniger als 30 kg berechnen zu können, muss die Variable X standardisiert werden. Mit (9.15) folgt:

$$P(X \leq 30) = \phi(\frac{b - \mu}{\sigma}) = \phi(\frac{30 - 32}{\frac{3}{2}})$$

$$= \phi(-\frac{4}{3}) = 1 - \phi(\frac{4}{3}) = 1 - 0.9082$$

$$= 0.0918 \approx 9.2\% \,.$$

$k\sigma$-Regel für die Normalverteilung

Für die praktische Anwendung (z.B. bei Qualitätsnormen) gibt man häufig die Streuungsintervalle $(\mu \pm \sigma)$, $(\mu \pm 2\sigma)$ und $(\mu \pm 3\sigma)$ an, die 1σ-Bereich, 2σ-Bereich bzw. 3σ-Bereich heißen. Sie dienen dem Vergleich von verschiedenen normalverteilten Zufallsvariablen.

Wir wollen die Wahrscheinlichkeiten dafür bestimmen, dass eine $N(\mu, \sigma^2)$-verteilte Variable Werte im 1σ-, 2σ- bzw. 3σ-Bereich um μ annimmt. Es gilt

$$P(\mu - \sigma \leq X \leq \mu + \sigma) = P(-1 \leq \frac{X - \mu}{\sigma} \leq 1)$$

$$= 2\Phi(1) - 1$$

$$= 2 \cdot 0.841345 - 1$$

$$= 0.682690 \,,$$

$$P(\mu - 2\sigma \leq X \leq \mu + 2\sigma) = P(-2 \leq \frac{X - \mu}{\sigma} \leq 2)$$

$$= 2\Phi(2) - 1$$

$$= 2 \cdot 0.977250 - 1$$

$$= 0.954500 \,,$$

$$P(\mu - 3\sigma \leq X \leq \mu + 3\sigma) = P(-3 \leq \frac{X - \mu}{\sigma} \leq 3)$$

$$= 2\Phi(3) - 1$$

$$= 2 \cdot 0.998650 - 1$$

$$= 0.997300 \,.$$

Bei einer beliebigen $N(\mu, \sigma^2)$-verteilten Zufallsvariablen liegen also bereits 68% der Wahrscheinlichkeitsmasse im einfachen Streubereich, 95% im zweifachen und 99.7% im dreifachen Streubereich.

Verteilung des arithmetischen Mittels normalverteilter Zufallsvariablen

Sei eine Zufallsvariable $X \sim N(\mu, \sigma^2)$ gegeben. Wir betrachten eine Stichprobe $\mathbf{X} = (X_1, \ldots, X_n)$ aus unabhängigen und identisch $N(\mu, \sigma^2)$-verteilten Variablen X_i. Es gilt dann für das Stichprobenmittel $\bar{X}$

$$\mathrm{E}(\bar{X}) = \frac{1}{n} \sum_{i=1}^{n} \mathrm{E}(X_i) = \mu \quad \text{(Regel (8.29))}$$

und

$$\mathrm{Var}(\bar{X}) = \frac{1}{n^2} \sum_{i=1}^{n} \mathrm{Var}(X_i) = \frac{\sigma^2}{n} \quad \text{(Regel (8.30))}.$$

Damit gilt dann insgesamt für das Stichprobenmittel einer normalverteilten Zufallsvariablen (vgl. (9.13))

$$\bar{X} \sim N(\mu, \frac{\sigma^2}{n}).$$

9.3 Weitere Verteilungen

9.3.1 Die Poissonverteilung

Ausgehend von zufälligen Ereignissen, die innerhalb eines Kontinuums (einer bestimmten Einheit) auftreten, definieren wir die Zufallsgröße

X : „Anzahl der Ereignisse innerhalb eines Kontinuums".

Das Kontinuum kann dabei sowohl ein Zeitraum (Stunde, Minute usw.) als auch eine Strecke (Meter, Kilometer usw.) oder eine Fläche sein.

Beispiele.

- Zahl der Grippeerkrankungen innerhalb eines Jahrs
- Zahl der Unwetter in einem Gebiet,
- Zahl der Staubteile auf einem Kotflügel beim Autolackieren,

Im Folgenden beschränken wir uns auf Zeitintervalle. Dabei gelte: Die Wahrscheinlichkeit für das Eintreten eines Ereignisses innerhalb eines Zeitintervalls hängt nur von der Länge des Intervalls, nicht jedoch von seiner Lage auf der Zeitachse ab. Die Wahrscheinlichkeit für das Eintreten eines Ereignisses wird dann nur von der sogenannten **Intensitätsrate** λ beeinflusst. Es gelte darüber hinaus, dass das Eintreten von Ereignissen in disjunkten Teilintervallen des Kontinuums unabhängig voneinander ist. Dies führt zu folgender Definition.

Definition 9.3.1. *Eine diskrete Zufallsvariable X mit der Wahrscheinlichkeitsfunktion*

$$P(X = x) = \frac{\lambda^x}{x!} \exp(-\lambda) \quad (x = 0, 1, 2, \ldots) \tag{9.17}$$

*heißt **poissonverteilt** mit dem Parameter $\lambda > 0$, kurz $X \sim Po(\lambda)$.*

Es gilt

$$E(X) = \text{Var}(X) = \lambda.$$

Die Intensitätsrate können wir damit interpretieren als die durchschnittliche Anzahl von Ereignissen innerhalb eines Kontinuums.

Beispiel 9.3.1. In einer Autolackiererei werden Kotflügel zunächst mit einer Grundierung und danach mit einem Deckglanzlack lackiert. Im Durchschnitt werden bei der Grundierung 4 Staubpartikel je Kotflügel eingeschlossen (Zufallsvariable X). Wie groß ist die Wahrscheinlichkeit, nach der Grundierung auf einem Kotflügel zwei Staubpartikel zu finden?

$$\begin{aligned}
P(X = 2) &= \frac{\lambda^x}{x!} \exp(-\lambda) \\
&= \frac{4^2}{2!} \exp(-4) \\
&= 0.146525 \,.
\end{aligned}$$

9.3.2 Die Multinomialverteilung

Im Gegensatz zu den bisherigen Verteilungen betrachten wir nun Zufallsexperimente, bei denen k disjunkte Ereignisse $A_1, A_2, \ldots, A_k$ mit den Wahrscheinlichkeiten $p_1, p_2, \ldots, p_k$ mit $\sum_{i=1}^{k} p_i = 1$ eintreten können (d.h., die A_i bilden eine vollständige Zerlegung von Ω). Wird der Versuch n-mal unabhängig wiederholt, so interessiert die Wahrscheinlichkeit des zufälligen Ereignisses

$$n_1\text{-mal } A_1 , \ n_2\text{-mal } A_2 , \ldots, n_k\text{-mal } A_k \quad \text{mit} \quad \sum_{i=1}^{k} n_i = n \,.$$

Sei X_i $(i = 1, \ldots k)$ die Zufallsvariable „A_i beobachtet" und $\mathbf{X} = (X_1, \ldots, X_k)$ der k-dimensionale Zufallsvektor.

Definition 9.3.2. *Der Zufallsvektor $\mathbf{X} = (X_1, \ldots, X_k)$ mit der Wahrscheinlichkeitsfunktion*

$$P(X_1 = n_1, \ldots, X_k = n_k) = \frac{n!}{n_1! n_2! \cdots n_k!} \cdot p_1^{n_1} \cdots p_k^{n_k} \tag{9.18}$$

*heißt **multinomialverteilt**, kurz $\mathbf{X} \sim M(n; p_1, \ldots, p_k)$.*

Der Erwartungswert von $\mathbf{X}$ ist der Vektor

$$E(\mathbf{X}) = (E(X_1), \ldots, E(X_k))$$
$$= (np_1, \ldots, np_k).$$

Die Kovarianzmatrix $V(\mathbf{X})$ hat die Elemente

$$\text{Cov}(X_i, X_j) = \begin{cases} np_i(1 - p_i) & \text{für } i = j \\ -np_i p_j & \text{für } i \neq j \end{cases}.$$

Beispiel 9.3.2. Eine Urne enthalte 50 Kugeln, davon 25 rote, 15 weiße und 10 schwarze. Wir ziehen mit Zurücklegen, so dass bei jeder Ziehung die Wahrscheinlichkeit dafür, dass die Kugel rot ist, gleich $p_1 = \frac{25}{50} = 0.5$ beträgt. Analog gilt für die beiden anderen Wahrscheinlichkeiten $p_2 = 0.3$ und $p_3 = 0.2$. Wir führen $n = 4$ unabhängige Ziehungen durch. Die Wahrscheinlichkeit für das zufällige Ereigniss '2 mal rot, 1 mal weiß, 1 mal schwarz' ist:

$$P(X_1 = 2, X_2 = 1, X_3 = 1) = \frac{4!}{2!1!1!}(0.5)^2(0.3)^1(0.2)^1 = 0.18.$$

Anmerkung. Für $k = 2$ geht die Multinomialverteilung in die Binomialverteilung über. Es handelt sich um Ziehen mit Zurücklegen.

9.3.3 Die Exponentialverteilung

Wir betrachten die (stetige) Wartezeit bis zum Eintreten eines Ereignisses. Es wird gefordert, dass die weitere Wartezeit unabhängig von der bereits verstrichenen Wartezeit ist.

Definition 9.3.3. *Eine Zufallsvariable X mit der Dichte*

$$f(x) = \begin{cases} \lambda \exp(-\lambda x) & \text{für } x \geq 0 \\ 0 & \text{sonst} \end{cases} \tag{9.19}$$

heißt **exponentialverteilt** *mit Parameter λ, kurz $X \sim expo(\lambda)$.*

Der Erwartungswert einer exponentialverteilten Zufallsvariablen X ist

$$E(X) = \frac{1}{\lambda},$$

für die Varianz gilt

$$\text{Var}(X) = \frac{1}{\lambda^2}.$$

Den Zusammenhang zwischen der Exponentialverteilung (Wartezeit zwischen zwei Ereignissen) und der Poissonverteilung (Anzahl der Ereignisse) drücken wir in dem folgenden zentralen Satz aus:

Theorem 9.3.1. *Die Anzahl der Ereignisse Y innerhalb eines Kontinuums ist poissonverteilt mit Parameter λ genau dann, wenn die Wartezeit zwischen zwei Ereignissen exponentialverteilt mit Parameter λ ist.*

Beispiel 9.3.3. Die Zufallsvariable Y: 'Zugriffe auf eine Internetsuchmaschine pro Sekunde' ist poissonverteilt mit dem Parameter $\lambda = 10$ (d.h. $E(Y) = 10$, $\mathrm{Var}(Y) = 10$), da die Zufallsvariable X: 'Wartezeit auf einen weiteren Zugriff' exponentialverteilt ist mit Parameter $\lambda = 10$. Damit gilt

$$E(X) = \frac{1}{10}, \quad \mathrm{Var}(X) = \frac{1}{10^2}\,.$$

Betrachten wir als Kontinuum eine Sekunde, so erhalten wir für die erwartete Anzahl der Zugriffe

$$E(Y) = 10 \text{ Zugriffe pro Sekunde}$$

und für die zu erwartende Wartezeit zwischen zwei Zugriffen

$$E(X) = 1/10 \text{ Sekunde.}$$

9.4 Prüfverteilungen

Aus der Normalverteilung lassen sich drei wesentliche Verteilungen – die sogenannten **Prüfverteilungen** – gewinnen. Diese Verteilungen werden z.B. zum Prüfen von Hypothesen über

- die Varianz σ^2 einer Normalverteilung: χ^2-Verteilung,
- den Erwartungswert einer normalverteilten Zufallsvariablen mit unbekannter Varianz bzw. zum Vergleich der Mittelwerte zweier normalverteilter Zufallsvariablen mit unbekannter, aber gleicher Varianz: t-Verteilung,
- das Verhältnis von Varianzen zweier normalverteilter Zufallsvariablen: F-Verteilung

eingesetzt .

9.4.1 Die χ^2-Verteilung

Definition 9.4.1. *Es seien $Z_1, \ldots, Z_n$ n unabhängige und identisch $N(0,1)$-verteilte Zufallsvariablen. Dann ist die Summe ihrer Quadrate $\sum_{i=1}^{n} Z_i^2$ χ^2 -verteilt mit n Freiheitsgraden.*

Die χ^2-Verteilung ist nicht symmetrisch. Eine χ^2-verteilte Zufallsvariable nimmt nur Werte größer oder gleich Null an. Die Quantile der χ^2-Verteilung sind in Tabelle A.2 für verschiedene n angegeben.

Theorem 9.4.1 (Additionssatz). *Die Summe zweier unabhängiger χ_n^2-verteilter bzw. χ_m^2-verteilter Zufallsvariablen ist χ_{n+m}^2-verteilt.*

Als wesentliches Beispiel für eine χ^2-verteilte Zufallsvariable ist die Stichprobenvarianz einer normalverteilten Grundgesamtheit zu nennen:

$$S_X^2 = \frac{1}{n-1} \sum_{i=1}^{n} (X_i - \bar{X})^2 \, . \tag{9.20}$$

Für unabhängige Zufallsvariablen $X_i \sim N(\mu, \sigma^2)$ $(i = 1, \ldots, n)$ gilt für die Stichprobenvarianz S_X^2

$$\frac{(n-1)S_X^2}{\sigma^2} \sim \chi_{n-1}^2 \, . \tag{9.21}$$

9.4.2 Die t-Verteilung

Definition 9.4.2. *Sind X und Y unabhängige Zufallsvariablen, wobei $X \sim N(0, 1)$ und $Y \sim \chi_n^2$ verteilt ist, so besitzt der Quotient*

$$\frac{X}{\sqrt{Y/n}} \sim t_n$$

eine t-Verteilung (Student-Verteilung) mit n Freiheitsgraden.

Im Anhang ist Tabelle A.3 mit den Quantilen der t-Verteilung enthalten.

Wird von einer $N(\mu, \sigma^2)$-verteilten Zufallsvariablen X eine Stichprobe vom Umfang n realisiert, so bilden wir die Zufallsvariablen arithmetisches Mittel $\bar{X}$ und Stichprobenvarianz S_X^2, für die wir folgenden zentralen Satz angeben.

Theorem 9.4.2 (Student). *Sei $\mathbf{X} = (X_1, \ldots, X_n)$ mit $X_i \overset{iid.}{\sim} N(\mu, \sigma^2)$, so sind $\bar{X}$ und S_X^2 unabhängig. Der folgende Quotient ist t_{n-1}-verteilt*

$$\frac{(\bar{X} - \mu)\sqrt{n}}{S_X} = \frac{(\bar{X} - \mu)\sqrt{n}}{\sqrt{\frac{1}{n-1} \sum_i (X_i - \bar{X})^2}} \sim t_{n-1} \, . \tag{9.22}$$

9.4.3 Die F-Verteilung

Definition 9.4.3. *Sind X und Y unabhängige χ_m^2 bzw. χ_n^2-verteilte Zufallsvariablen, so besitzt der Quotient*

$$\frac{X/m}{Y/n} \sim F_{m,n} \tag{9.23}$$

*die **Fisher'sche F-Verteilung** mit (m, n) Freiheitsgraden.*

Ist X eine χ_1^2-verteilte Zufallsvariable, so ist der Quotient $F_{1,n}$-verteilt. Die Wurzel aus dem Quotienten ist dann t_n-verteilt, da die Wurzel aus einer χ_1^2-verteilten Zufallsvariablen $N(0,1)$-verteilt ist.

Als wichtiges Anwendungsbeispiel sei die Verteilung des Quotienten der Stichprobenvarianzen zweier Stichproben vom Umfang m bzw. n von unabhängigen normalverteilten Zufallsvariablen $X \sim N(\mu_X, \sigma^2)$ bzw. $Y \sim N(\mu_Y, \sigma^2)$ genannt: $S_X^2 = \frac{1}{m-1} \sum_{i=1}^m (X_i - \bar{X})^2$ bzw. $S_Y^2 = \frac{1}{n-1} \sum_{i=1}^n (Y_i - \bar{Y})^2$. Für das Verhältnis beider Stichprobenvarianzen gilt (im Falle gleicher Varianzen σ^2)

$$\frac{S_X^2}{S_Y^2} \sim F_{m-1,n-1}\,.$$

Anmerkung. Ist eine Zufallsvariable W nach $F_{m,n}$-verteilt, so ist $1/W$ nach $F_{n,m}$-verteilt. Deshalb sind die Tabellen A.4 der $F_{m,n}$-Verteilung im allgemeinen auf den Fall $m \leq n$ beschränkt.

9.5 Aufgaben

Aufgabe 9.1: Ein bekannter Hersteller von Keksen verspricht seinen Kunden eine Extraüberraschung in jeder sechsten Keksschachtel. Voller Freude kauft ein übereifriger Vater gleich 20 Schachteln.

a) Wie hoch ist die Wahrscheinlichkeit unter den 20 Schachteln genau 4 Überraschungen zu finden?

b) Wie hoch ist die Wahrscheinlichkeit überhaupt keine Überraschung zu bekommen?

c) Tatsächlich befinden sich in diesen zwanzig Schachteln genau drei Überraschungen. Wie hoch ist die Wahrscheinlichkeit, dass sich in den 5 Schachteln die des Vaters jüngster Sohn bekommt, zwei der drei Überraschungen verbergen?

Lösung:

a) Man kann bei der Zufallsvariable X: "Anzahl der Keksschachteln mit Extraüberraschung" von einer binomialverteilten Variable ausgehen: Es wird bei n = 20 Versuchen jedes Mal mit einer Wahrscheinlichkeit von $p = \frac{1}{6}$ eine Extraüberraschung gezogen. Damit folgt:

$$P(X = 4) = \binom{n}{k} p^k (1-p)^{n-k} = \binom{20}{4} \left(\frac{1}{6}\right)^4 \left(\frac{5}{6}\right)^{16} \approx 0.20\,.$$

b)

$$P(X = 0) = \binom{n}{k} p^k (1-p)^{n-k} = \binom{20}{0} \left(\frac{1}{6}\right)^0 \left(\frac{5}{6}\right)^{20} = 1 \cdot 1 \cdot 0.026 = 0.026$$

c) Hier kann von einer hypergeometrischen Verteilung ausgegangen werden. Es gibt in den N = 20 Schachteln M = 3 Überraschungen und N - M = 17 Schachteln ohne Zusatzüberraschung. Insgesamt werden n = 5 Schachteln ohne Zurücklegen gezogen, von denen x = 2 eine Überraschung enthalten sollen. Damit folgt:

$$P(X = 2) = \frac{\binom{M}{x}\binom{N-M}{n-x}}{\binom{N}{n}} = \frac{\binom{3}{2}\binom{17}{3}}{\binom{20}{5}} \approx 0.13\,.$$

Aufgabe 9.2: Im Zuge einer Studie über die Brutvögel Europas wurden mehrere Merkmale, welche die Eigenschaften verschiedener Vogeleier wiedergeben, erhoben. Unter anderem wurde dabei die Eilänge (in mm) gemessen. Wenn man davon ausgeht, dass es sich bei der Eilänge um ein normalverteiltes Merkmal mit $\mu = 42.1$ und $\sigma^2 = 20.8^2$ handelt, wie hoch ist dann die Wahrscheinlichkeit

a) ein Ei mit einer Länge von mehr als 50 mm zu finden?
b) ein Ei mit einer Länge von mehr als 30 mm, aber weniger als 40 mm zu finden?

Lösung:

Ist das Merkmal X: "Länge Vogelei" normalverteilt, also $X \sim N(42.1, 20.8^2)$, dann folgt:

a)

$$P(X \geq 50) = 1 - P(X \leq 50) = 1 - \phi\left(\frac{x-\mu}{\sigma}\right) = 1 - \phi\left(\frac{50-42.1}{20.8}\right)$$
$$= 1 - \phi(0.37) = 1 - 0.6443 = 0.3557\,.$$

b)

$$P(30 \leq X \leq 40) = P(X \leq 40) - P(X \leq 30)$$
$$= \phi\left(\frac{40-42.1}{20.8}\right) - \phi\left(\frac{30-42.1}{20.8}\right)$$
$$= \phi(-0.10) - \phi(-0.58) = 1 - 0.5398 - 1 + 0.7190$$
$$= 0.1792 = 17.92\%\,.$$

Aufgabe 9.3: Die Zufallsvariable X beschreibe "die Augenzahl beim einmaligen Würfeln mit einem Dodekaeder (Würfel mit 12 Seiten)". Wie ist X verteilt? Berechnen Sie E(X) und Var(X)!

Lösung:

Die Zufallsvariable X ist diskret gleichverteilt, da die Wahrscheinlichkeitsfunktion an jeder Ausprägung x_i den gleichen Wert ($p_i = \frac{1}{12}$) annimmt. Erwartungswert und Varianz berechnen sich deshalb als:

$$E(X) = \frac{k+1}{2} = \frac{12+1}{2} = 6.5,$$

$$Var(X) = \frac{1}{12}(12^2 - 1) \approx 11.92.$$

Aufgabe 9.4: Felix behauptet erkennen zu können, ob der Kaffee einer Tasse von der Marke 'Hochland' oder der Marke 'Goldener Genuss' stammt. Ein Freund füllt, um dies zu testen, 10 Tassen mit Kaffee und bittet Felix je Tasse einen Tipp abzugeben. Nehmen Sie an, dass Felix seinen Mund zu voll genommen hat und bei jeder Tasse nur rät, also mit einer Wahrscheinlichkeit von p = 0.5 auf den richtigen Kaffee tippt. Wie hoch ist dann die Wahrscheinlichkeit, dass er mindestens acht Tassen richtig erkennt?

Lösung:

Mindestens acht mal richtig zu tippen ist gleichbedeutend mit höchstens zwei mal falsch zu tippen. Die Wahrscheinlichkeit für einen richtigen Tipp ist identisch mit der Wahrscheinlichkeit für einen falschen Tipp ($p = 0.5$, $1-p = 0.5$). Mit $X \sim B(10; 0.5)$ folgt:

$$P(X = 0) = \binom{10}{0} 0.5^0 (1 - 0.5)^{10} \approx 0.000977$$

$$P(X = 1) = \binom{10}{1} 0.5^1 (1 - 0.5)^9 \approx 0.009766$$

$$P(X = 2) = \binom{10}{2} 0.5^2 (1 - 0.5)^8 \approx 0.043945$$

Damit berechnen wir:

$$P(X \leq 2) = P(X = 0) + P(X = 1) + P(X = 2)$$
$$= 0.000977 + 0.009766 + 0.043945 \approx 0.0547.$$

Aufgabe 9.5: Eine Leuchtreklame wird mit vielen Glühbirnen beleuchtet. Fast täglich fallen Glühbirnen aus. Wenn mehr als 5 Glühbirnen ausfallen, lässt der Betreiber der Leuchtreklame die Birnen ersetzen. An 30 aufeinanderfolgenden Tagen wurde gezählt, wieviele Birnen pro Tag ausgefallen sind. Er erhielt folgende Häufigkeitstabelle.

defekte Birnen	0	1	2	3	4	5
n_i	6	8	8	5	2	1

a) Wie ist die Zufallsvariable X: 'Anzahl der Glühbirnenausfälle an einem Tag' verteilt?
b) Wieviele Birnen sind im Mittel an einem Tag ausgefallen und wie groß ist die Varianz?

c) Berechnen Sie die theoretischen Wahrscheinlichkeiten mit Hilfe der in a) angenommenen Verteilung. Nutzen Sie als Parameter den Mittelwert und den aufgerundeten Mittelwert. Vergleichen Sie die Wahrscheinlichkeiten mit den relativen Häufigkeiten. Mit welchem Parameterwert erzielt man die bessere Anpassung?

d) Wie gross ist die Wahrscheinlichkeit, dass innerhalb eines Tages genug Birnen ausfallen, so dass man diese auswechseln muss?

e) Wie oft musste der Betreiber die Birnen innerhalb der 30 Tage auswechseln lassen?

f) Betrachten Sie nun die Zufallsvariable Y: Wartezeit bis zum nächsten Ausfall einer Glühbirne. Wie ist Y verteilt und mit welchem Parameter?

g) Wie lange wartet man nach dem Modell im Mittel bis die nächste Birne ausfällt?

Lösung:

a) X ist poissonverteilt, falls die Wahrscheinlichkeit für den Ausfall einer Birne nur von der Länge des Zeitintervalls abhängt und nicht von der Lage auf der Zeitachse. Damit ist gemeint, dass das Ereignis 'Birne fällt aus' nicht davon beeinflusst werden darf, wie der Tag gemessen wird, z.B. von 8:00-8:00 oder von 10:00 bis 10:00. Weiter muss gelten, dass der Ausfall von Birnen an zwei Tagen unabhängig voneinander ist. Die Wahrscheinlichkeit des Ausfalls einer Birne hängt dann nur von den Intensitätsrate λ ab.

b) Zuerst wird der Mittelwert bestimmt:
$\bar{x} = \frac{1}{30}(0 + 1 \cdot 8 + 2 \cdot 8 + \ldots + 5 \cdot 1) = \frac{52}{30} = 1.7333$.
In etwa 1.7 Birnen fallen im Mittel täglich aus.

Mit diesem Wert wird die Varianz über
$s^2 = \frac{1}{30}(0 + 1^2 \cdot 8 + 2^2 \cdot 8 + \ldots + 5^2 \cdot 1) - 1.7333^2 = \frac{142}{30} - 3.0044 = 1.72889$
berechnet.

Varianz und Mittelwert liegen dicht beieinander, was charakteristisch für die Poissonverteilung ist.

c) Die zu vergleichenden Wahrscheinlichkeiten werden tabellarisch dargestellt.

a_i	f_i	$Po(1.73)$	$Po(2)$
0	0.2	0.177	0.135
1	0.267	0.307	0.27
2	0.267	0.265	0.27
3	0.167	0.153	0.18
4	0.067	0.067	0.09
5	0.033	0.023	0.036

Man sieht, dass sich die Daten sehr gut an die beiden vorgeschlagenen Poissonverteilungen anpassen. Rein von den Abständen zwischen den Wahrscheinlichkeiten und relativen Häufigkeiten erzielt man mit $\lambda = 1.73$ die bessere Anpassung.

d) Die defekten Birnen werden ausgewechselt, wenn mehr als 5 Birnen ausfallen. Die Wahrscheinlichkeit dafür ist
$P(X > 5) = 1 - P(X \leq 5) = 1 - \sum_{i=0}^{5} \frac{\lambda^i}{i!} \exp(-\lambda)$.

Wir wählen $\lambda = 1.73$ und erhalten
$P(X > 5) = 1 - \exp(-1.73)(\frac{1.73^0}{0!} + \frac{1.73^1}{1!} + \ldots + \frac{1.73^5}{5!}) = 1 - 0.99 = 0.01$.
Nur in einem Prozent der Tage fallen an einem Tag genug Birnen aus, dass sie ausgewechselt werden.

e) Ab 6 defekten Birnen wird ausgewechselt. In den 30 Tagen waren insgesamt 52 Birnen defekt, somit musste $52/6 = 8.667$ mal Birnen ausgetauscht werden.

f) Ist X poissonverteilt, so ist nach Theorem 9.3.1 Y, als Wartezeit zwischen zwei Ausfällen, exponentialverteilt mit $\lambda = 1.73$.

g) Der Erwartungswert der Exponentialverteilung ist
$E(Y) = \frac{1}{1.73} = 0.578$.
Somit wartet man im Mittel über einen halben Tag bis eine Birne ausfällt.

Aufgabe 9.6: Gegeben sei eine exponentialverteilte Zufallsvariable X.

a) Bestimmen Sie die Verteilungsfunktion der Exponentialverteilung.
b) Zeigen Sie, dass $E(X) = \frac{1}{\lambda}$ gilt.

Lösung:

a) Die Verteilungsfunktion der Exponentialverteilung erhält man durch Integrieren der Dichtefunktion
$F(X) = \int_0^x \lambda \exp(-\lambda t) dt$.

Die Konstante λ kann dabei vor das Integral gezogen werden. Die Stammfunktion zu der Exponentialfunktion ist die Exponentialfunktion, wobei noch die Kettenregel beachtet werden muss
$\lambda \int_0^x \exp(-\lambda t) dt = \lambda [-\frac{1}{\lambda} \exp(-\lambda t)]_0^x$.
Kürzen, Einsetzen der Grenzen und Umstellen liefert die Verteilungsfunktion
$F(X) = 1 - \exp(-\lambda x)$.

b) Den Erwartungswert erhält man durch partielle Integration von
$E(X) = \int_0^\infty x \lambda \exp(-\lambda x) dx$.

Bei der partiellen Integration muss man eine Funktion wählen, die man gut integrieren kann, hier $v' = \lambda\exp(-\lambda x) \Rightarrow v = -\exp(-\lambda x)$, und eine Funktion die man gut differenzieren kann, hier $u = x \Rightarrow u' = 1$. Damit kann man eine partielle Integration durchführen:
$\int_0^\infty x\lambda\exp(-\lambda x)dx = [-\exp(-\lambda x)x]_0^\infty - \int_0^\infty -\exp(-\lambda x)dx$.

Für $x \to \infty$ geht $\exp(-\lambda x)$ gegen Null. Somit vereinfacht sich der Ausdruck zu
$0 + \int_0^\infty \exp(-\lambda x)dx = [-\frac{1}{\lambda}\exp(-\lambda t)]_0^\infty$.

Durch die Betrachtung der Stammfunktion an den Grenzen erhält man den Erwartungswert
$E(X) = \frac{1}{\lambda}$.

Aufgabe mit SPSS. In der nächsten Aufgabe haben Sie die Möglichkeit 'ein Gefühl' für verschiedenste Verteilungen zu bekommen. Sie lernen wie man mit Hilfe von SPSS Verteilungsmodelle simulieren kann.

Aufgabe 9.7: Um verschiedene Verteilungsmodelle zu visualisieren, können Zufallszahlen hilfreich sein. Ziehen Sie sich 20 Zufallszahlen aus einer Binomialverteilung mit $n = 10$ und $p = 0.5$, einer Standardnormalverteilung, einer Poissonverteilung mit $\lambda = 1$ und einer Exponentialverteilung, ebenfalls mit $\lambda = 1$.

a) Berechnen Sie die Mittelwerte und Standardabweichungen und vergleichen Sie die Ergebnisse mit denen die Sie unter den gegebenen Parameterkonstellationen erwarten würden. Was fällt auf und woran liegt es?

b) Zeichnen Sie für jede Stichprobe das Stabdiagramm bzw. das Histogramm. Haben die Grafiken die zu erwartende Form?

c) Erhöhen Sie nun den Stichprobenumfang systematisch und wiederholen Sie die Berechnungen a) und b) mit
   i) 40 Beobachtungen
   ii) 80 Beobachtungen
   iii) 160 Beobachtungen
   iv) 320 Beobachtungen. Beschreiben Sie, was Ihnen während des Prozesses auffällt.

d) Verändern Sie nun nach Belieben die Parameter der obigen Verteilungen und analysieren Sie den Einfluss dieser Parameterveränderungen auf die jeweiligen Verteilungen.

Lösung:

Um diese Aufgabe effizient zu lösen sollten Sie die Möglichkeiten des Syntaxfiles von SPSS nutzen. Zur Kontrolle des Stichprobenumfangs wird eine Variable 'stpr' definiert, die für die erste Untersuchung 20 mal die Ziffer 1 enthält. Für die Ziehung der Zufallszahlen wählen Sie unter 'Transformieren' den Menüpunkt 'Berechnen...'. Zufallszahlen werden in SPSS durch die Funktion 'RV.' generiert, es stehen Zufallszahlengeneratoren für verschiedene Verteilungen zur Verfügung. Uns interessieren hier nur die Funktionen 'RV.BINOM', 'RV.NORMA', 'RV.POISSON', 'RV.EXP'. Benennen Sie nun eine Variable für die binomialverteilten Zufallsvariablen und weisen Sie ihr den Ausdruck 'RV.BINOM(10,0.5)' zu. Gehen Sie nun auf 'Einfügen' um die Berechnung in das Syntaxfile aufzunehmen. Anschließend definieren Sie eine Variable für die normalverteilten Zufallszahlen und weisen Sie ihr die Funktion 'RV.NORMAL(0,1)' zu. Fügen Sie die Berechnung wieder dem Syntaxfile zu. Wiederholen Sie den Vorgang für die Poisson- und die Exponentialverteilung.

a) Nun berechnen Sie die deskriptiven Statistiken für Ihre 4 Variablen und fügen Sie diese Berechnung ebenfalls dem Syntaxfile zu. Wir erhalten hier in unserem SPSS-Output folgende Tabelle:

	N	Min.	Max.	mean	St.dev.
Binomial,n=10, p=0.5	20	3.00	9.00	5.5000	1.50438
Standardnormal	20	-1.52	2.52	.3776	1.07588
Poisson, lambda=1	20	.00	4.00	1.5500	1.23438
exponential, lambda = 1	20	.03	6.37	1.4073	1.70075

Es fällt auf, dass unsere simulierten Werte noch recht stark von den theoretischen abweichen. Beispielsweise sollten Mittelwert und Standardabweichung bei der Standardnormalverteilung bei 'Null' und 'Eins' liegen. Die berechneten Werte von 0.3776 und 1.07 liegen davon ein großes Stück entfernt. Bei der Poissonverteilung erwarten wir einen Erwartungswert und eine Varianz von $\frac{1}{\lambda} = \frac{1}{1} = 1$. Erneut liegen die empirischen Werte deutlich davon entfernt.

Bisher haben wir nur 20 Werte simuliert. Eine Erhöhung der Anzahl an Zufallszahlen könnte uns möglicherweise bessere Werte liefern!

b) Jetzt brauchen Sie nur noch die Grafiken. Nutzen Sie die Option 'Balken...' für die diskreten Zufallszahlen und 'Histogramm...' für die stetigen Zufallszahlen. Vergessen Sie nicht die Grafiken auch in das Syntaxfile einzufügen. Ausführen des Syntaxfiles sollte Ihnen nun 4 Stichproben vom Umfang 20 erzeugen, im Ausgabefenster sollten eine Tabelle mit den deskriptiven Statistiken und die vier Grafiken erscheinen. Die Abbildungen 9.5 und 9.6 zeigen die Ergebnisse unserer Auswertung. Die Visualisierung unserer Daten bestätigt erneut unsere Vermutung, dass die simulierten

Daten noch nicht allzu gut mit unseren theoretischen Verteilungen übereinstimmen.

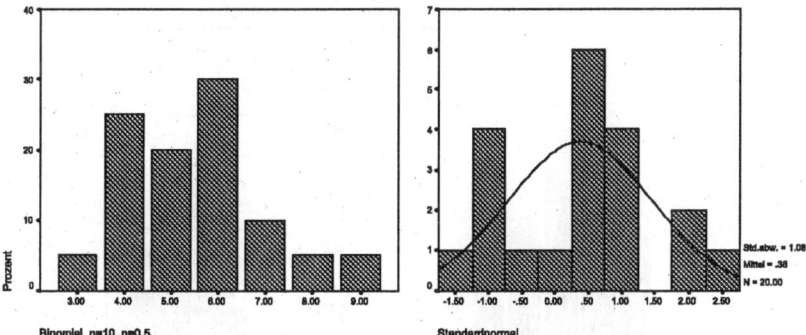

Abb. 9.5. Simulierte Verteilungen für N=20 (Binomial, Normal)

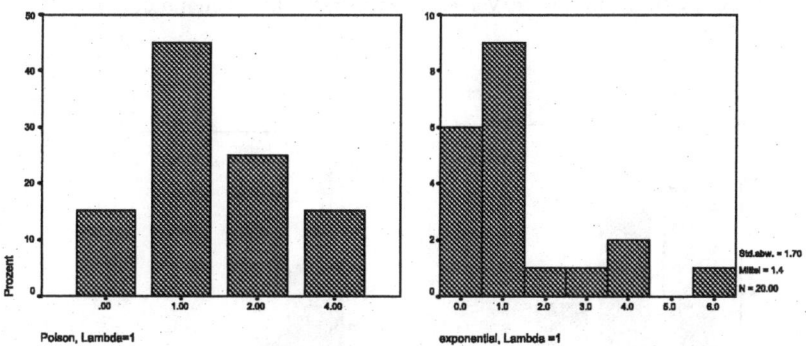

Abb. 9.6. Simulierte Verteilungen für N=20 (Poisson, Exponential)

c) Zum Erhöhen des Stichprobenumfangs müssen Sie nun lediglich die Ein-
sen der Variable 'stpr' kopieren und unten an die Variable einfügen. Wenn
Sie jetzt das Syntaxfile wiederum ausführen, so haben Sie die Analyse für
den Stichprobenumfang 40 gemacht. Weiteres Erhöhen des Umfang ge-
schieht analog.

Eine Erhöhung der Anzahl der Zufallszahlen wirkt sich sukzessive auf
eine Übereinstimmung von theoretischer und simulierter Verteilung aus.
In Abbildung 9.7 und 9.8 sind die Daten für jeweils 320 Zufallszahlen
visualisiert. Der Vergleich mit N=20 spricht für sich. Simulierte und theoretische Verteilung scheinen nun sehr gut miteinander übereinzustimmen.
Dies veranschaulicht auch die Tabelle unserer Ergebnisse für N=320:

	N	Min.	Max.	mean	St.dev.
Binomial,n=10, p=0.5	320	1.00	9.00	4.9219	1.57274
Standardnormal	320	-3.21	2.75	.0560	.98401
Poisson, lambda=1	320	.00	4.00	.9656	.96103
exponential, lambda = 1	320	.00	6.56	1.0223	1.02528

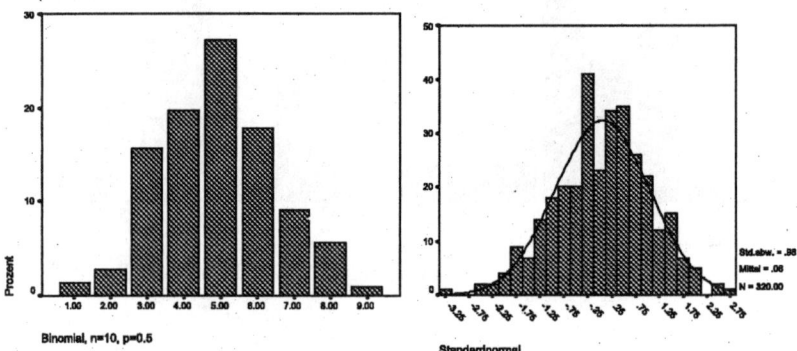

Abb. 9.7. Simulierte Verteilungen für N=320 (Binomial, Normal)

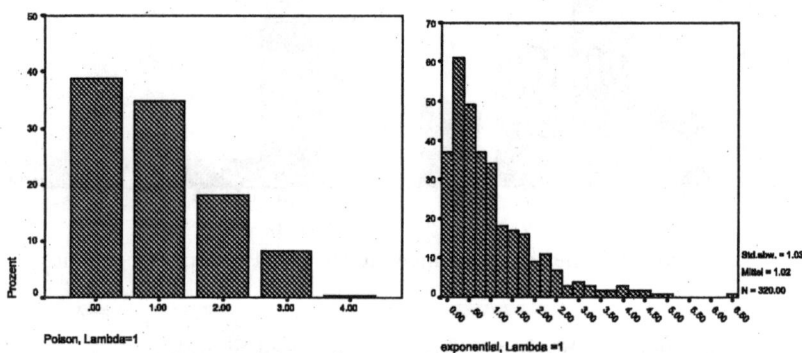

Abb. 9.8. Simulierte Verteilungen für N=320 (Poisson, Exponential)

d) Die Interpretation weiterer Ergebnisse wird dem interessierten Leser über-
lassen.

10. Schätzung von Parametern

10.1 Einleitung

Die bisher vorgestellten Verteilungen für die Beschreibung von Zufallsvariablen hängen von Parametern ab (Erwartungswert μ, Varianz σ^2, Wahrscheinlichkeit p der Null-Eins- und der Binomialverteilung), die unbekannt sind. Aus einer Stichprobe können Maßzahlen (Stichprobenmittelwert $\bar{x}$, Stichprobenvarianz s^2, relative Häufigkeit k/n) ermittelt werden, die wir als **Schätzwerte** der Parameter μ, σ^2, p der Grundgesamtheit bezeichnen.

Beispiel 10.1.1. Das Gewicht X von zehnjährigen Kindern einer amerikanischen Kleinstadt sei normalverteilt, $X \sim N(\mu, \sigma^2)$. Der Erwartungswert μ repräsentiert das mittlere (durchschnittliche) Gewicht der Kinder. Aus einer Stichprobe ermittelt man den Wert von $\bar{x}$ (mittleres Gewicht der zehnjährigen Kinder in der Stichprobe) als Schätzung des Parameters μ der zehnjährigen Kinder in der Kleinstadt.

Die konkreten Schätzwerte als Realisierungen von Zufallsvariablen – den Schätzungen – werden von Stichprobe zu Stichprobe verschieden sein, sie streuen um den unbekannten Parameter (im Beispiel μ).

Je nachdem, ob nur ein einziger Zahlenwert als Schätzgröße oder ein Intervall angegeben wird, spricht man von einer

- **Punktschätzung**
  bzw. von einer
- **Intervallschätzung**.

Unter einer **Stichprobe** verstehen wir allgemein bei endlicher Grundgesamtheit eine zufällige Auswahl von n Elementen aus den N Elementen der Grundgesamtheit, analog zu den Urnenmodellen der vorangegangenen Kapitel. Bei einem Zufallsexperiment erhält man die Stichprobe durch n-fache Wiederholung des Experiments. Falls alle X_i unabhängig und identisch verteilt sind, bezeichnen wir $\mathbf{X} = (X_1, \ldots, X_n)$ als i.i.d. Stichprobe. Die Schreibweise $\mathbf{X} = (X_1, \ldots, X_n)$ bezeichnet die Stichprobe (als Zufallsgröße), die X_i sind Zufallsvariablen. Nach Durchführung der Stichprobenziehung, d.h., nach Realisierung der Zufallsvariablen X_i in einem zufälligen Versuch, erhält man die konkrete Stichprobe $\mathbf{x} = (x_1, \ldots, x_n)$ mit den realisierten Werten x_i der Zufallsvariablen X_i.

Anmerkung. Wenn wir von Stichprobe sprechen, meinen wir stets die i.i.d. Stichprobe. Bei endlicher Grundgesamtheit sichert man die i.i.d. Eigenschaft durch Ziehen mit Zurücklegen, bei Zufallsexperimenten durch geeignete Versuchspläne (i.i.d.: independently identically distributed).

10.2 Punktschätzung von Parametern

Im Allgemeinen stellt sich das Problem der Schätzung von Parametern der Verteilung einer Zufallsvariablen X durch geeignete Maßzahlen. Ziel der *Punktschätzung* ist es, den unbekannten Parameter (z.B. μ) der Verteilung mittels einer Stichprobe vom Umfang n "möglichst gut" zu schätzen. Um festzulegen was unter "möglichst gut" zu verstehen ist, brauchen wir Gütekriterien, die Aussagen über die Güte der Schätzung liefern. Im Folgenden wollen wir aber nicht näher auf diese Gütekriterien eingehen (siehe dafür z.B. Toutenburg, *Induktive Statistik*), sondern in einer knappen Zusammenfassung die Punktschätzungen einiger wichtiger Fälle aufführen und analysieren:

- Punktschätzung für μ bei einer normalverteilten Zufallsvariable
- Punktschätzung für σ^2 bei einer normalverteilten Zufallsvariable
- Punktschätzung von p bei einer binomialverteilten Zufallsvariable .

10.2.1 Punktschätzung für μ bei einer normalverteilten Zufallsvariable

Die Zufallsvariable X sei normalverteilt mit $X \sim N(\mu, \sigma^2)$. Es liege eine unabhängige und identisch verteilte (i.i.d.) Stichprobe $X_1, X_2, ..., X_n$ vor. Dann ist die Punktschätzung $\hat{\mu}$ (lies: μ Hut oder μ Dach) von μ gegeben durch:

$$\hat{\mu} = \bar{X} = \frac{1}{n} \sum_{i=1}^{n} X_i \,. \tag{10.1}$$

Suchen wir also eine "möglichst gute" Schätzung für den Erwartungswert einer normalverteilten Zufallsvariable, so betrachten wir ganz einfach das arithmetische Mittel.

Beispiel 10.2.1. Wir betrachten erneut Beispiel 10.1.1. In der Stadt sei nun eine Stichprobe vom Umfang n = 20 gezogen worden. Es ergaben sich folgende Werte (in kg):

> 40.2, 32.8, 38.2, 43.5, 47.6, 36.6, 38.4, 45.5, 44.4, 40.3
> 34.6, 55.6, 50.9, 38.9, 37.8, 46.8, 43.6, 39.5, 49.9, 34.2

Um nun eine Schätzung für den Mittelwert in der *gesamten* Kleinstadt zu bekommen, betrachten wir den Mittelwert des Körpergewichtes in der Stichprobe:

$$\hat{\mu} = \bar{x} = \frac{1}{n} \sum_{i=1}^{n} x_i = \frac{1}{20}(40.2 + 32.8 + ... + 34.2) = 41.97 \,.$$

10.2.2 Punktschätzung für σ^2 bei einer normalverteilten Zufallsvariable

Die Zufallsvariable X sei normalverteilt mit $X \sim N(\mu, \sigma^2)$. Es liege eine unabhängige und identisch verteilte (i.i.d.) Stichprobe $X_1, X_2, ..., X_n$ vor. Dann ist die Punktschätzung für σ^2 gegeben durch:

$$\hat{\sigma}^2 = s_X^2 = \frac{1}{n-1} \sum_{i=1}^{n} (X_i - \bar{X})^2 . \tag{10.2}$$

Für eine "gute" Schätzung der Varianz betrachten wir also die Stichprobenvarianz $(\frac{1}{n} \sum_{i=1}^{n} (X_i - \bar{X})^2)$ mit der Veränderung der Gewichtung zu "$\frac{1}{n-1}$".

Beispiel 10.2.2. Wir betrachten erneut Beispiel 10.1.1. Um einen möglichst guten Schätzwert für die Varianz des Körpergewichts aller Kinder in der Kleinstadt zu bekommen, betrachten wir die Punktschätzung:

$$\hat{\sigma}^2 = s_x^2 = \frac{1}{n-1} \sum_{i=1}^{n} (x_i - \bar{x})^2$$

$$= \frac{1}{19} ((40.2 - 41.97)^2 + ... + (34.2 - 41.97)^2) \approx 36.85 .$$

Die Wurzel hieraus, also etwa 6.07, ergibt den Schätzwert für die Standardabweichung. Im Mittel streut das Körpergewicht also um 6.07 kg um den Mittelwert von 41.97 kg.

10.2.3 Punktschätzung von p bei einer binomialverteilten Zufallsvariable

Sei X eine binomialverteilte Zufallsvariable mit $X \sim B(n; p)$. Es liege eine unabhängige und identisch verteilte (i.i.d.) Stichprobe $X_1, X_2, ..., X_n$ vor. Dann ist die Punktschätzung der unbekannten Wahrscheinlichkeit gegeben durch:

$$\hat{p} = \frac{1}{n} \sum_{i=1}^{n} X_i . \tag{10.3}$$

Die "beste" Schätzung für die Binomialwahrscheinlichkeit ist demnach nichts anderes als die relative Häufigkeit.

Anmerkung. Für $np(1-p) \geq 9$ gilt: $\hat{p} \sim N(p, \frac{p(1-p)}{n})$.

Beispiel 10.2.3. Eine Bibliothek zieht aus ihrer Kundendatei zufällig n = 100 Kunden, um festzustellen welcher Anteil ihrer Mitglieder schon eine Strafe für zu spätes Zurückbringen von Büchern zahlen musste. Dabei wurden unter den 100 Mitgliedern 39 gefunden, die bereits eine Strafe gezahlt haben. Als Schätzung für die unzuverlässigen Kunden der *gesamten* Bibliothek ergibt sich:

$$\hat{p} = \frac{1}{n} \sum_{i=1}^{n} x_i = \frac{1}{100} \cdot 39 = \frac{39}{100} = 0.39 .$$

10.3 Konfidenzschätzungen von Parametern

10.3.1 Grundlagen

Eine Punktschätzung hat den Nachteil, dass kein Hinweis auf die Genauigkeit dieser Schätzung gegeben wird. Die Abweichung zwischen Punktschätzung und wahrem Parameter (z.B. $|\bar{x} - \mu|$) kann erheblich sein, insbesondere bei kleinem Stichprobenumfang. Aussagen über die Genauigkeit einer Schätzung liefert die **Konfidenzmethode**. Bei ihr wird für den unbekannten Parameter ein Zufallsintervall mit den Grenzen $I_u(\mathbf{X})$ und $I_o(\mathbf{X})$ bestimmt, das den unbekannten Parameter θ (z.B. den Erwartungswert μ) mit vorgegebener Wahrscheinlichkeit von mindestens $1 - \alpha$ überdeckt:

$$P_\theta(I_u(\mathbf{X}) \leq \theta \leq I_o(\mathbf{X})) \geq 1 - \alpha. \tag{10.4}$$

Die Wahrscheinlichkeit $1 - \alpha$ heißt **Konfidenzniveau**, $I_u(\mathbf{X})$ heißt untere und $I_o(\mathbf{X})$ obere **Konfidenzgrenze**.

Wir wollen noch einmal darauf hinweisen, dass die Intervallgrenzen $I_u(\mathbf{X})$ und $I_o(\mathbf{X})$ als Funktionen der Stichproben Zufallsgrößen sind. Damit kann ein Konfidenzintervall den Parameter θ überdecken oder auch nicht überdecken. Die Intervalle werden gerade so konstruiert, dass die Wahrscheinlichkeit für die Überdeckung des unbekannten Parameters mindestens $(1 - \alpha)$ beträgt. α drückt das Risiko für eine falsche Aussage (Nichtüberdeckung) aus, das bei der Angabe eines Konfidenzintervalls für θ eingegangen wird. Dieses Risiko muß vorher festgelegt werden.

Häufigkeitsinterpretation: Wenn N unabhängige Stichproben $\mathbf{X}^{(j)}$ aus derselben Grundgesamtheit gezogen werden und dann jeweils Konfidenzintervalle der Form $[I_u(\mathbf{X}^{(j)}), I_o(\mathbf{X}^{(j)})]$ berechnet werden, so überdecken bei hinreichend großem N etwa $N(1 - \alpha)$ aller Intervalle (10.4) den unbekannten, wahren Wert.

Wir möchten also anstelle eines festen Wertes ein Intervall für die Schätzung eines Parameters einer Verteilung angeben. Dazu betrachten wir folgende nützliche und wichtige Beispiele:

• Konfidenzschätzung für den Erwartungswert einer normalverteilten Zufallsvariable
• Konfidenzschätzung für die Wahrscheinlichkeit p einer binomialverteilten Zufallsvariable.

10.3.2 Konfidenzschätzung des Erwartungswerts einer Normalverteilung

Konfidenzschätzung für μ ($\sigma^2 = \sigma_0^2$ bekannt)

Gegeben sei eine i.i.d. Stichprobe der $N(\mu, \sigma^2)$-verteilten Zufallsvariablen X. Wir verwenden die Punktschätzung $\bar{X} = \frac{1}{n} \sum_{i=1}^{n} X_i$ aus (10.4) für μ und konstruieren ein Konfidenzintervall, das symmetrisch um μ liegen soll. Die Punktschätzung $\bar{X}$ besitzt unter H_0 eine $N(\mu, \sigma_0^2/n)$-Verteilung. Damit ist $\frac{\bar{X}-\mu}{\sigma_0}\sqrt{n} \sim N(0,1)$, und es gilt

$$P_\mu \left(\left| \frac{\bar{X} - \mu}{\sigma_0} \sqrt{n} \right| \leq z_{1-\frac{\alpha}{2}} \right) = 1 - \alpha. \qquad (10.5)$$

($z_{1-\alpha/2}$ bezeichnet das $(1 - \alpha/2)$-Quantil der $N(0,1)$-Verteilung.) Wir lösen diese Ungleichung nach μ auf und erhalten das gesuchte Konfidenzintervall für μ dann als

$$[I_u(\mathbf{X}), I_o(\mathbf{X})] = \left[\bar{X} - z_{1-\alpha/2} \frac{\sigma_0}{\sqrt{n}}, \bar{X} + z_{1-\alpha/2} \frac{\sigma_0}{\sqrt{n}} \right]. \qquad (10.6)$$

Anmerkung. Für $\alpha = 0.05$ gilt $z_{1-\frac{\alpha}{2}} = z_{0.975} = 1.96$.

Beispiel 10.3.1. Wir betrachten erneut Beispiel 10.1.1. Nehmen wir an, wir wüssten, dass die Varianz der gesamten Kleinstadt bei 49 liegt. Dann lässt sich das 95%-Konfidenzintervall für das Gewicht der Kinder wie folgt berechnen:

$$I_u(X) = \bar{X} - z_{1-\alpha/2} \frac{\sigma_0}{\sqrt{n}} = 41.97 - 1.96 \frac{\sqrt{49}}{\sqrt{20}} \approx 38.90\,,$$

$$I_o(X) = \bar{X} + z_{1-\alpha/2} \frac{\sigma_0}{\sqrt{n}} = 41.97 - 1.96 \frac{\sqrt{49}}{\sqrt{20}} \approx 45.04\,.$$

Damit erhalten wir ein Konfidenzintervall von $[I_u(X), I_o(X)] = [38.90, 45.04]$, in dem das Gewicht eines zufällig ausgewählten Kindes mit 95%iger Sicherheit liegt.

Konfidenzschätzung für μ (σ^2 unbekannt)

Wenn die Varianz σ^2 unbekannt ist, schätzen wir sie durch die Stichprobenvarianz (vgl. (9.20))

$$S_X^2 = \frac{1}{n-1} \sum_{i=1}^n (X_i - \bar{X})^2 \sim \frac{\sigma^2}{n-1} \chi_{n-1}^2\,.$$

Da $\bar{X}$ und S_X^2 unabhängig sind, ist

$$\frac{\bar{X} - \mu}{S_X} \sqrt{n} \sim t_{n-1}$$

t-verteilt mit $n - 1$ Freiheitsgraden (vgl. (9.22)). Daraus folgt:

$$[I_u(\mathbf{X}), I_o(\mathbf{X})] = \left[\bar{X} - t_{n-1;1-\alpha/2} \cdot \frac{S_X}{\sqrt{n}}, \bar{X} + t_{n-1;1-\alpha/2} \cdot \frac{S_X}{\sqrt{n}} \right]. \qquad (10.7)$$

Für gleiches α und gleichen Stichprobenumfang n ist das Intervall (10.7) im allgemeinen breiter als das Intervall (10.6), da der unbekannte Parameter σ^2 durch S_X^2 geschätzt werden muß, was zusätzliche Unsicherheit hereinbringt.

Beispiel 10.3.2. Wir betrachten erneut das Beispiel des Gewichts der zehnjährigen Kinder. In Abschnitt 10.2 haben wir bereits die Punktschätzer für Varianz und Erwartungswert berechnet. Mit diesen Werten, einem α von 0.05 (95%-Konfidenzintervall), $t_{19;0.975} = 2.093$ (aus Tabelle A.3) und n-1=19 Freiheitsgraden folgt für das Konfidenzintervall:

$$I_u(X) = \bar{x} - t_{19;0.975} \cdot \frac{s_X}{\sqrt{n}} = 41.97 - 2.093 \cdot \frac{6.07}{\sqrt{20}} \approx 39.13$$

$$I_o(X) = \bar{x} + t_{19;0.975} \cdot \frac{s_X}{\sqrt{n}} = 41.97 - 2.093 \cdot \frac{6.07}{\sqrt{20}} \approx 44.81$$

Damit erhalten wir ein Konfidenzintervall von $[I_u(X), I_o(X)] = [39, 13, 44.81]$.

10.3.3 Konfidenzschätzung einer Binomialwahrscheinlichkeit

In Kapitel 10.2.3 haben wir bereits den Punktschätzer für die Binomialwahrscheinlichkeit p kennengelernt. Er berechnet sich als:

$$\hat{p} = \frac{X}{n} = \frac{1}{n} \sum_{i=1}^{n} X_i \,.$$

Da X die Varianz $np(1 - p)$ besitzt, lautet die Varianz der Schätzung $\hat{p}$

$$\mathrm{Var}(\hat{p}) = \frac{p(1 - p)}{n}$$

und sie wird geschätzt durch:

$$S_{\hat{p}}^2 = \frac{\hat{p}(1 - \hat{p})}{n} \,.$$

Möchte man exakte Konfidenzintervalle für die Binomialwahrscheinlichkeit bestimmen, so benötigt man die Hilfe der Tafeln der Binomialverteilung. Ist die Bedingung $np(1 - p) \geq 9$ erfüllt, so kann man eine Näherung verwenden, die die Binomialverteilung durch die Normalverteilung approximiert:

$$Z = \frac{\hat{p} - p}{\sqrt{\hat{p}(1 - \hat{p})/n}} \overset{approx.}{\sim} N(0, 1) \,, \tag{10.8}$$

also gilt

$$P\left(\hat{p} - z_{1-\alpha/2} \sqrt{\frac{\hat{p}(1 - \hat{p})}{n}} \leq p \leq \hat{p} + z_{1-\alpha/2} \sqrt{\frac{\hat{p}(1 - \hat{p})}{n}} \right) \approx 1 - \alpha \,, \tag{10.9}$$

und wir erhalten das Konfidenzintervall für p

$$\left[\hat{p} - z_{1-\alpha/2} \sqrt{\frac{\hat{p}(1-\hat{p})}{n}} \, , \, \hat{p} + z_{1-\alpha/2} \sqrt{\frac{\hat{p}(1-\hat{p})}{n}} \right] . \tag{10.10}$$

Beispiel 10.3.3. Wir betrachten erneut das Beispiel der Bibliothekskunden (siehe Beispiel 10.2.3). Nun möchten wir für den bereits geschätzten Parameter ein 95%-Konfidenzintervall erstellen.

Mit $n\hat{p}(1-\hat{p}) = 100 \cdot 0.39 \cdot 0.61 = 23.79 > 9$ ist die notwendige Voraussetzung für die Verwendung der Normalapproximation erfüllt. Wir erhalten mit $z_{1-\alpha/2} = z_{0.975} = 1.96$ und $\hat{p} = 0.39$

$$\left[0.39 - 1.96\sqrt{\frac{0.39 \cdot 0.61}{100}} \, , \, 0.39 + 1.96\sqrt{\frac{0.39 \cdot 0.61}{100}} \right] = [0.294, 0.486]$$

das Konfidenzintervall für das unbekannte p.

10.4 Aufgaben

Aufgabe 10.1: Wir betrachten erneut Aufgabe 2.5. Im Gebiet östlich des Etosha-Nationalparks in Namibia sei im Zuge wissenschaftlicher Arbeiten das Gewicht (in kg) von 24 Eland-Antilopen erhoben worden:

$$450 \ 730 \ 700 \ 600 \ 620 \ 660 \ 850 \ 520 \ 490 \ 670 \ 700 \ 820$$
$$910 \ 770 \ 760 \ 620 \ 550 \ 520 \ 590 \ 490 \ 620 \ 660 \ 940 \ 790$$

Gehen Sie davon aus, dass es sich bei dem Körpergewicht um ein normalverteiltes Merkmal handelt und berechnen Sie

a) die Punktschätzer für μ und σ^2,
b) das Konfidenzintervall für μ ($\alpha = 0.05$).

Lösung:

a) Die Punktschätzung von μ erhalten wir über $\bar{x}$:

$$\hat{\mu} = \bar{x} = \frac{1}{n} \sum_{i=1}^{n} x_i = \frac{1}{24}(450 + \ldots + 790) = 667.92 \, .$$

Die Schätzung von σ^2 erhalten wir über s^2:

$$\hat{\sigma}^2 = s^2 = \frac{1}{n-1} \sum_{i=1}^{n} (x_i - \bar{x})^2$$

$$= \frac{1}{23}((450 - 667.92)^2 + \ldots + (790 - 667.92)^2) \approx 18035 \, .$$

b) Mit $t_{23;0.975} = 2.07$, $\alpha = 0.05$ und den aus Aufgabenteil a) berechneten Werten erhalten wir folgende Intervallgrenzen:

$$I_u(X) = \bar{x} - t_{n-1;1-\alpha/2} \cdot \frac{s}{\sqrt{n}} = 667.92 - t_{23;0.975} \cdot \frac{\sqrt{18035}}{\sqrt{24}} \approx 611.17\,,$$

$$I_o(X) = \bar{x} + t_{n-1;1-\alpha/2} \cdot \frac{s}{\sqrt{n}} 667.92 - t_{23;0.975} \cdot \frac{\sqrt{18035}}{\sqrt{24}} \approx 724.66\,.$$

Damit erhalten wir ein Konfidenzintervall von $[611.17; 724.66]$

Aufgabe 10.2: Wir betrachten das Merkmal 'Körpergröße' bei Spielern der Basketballteams 'GHP Bamberg' und 'Bayer Giants Leverkusen', sowie bei Spielern der Fußballmannschaft 'SV Werder Bremen'. SPSS liefert uns folgende deskriptiven Statistiken:

	N	Minimum	Maximum	Mittelwert	Std. abw.
Bamberg	16	185	211	199.06	7.047
Leverkusen	14	175	210	196.00	9.782
Bremen	23	178	195	187.52	5.239

Berechnen Sie ein 95%-Konfidenzintervall für jedes Team und interpretieren Sie Ihre Ergebnisse!

Lösung:

• Wir betrachten zuerst die Spieler des 'GHP Bamberg'. Mit $t_{15;0.975} = 2.1314$ und $\alpha = 0.05$ berechnen wir die Grenzen des Konfidenzintervalls:

$$I_u(Ba) = \bar{x} - t_{n-1;1-\alpha/2} \cdot \frac{s}{\sqrt{n}} = 199.06 - t_{15;0.975} \cdot \frac{7.047}{\sqrt{16}} = 195.305\,,$$

$$I_o(Ba) = \bar{x} + t_{n-1;1-\alpha/2} \cdot \frac{s}{\sqrt{n}} = 199.06 + t_{15;0.975} \cdot \frac{7.047}{\sqrt{16}} = 202.815\,.$$

Damit erhalten wir ein Konfidenzintervall von $[195.305; 202.815]$.

• Für Leverkusen erhalten wir mit $t_{13;0.975} = 2.1604$ und $\alpha = 0.05$:

$$I_u(L) = \bar{x} - t_{n-1;1-\alpha/2} \cdot \frac{s}{\sqrt{n}} = 196 - t_{13;0.975} \cdot \frac{9.782}{\sqrt{14}} = 190.352\,,$$

$$I_o(L) = \bar{x} + t_{n-1;1-\alpha/2} \cdot \frac{s}{\sqrt{n}} = 196 + t_{13;0.975} \cdot \frac{9.782}{\sqrt{14}} = 201.648\,.$$

Damit erhalten wir ein Konfidenzintervall von $[190.352; 201.648]$.

• Für die Fußballmannschaft des SV Werder Bremen berechnen wir die Grenzen wie folgt ($t_{22,0.975} = 2.0739$):

$$I_u(Br) = \bar{x} - t_{n-1;1-\alpha/2} \cdot \frac{s}{\sqrt{n}} = 187.52 - t_{22;0.975} \cdot \frac{5.239}{\sqrt{23}} = 185.255 \,,$$

$$I_o(Br) = \bar{x} + t_{n-1;1-\alpha/2} \cdot \frac{s}{\sqrt{n}} = 187.25 + t_{22;0.975} \cdot \frac{5.239}{\sqrt{23}} = 189.786 \,.$$

Damit erhalten wir ein Konfidenzintervall von $[185.255; 189.786]$.

- Die Werte der Konfidenzintervalle sind bei den beiden Basketballteams erwartungsgemäß höher. Bei beiden Teams ist der untere Wert des Konfidenzintervalls höher als der oberste Wert des Konfidenzintervalls für Bremen. Die Intervalle überdecken sich also nicht.

Aufgabe 10.3: Ein Ehepaar wirft nach jedem Essen eine Münze um zu bestimmen, wer den Abwasch zu erledigen hat. Zeigt die Münze "Wappen", so hat sich der Mann um den Abwasch zu kümmern, bei "Zahl" ist es die Aufgabe der Frau. Nach insgesamt 98 Würfen fiel die Münze 59 mal auf Zahl.

a) Schätzen Sie die Wahrscheinlichkeit dafür, dass die Frau den Abwasch zu erledigen hat!

b) Erstellen Sie für den geschätzten Parameter ein passendes 95%-Konfidenzintervall. Wie interpretieren Sie Ihre Ergebnisse?

Lösung:

a) Mit n = 98 folgt:

$$\hat{p} = \frac{1}{n} \sum_{i=1}^{n} X_i = \frac{1}{98} \cdot 59 = \frac{59}{98} \approx 0.602$$

b) Wir wissen, dass $n\hat{p}(1-\hat{p}) = 98 \cdot 0.602 \cdot 0.398 = 23.48 > 9$ ist, und können daher die Normalapproximation verwenden. Mit $z_{1-\alpha/2} = z_{0.975} = 1.96$ erhalten wir:

$$I_u(X) = 0.602 - 1.96\sqrt{\frac{0.602 \cdot 0.398}{98}} = 0.553 \,,$$

$$I_o(X) = 0.602 + 1.96\sqrt{\frac{0.602 \cdot 0.398}{98}} = 0.651 \,.$$

Damit erhalten wir ein Konfidenzintervall von $[0.553, 0.651]$, das die Wahrscheinlichkeit von p = 0.5 nicht überdeckt, was bei einer fairen Münze aber zu erwarten wäre. Der Verdacht, dass die Münze unfair ist, liegt nahe. Die Frau ist also beim Abwasch-Auslosen benachteiligt.

11. Prüfen statistischer Hypothesen

11.1 Einleitung

Im vorausgegangenen Kapitel haben wir Schätzungen für unbekannte Parameter von Verteilungen zufälliger Variablen betrachtet. Nun ist es aber oft von Interesse, ob bestimmte Vermutungen über einen Parameter in der Grundgesamtheit zutreffen oder nicht.

Beispielsweise könnte ein Forscher bereits eine Hypothese über einen Sachverhalt besitzen und möchte seine Vermutung anhand einer Stichprobe bestätigen. Möglicherweise hat er die Hypothese, dass männliche Säuglinge im Mutterleib aktiver sind als weibliche, oder dass Studenten einer Hochschule A im Mittel besser bei einem Test abschneiden als solche einer Hochschule B. In der Regel wird der Forscher aber nicht alle notwendigen Daten zur Verfügung haben. So kann er natürlich nicht die Aktivität *aller* Säuglinge einer Grundgesamtheit betrachten, sondern nur die eines Teils, also einer Stichprobe.

Wir möchten also anhand einer Stichprobe zu einer Entscheidung über eine aufgestellte Hypothese bezüglich einer Grundgesamtheit gelangen. Es soll über einen Teil einer "Population" ein Rückschluss auf die gesamte "Population" gezogen werden.

11.2 Grundlegende Begriffe

11.2.1 Ein- und Zweistichprobenprobleme

Da in der Praxis verschiedenste Frage- und Problemstellungen auftreten, müssen wir uns zu allererst klar werden, mit welchen Testproblemen wir uns beschäftigen können. Zuerst unterschieden wir die Fälle des **Einstichprobenproblems** und des **Zweistichprobenproblems**. Beim Einstichprobenproblem liegen uns Daten aus *einer* Stichprobe vor, anhand derer wir einen Rückschluss auf einen Lageparameter ziehen wollen. Beim Zweistichprobenproblem dagegen betrachten wir die Daten aus *zwei* Stichproben und vergleichen z.B. einen Lageparameter zwischen den beiden Stichproben.

Anmerkung. Die beiden Stichproben können unabhängig (z.B. das Gewicht von Männer und Frauen) oder verbunden sein (z.B. das Gewicht einer Person vor/nach einer Diät).

Beispiel 11.2.1. Es liegen die Ergebnisse von je 10 Schülern der 6. Klasse zweier Gymnasien im Weitsprung vor. Eine mögliche Hypothese innerhalb des Einstichprobenproblems wäre, dass die Schüler des ersten Gymnasiums im Mittel 3.50 Meter weit springen. Für das Zweistichprobenproblem wäre eine zu untersuchende Fragestellung, ob die Schüler des ersten Gymnasiums im Mittel weiter springen als die des zweiten.

11.2.2 Ein- und Zweiseitige Tests

Die zu testende Hypothese, die wir innerhalb eines Sachverhalts formuliert haben, wird auch als **Nullhypothese** H_0 bezeichnet. Die **Alternativhypothese** wird H_1 genannt. Haben wir ein Testproblem mit einer Null- und Alternativhypothese, so unterscheiden wir zwischen **einseitigem Testproblem** und **zweiseitigem Testproblem**. Für einen unbekannten Parameter θ (z.B. μ) und einen festen Wert θ_0 (z.B. 5) stellt sich die Situation wie folgt dar:

Fall	Nullhypothese	Alternativhypothese	
(a)	$\theta = \theta_0$	$\theta \neq \theta_0$	zweiseitiges Testproblem
(b)	$\theta \geq \theta_0$	$\theta < \theta_0$	einseitiges Testproblem
(c)	$\theta \leq \theta_0$	$\theta > \theta_0$	einseitiges Testproblem

Beispiel 11.2.2. Einstichprobenprobleme prüfen als Nullhypothese H_0, ob Sollwerte/Standards eingehalten werden oder nicht:

- Abfüllgewichte (1kg Mehl, 1kg Zucker)
- Langjährige mittlere Julitemperatur in München (22°C)
- Bisherige Frauenquote im Fach Statistik (57%)
- Anteil der Verkehrsunfälle unter Alkohol (12%)
- Körpergröße (Männer) = 178 cm .

Bei Einstichprobenproblemen beinhalten die Alternativ- oder Arbeitshypothesen H_1 Abweichungen vom Sollwert/Standard:

- Unterschreitung des Abfüllgewichts
- Anstieg der Temperatur
- Anstieg der Frauenquote
- Rückgang der Alkoholunfälle
- Körpergröße (Männer) $\neq$ 178 cm .

Zweistichprobenprobleme prüfen als Nullhypothese H_0, ob zwei unabhängige Stichproben gleiche Parameter besitzen:

- mittleres Abfüllgewicht bei Maschine 1 gleich mittleres Abfüllgewicht bei Maschine 2
- mittlere Punktzahl Soziologie = mittlere Punktzahl Psychologie (in der Statistikklausur)
- Durchschnittstemperatur (Juli) in München und in Basel gleich

- Varianz der Körpergröße (Männer) = Varianz der Körpergröße (Frauen)
- Anteil p(A) säumiger Ratenzahler im Versandhaus A = Anteil p(B) säumiger Ratenzahler im Versandhaus B, also p(A) = p(B) = p oder p(A) - p(B) = 0 .

Bei Zweistichprobenproblemen beinhalten die Alternativ- oder Arbeitshypothesen H_1 ein- oder zweiseitige Abweichungen von der Gleichheit dieser Parameter:

- mittleres Abfüllgewicht (Maschine 1) < mittleres Abfüllgewicht (Maschine 2)
- mittlere Punktzahl (Soziologie) $\neq$ mittlere Punktzahl (Psychologie)
- Durchschnittstemperatur (Juli) in München > Durchschnittstemperatur (Juli) in Basel
- Varianz der Körpergröße (Männer) $\neq$ Varianz der Körpergröße (Frauen)
- p(A) - p(B) > 0.

11.2.3 Allgemeines Vorgehen

Bei einem Test geht man wie folgt vor:

1) Verteilungsannahme über die Zufallsvariable X.
2) Formulierung der Nullhypothese und der Alternativhypothese.
3) Vorgabe einer Irrtumswahrscheinlichkeit α.
4) Konstruktion einer geeigneten Testgröße $T(\mathbf{X}) = T(X_1, \ldots, X_n)$ als Funktion der Stichprobenvariablen $\mathbf{X}$, deren Verteilung unter der Nullhypothese vollständig bekannt sein muß.
5) Wahl eines kritischen Bereichs K aus dem möglichen Wertebereich von $T(\mathbf{X})$ derart, dass $P_\theta(T(\mathbf{X}) \in K) \leq \alpha$ gilt.
6) Berechnung der Realisierung $t = T(x_1, \ldots, x_n)$ der Testgröße $T(\mathbf{X})$ anhand der konkreten Stichprobe $(x_1, \ldots, x_n)$.
7) Entscheidungsregel: Liegt der Wert $t = T(x_1, \ldots, x_n)$ für die konkrete Stichprobe im kritischen Bereich K, so wird die Nullhypothese abgelehnt. Ist t nicht im kritischen Bereich, so wird die Nullhypothese nicht abgelehnt:

$$t \in K : H_0 \text{ ablehnen} \Rightarrow H_1 \text{ ist statistisch signifikant,}$$

$$t \notin K : H_0 \text{ nicht ablehnen.}$$

11.2.4 Fehler 1. und 2. Art

Bei der Durchführung eines statistischen Tests können zwei Arten von Fehlern gemacht werden:

- Die Hypothese H_0 ist richtig und wird abgelehnt; diesen Fehler bezeichnet man als **Fehler 1. Art**.

- Die Hypothese H_0 wird nicht abgelehnt, obwohl sie falsch ist; dies ist der **Fehler 2. Art**.

Insgesamt gibt es also folgende vier Situationen.

	H_0 ist richtig	H_0 ist nicht richtig
H_0 wird nicht abgelehnt	richtige Entscheidung	Fehler 2. Art
H_0 wird abgelehnt	Fehler 1. Art	richtige Entscheidung

Bei der Konstruktion eines Tests haben wir uns immer ein Signifikanzniveau α vorgegeben (z. B. $\alpha = 0.05$) das nicht überschritten werden darf. Dieses entspricht dem Fehler 1. Art, d.h. $P(H_1|H_0) = \alpha$.

11.3 Einstichprobenprobleme

11.3.1 Prüfen des Mittelwerts bei bekannter Varianz (einfacher Gauss-Test)

Wir wollen im Folgenden prüfen, ob der unbekannte Erwartungswert μ einer $N(\mu, \sigma^2)$-verteilten Zufallsvariablen X einen bestimmten Wert ($\mu = \mu_0$ besitzt bzw. über- oder unterschreitet. Dabei sei zunächst die Varianz $\sigma^2 = \sigma_0^2$ bekannt. Wir werden nun zuerst gemäß dem Schema aus Kapitel 11.2.3 das Vorgehen des Tests schildern und dann anhand eines Beispiels noch einmal verdeutlichen.

1. Verteilungsannahme: Die Zufallsvariable X ist $N(\mu, \sigma_0^2)$-verteilt mit bekannter Varianz σ_0^2.

2. Festlegen von H_0 und H_1:

$$H_0 : \mu = \mu_0 \quad gegen \quad H_1 : \mu \neq \mu_0, \qquad zweiseitig$$
$$H_0 : \mu \leq \mu_0 \quad gegen \quad H_1 : \mu > \mu_0, \qquad einseitig$$
$$H_0 : \mu \geq \mu_0 \quad gegen \quad H_1 : \mu < \mu_0, \qquad einseitig.$$

3. Vorgabe der Irrtumswahrscheinlichkeit α: In der Regel wählt man $\alpha = 0.05$.

4. Konstruktion der Testgröße: Wir schätzen den unbekannten Erwartungswert durch das arithmetische Mittel der Stichprobenwerte (Stichprobenmittelwert)

$$\bar{X} = \frac{1}{n} \sum_{i=1}^{n} X_i \overset{H_0}{\sim} N(\mu_0, \frac{\sigma_0^2}{n})$$

und bilden durch Standardisierung daraus die unter H_0 $N(0,1)$-verteilte Prüfgröße

$$T(\mathbf{X}) = \frac{\bar{X} - \mu_0}{\sigma_0} \sqrt{n} \overset{H_0}{\sim} N(0,1).$$

5. *Kritischer Bereich:* Wir wissen, dass die Testgröße standardnormalverteilt ist. Daraus ermitteln wir folgende kritische Bereiche:

Fall	H_0	H_1	Kritischer Bereich K
(a)	$\mu = \mu_0$	$\mu \neq \mu_0$	$K = (-\infty, -z_{1-\alpha/2}) \cup (z_{1-\alpha/2}, \infty)$
(b)	$\mu \geq \mu_0$	$\mu < \mu_0$	$K = (-\infty, -z_\alpha)$
(c)	$\mu \leq \mu_0$	$\mu > \mu_0$	$K = (z_{1-\alpha}, \infty)$

Im Fall (a) mit H_0: $\mu = \mu_0$ und H_1: $\mu \neq \mu_0$ interessieren wir uns für beide Enden der Verteilung der Testgröße. Ist der standardisierte Wert unserer Stichprobe deutlich kleiner als vermutet, so spricht das gegen unsere Hypothese, ist der Wert deutlich größer, so spricht auch dies gegen unsere Vermutung. Für $\alpha = 0.05$ beispielsweise würde dies bedeuten, dass 2.5% des rechten äußeren Endes sowie 2.5% des linken äußeren Endes für Werte stehen, die "zu unwahrscheinlich" sind um für unsere Nullhypothese zu sprechen (siehe dazu auch Abbildung 11.1). Für $\alpha = 0.05$ ist $z_{1-\frac{\alpha}{2}} = 1.96$.

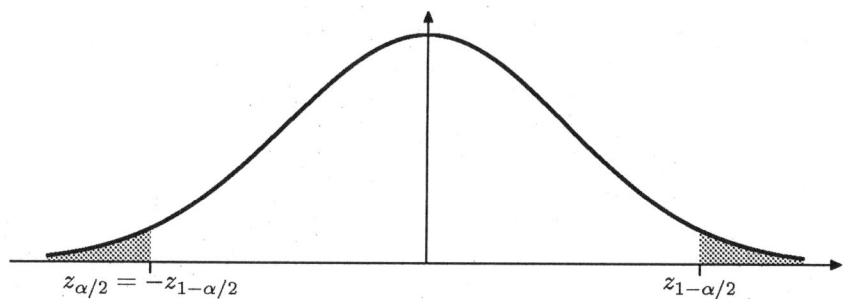

Abb. 11.1. Kritischer Bereich für den zweiseitigen einfachen Gauss-Test H_0: $\mu = \mu_0$ gegen H_1: $\mu \neq \mu_0$. Der kritische Bereich $K = (-\infty, -z_{1-\alpha/2}) \cup (z_{1-\alpha/2}, \infty)$ besitzt unter H_0 die durch die grauen Flächen dargestellte Wahrscheinlichkeitsmasse α.

Für den Fall (c) dagegen ist nur eine "Richtung" entscheidend. Nur ein sehr hoher Wert der Testgröße kann unsere Hypothese H_0 widerlegen, ein sehr kleiner Wert dagegen spricht für H_0. Dazu betrachten wir auch Abbildung 11.2 in der dies noch einmal verdeutlicht wird. Durch analoge Überlegungen bekommen wir dann auch den kritischen Bereich für Fall (b). Für $\alpha = 0.05$ ist $z_{1-\alpha} = 1.64$.

6. *Realisierung der Testgröße:* Aus einer konkreten Stichprobe $x_1, \ldots, x_n$ wird der Stichprobenmittelwert

$$\bar{x} = \frac{1}{n} \sum_{i=1}^{n} x_i$$

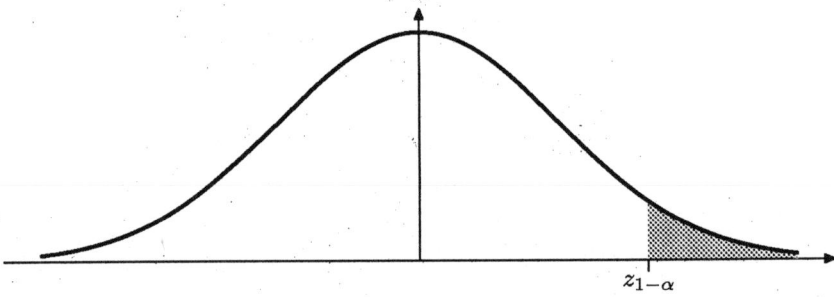

Abb. 11.2. Kritischer Bereich für den einseitigen einfachen Gauss-Test H_0: $\mu \leq \mu_0$ gegen H_1: $\mu > \mu_0$. Der kritische Bereich $K = (z_{1-\alpha}, \infty)$ besitzt unter H_0 die durch die graue Fläche dargestellte Wahrscheinlichkeitsmasse α.

und daraus die Realisierung $t = T(x_1, \ldots, x_n)$ der Testgröße $T(\mathbf{X})$ ermittelt

$$t = \frac{\bar{x} - \mu_0}{\sigma_0} \sqrt{n}\,.$$

7. Testentscheidung: Liegt die Testgröße innerhalb des kritischen Bereichs, so muß die Nullhypothese verworfen werden. Daraus folgt:

Fall	H_0	H_1	Lehne H_0 ab, wenn
(a)	$\mu = \mu_0$	$\mu \neq \mu_0$	$|t| > z_{1-\alpha/2}$
(b)	$\mu \geq \mu_0$	$\mu < \mu_0$	$t < z_\alpha = -z_{1-\alpha}$
(c)	$\mu \leq \mu_0$	$\mu > \mu_0$	$t > z_{1-\alpha}$

Beispiel 11.3.1. Eine große Firma liefert tiefgefrorene Torten an Supermärkte. Die (in kg gemessene) Masse X der Torten sei dabei normalverteilt. Das angegebene Verkaufsgewicht und damit die geforderte Mindestmasse sei $\mu = 2$ kg. Die Varianz $\sigma_0^2 = 0.1^2$ sei aus Erfahrung bekannt. Bei einer Stichprobe vom Umfang $n = 20$ Torten und einem durchschnittlichen Gewicht von $\bar{x} = 1.97$ kg soll überprüft werden, ob das Stichprobenergebnis gegen die Hypothese H_0: $\mu \geq \mu_0 = 2$ kg spricht. Mit $\alpha = 0.05$ und $z_{1-\alpha} = 1.64$ folgt für die Realisierung der Testgröße:

$$t = \frac{\bar{x} - \mu_0}{\sigma_0} \sqrt{n} = \frac{1.97 - 2}{0.1} \sqrt{20} = -1.34.$$

Das heißt, die Nullhypothese, dass das Gewicht der Torten bei mindestens zwei kg liegt, wird nicht abgelehnt, da $t = -1.34 > -1.64 = -z_{1-0.05} = z_{0.05}$.

Interpretation: Die in der Stichprobe beobachtete mittlere Masse $\bar{x} = 1.97$ kg liegt zwar unter dem Sollwert von $\mu = 2$ kg. Dieses Ergebnis widerspricht aber nicht der Hypothese, dass die Stichprobe aus einer $N(2, 0.1^2)$-verteilten Grundgesamtheit stammt. Die Wahrscheinlichkeit, in einer Stichprobe vom Umfang $n = 20$ einer $N(2, 0.1^2)$-verteilten Grundgesamtheit einen Mittelwert von höchstens 1.97 zu erhalten, ist größer als 0.05. Das beobachtete Ergebnis spricht damit nicht gegen die Nullhypothese. Die Abweichung zwischen $\bar{x} = 1.97$ kg und dem Sollwert von $\mu = 2$ kg ist als statistisch nicht signifikant und damit als zufällig anzusehen.

11.3.2 Prüfung des Mittelwertes bei unbekannter Varianz (einfacher t-Test)

Testaufbau

Wir wollen Hypothesen über μ für eine normalverteilte Zufallsvariable $X \sim N(\mu, \sigma^2)$ in dem Fall prüfen, in dem auch die Varianz σ^2 unbekannt ist. Die Testverfahren laufen analog zum vorangegangenen Abschnitt ab, allerdings ist eine andere Testgröße zu benutzen, nämlich

$$T(\mathbf{X}) = \frac{\bar{X} - \mu_0}{S_X} \sqrt{n} ,$$

die unter H_0 eine t-Verteilung mit $n - 1$ Freiheitsgraden besitzt. Dabei ist

$$S_X^2 = \frac{1}{n-1} \sum_{i=1}^{n} (X_i - \bar{X})^2 .$$

Kritischer Bereich

Folgende Tabelle veranschaulicht die kritischen Bereiche für die entsprechenden Fälle:

Fall	H_0	H_1	Kritischer Bereich K
(a)	$\mu = \mu_0$	$\mu \neq \mu_0$	$K = (-\infty, -t_{n-1;1-\alpha/2}) \cup (t_{n-1;1-\alpha/2}, \infty)$
(b)	$\mu \geq \mu_0$	$\mu < \mu_0$	$K = (-\infty, -t_{n-1;1-\alpha})$
(c)	$\mu \leq \mu_0$	$\mu > \mu_0$	$K = (t_{n-1;1-\alpha}, \infty)$

Testentscheidung

Wir verwerfen die Nullhypothese, wenn die Testgröße innerhalb des kritischen Bereichs liegt. Daraus folgt:

Fall	H_0	H_1	Lehne H_0 ab, wenn
(a)	$\mu = \mu_0$	$\mu \neq \mu_0$	$|t| > t_{n-1;1-\alpha/2}$
(b)	$\mu \geq \mu_0$	$\mu < \mu_0$	$t < -t_{n-1;1-\alpha}$
(c)	$\mu \leq \mu_0$	$\mu > \mu_0$	$t > t_{n-1;1-\alpha}$

Beispiel 11.3.2. Wir betrachten erneut Beispiel 11.3.1. Aufgrund eines neuen Herstellungsverfahrens sei die Varianz der Torten diesmal jedoch unbekannt. Es liegt eine zufällige Stichprobe vom Umfang $n = 20$ mit dem Stichprobenmittelwert $\bar{x} = 1.9668$ und der Stichprobenvarianz $s^2 = 0.0927^2$ vor. Wir

prüfen nun, ob dieses Stichprobenergebnis gegen die Hypothese H_0: $\mu = 2$ spricht. Die Irrtumswahrscheinlichkeit wird wieder mit $\alpha = 0.05$ vorgegeben. Für die Realisierung t der Testgröße $T(\mathbf{X}) = \frac{\bar{X} - \mu_0}{S_X} \sqrt{n}$ ergibt sich der Wert

$$t = \frac{1.9668 - 2}{0.0927} \sqrt{20} = -1.60 \,.$$

H_0 wird nicht abgelehnt (zweiseitige Fragestellung), da $|t| = 1.60 < 2.09 = t_{19;0.975}$ ist (vgl. Tabelle A.3).

11.4 Zweistichprobenprobleme

11.4.1 Prüfen der Gleichheit der Varianzen (F-Test)

Wir betrachten die beiden Variablen X und Y mit

$$X \sim N(\mu_X, \sigma_X^2),$$
$$Y \sim N(\mu_Y, \sigma_Y^2) \,.$$

Um sie hinsichtlich ihrer Variabilität zu testen betrachten wir die beiden Hypothesen:

$$H_0 : \sigma_X^2 = \sigma_Y^2 \quad gegen \quad H_1 : \sigma_X^2 \neq \sigma_Y^2, \qquad zweiseitig$$
$$H_0 : \sigma_X^2 \leq \sigma_Y^2 \quad gegen \quad H_1 : \sigma_X^2 > \sigma_Y^2, \qquad einseitig.$$

Testgröße

Wir setzen eine Stichprobe $(X_1, \ldots, X_{n_1})$ vom Umfang n_1 und eine (davon unabhängige) Stichprobe $(Y_1, \ldots, Y_{n_2})$ vom Umfang n_2 voraus. Die Testgröße ist der Quotient der beiden Stichprobenvarianzen

$$T(\mathbf{X}, \mathbf{Y}) = \frac{S_X^2}{S_Y^2} \,, \tag{11.1}$$

der unter der Nullhypothese F-verteilt mit $n_1 - 1$ und $n_2 - 1$ Freiheitsgraden ist.

Kritischer Bereich

Zweiseitige Fragestellung. Für die zweiseitige Fragestellung $H_0: \sigma_X^2 = \sigma_Y^2$ gegen $H_1: \sigma_X^2 \neq \sigma_Y^2$ gilt: Wenn die Nullhypothese wahr ist, die beiden Varianzen also gleich groß sind, müßte die Testgröße (11.1) Werte um 1 annehmen.

Damit sprechen sehr kleine und sehr große Werte der Testgröße für eine Ablehnung der Nullhypothese. Der kritische Bereich $K = [0, k_1) \cup (k_2, \infty)$ ergibt sich also aus den Beziehungen

$$P(T(\mathbf{X}, \mathbf{Y}) < k_1 | H_0) = \alpha/2$$
$$P(T(\mathbf{X}, \mathbf{Y}) > k_2 | H_0) = \alpha/2 \,.$$

Es ergeben sich die Werte

$$k_1 = f_{n_1-1, n_2-1, \alpha/2},$$
$$k_2 = f_{n_1-1, n_2-1, 1-\alpha/2} \,.$$

Anmerkung. Das untere Quantil k_1 kann durch folgende Beziehung aus Tabellen abgelesen werden, die meist nur die '$1 - \frac{\alpha}{2}$'-Werte angeben:

$$f_{n_1-1; n_2-1; \alpha/2} = \frac{1}{f_{n_2-1; n_1-1; 1-\alpha/2}} \,.$$

Einseitige Fragestellung. Bei einseitiger Fragestellung $H_0: \sigma_X^2 \le \sigma_Y^2$ gegen $H_1: \sigma_X^2 > \sigma_Y^2$ besteht der kritische Bereich K aus großen Werten von $T(\mathbf{X})$ (S_X^2 im Zähler von T), d. h., $K = (k, \infty)$, wobei k aus

$$P(T(\mathbf{X}, \mathbf{Y}) > k | H_0) = \alpha$$

bestimmt wird. Hier ergibt sich $k = f_{n_1-1; n_2-1; 1-\alpha}$.

Anmerkung. Bei einseitiger Fragestellung kann darauf verzichtet werden, die Richtung $H_0: \sigma_X^2 \ge \sigma_Y^2$ gegen $H_1: \sigma_X^2 < \sigma_Y^2$ gesondert zu betrachten, da dies vollkommen symmetrisch zu behandeln ist: $\sigma_X^2 \ge \sigma_Y^2$ entspricht genau $\sigma_Y^2 \le \sigma_X^2$, d. h. es müssen nur die Variablen-Bezeichnungen X und Y vertauscht werden.

Realisierung der Testgröße

Aus den konkreten Stichproben berechnen wir die Stichprobenvarianzen

$$s_x^2 = \frac{1}{n_1 - 1} \sum_{i=1}^{n_1} (x_i - \bar{x})^2 \,, \quad s_y^2 = \frac{1}{n_2 - 1} \sum_{i=1}^{n_2} (y_i - \bar{y})^2$$

und daraus die Realisierung der Testgröße:

$$t = \frac{s_x^2}{s_y^2} \,. \tag{11.2}$$

Entscheidungsregel

Damit folgt für die Testentscheidung:

Fall	H_0	H_1	Lehne H_0 ab, wenn
(a)	$\sigma_X = \sigma_Y$	$\sigma_X \neq \sigma_Y$	$f_{n_1-1;n_2-1;\alpha/2} \leq t \leq f_{n_1-1;n_2-1;1-\alpha/2}$
(b)	$\sigma_X \leq \sigma_Y$	$\sigma_X > \sigma_Y$	$t > f_{n_1-1;n_2-1;1-\alpha}$

Anmerkung. Ebenso wie im vorherigen Abschnitt wird davon ausgegangen, dass die in der Praxis relevante Situation unbekannter Erwartungswerte μ_X und μ_y vorliegt. Sind diese bekannt, so werden sie bei der Ermittlung von s_X^2 und s_Y^2 verwendet, was wiederum eine Erhöhung der Freiheitsgrade von $n_1 - 1$ auf n_1 bzw. $n_2 - 1$ auf n_2 bewirkt. Die zusätzliche Information erhöht die Güte des Tests.

Beispiel 11.4.1. Ein Unternehmer verkauft Katzenfutter in Dosen. Nachdem die Kapazität seiner einzigen Maschine nicht mehr ausreicht, beschließt er eine zweite zu kaufen. Die Füllgewichte der Dosen X (alte Maschine) und Y (neue Maschine) seien normalverteilte Zufallsvariablen $X \sim N(\mu_X, \sigma_X^2)$, $Y \sim N(\mu_Y, \sigma_Y^2)$. Die beiden Maschinen arbeiten unabhängig voneinander, weshalb X und Y als unabhängig angenommen werden können. Es soll überprüft werden, ob die neue Maschine mit gleicher Genauigkeit abfüllt wie die alte (also ob H_0: $\sigma_X^2 = \sigma_Y^2$ beibehalten werden kann). Die Ergebnisse einer dafür gemachten Stichprobe sind in der folgenden Tabelle zusammengefasst:

Stichprobe	n	$\bar{x}$	s_x^2
X	20	1000.49	72.38
Y	25	1000.26	45.42

Mit $\alpha = 0.1$ und den Hypothesen

$$H_0 : \sigma_X^2 = \sigma_Y^2 \quad \text{gegen} \quad H_1 : \sigma_X^2 \neq \sigma_Y^2$$

ergibt sich $f_{19;24;0.95} = 2.11$ (vgl. Tabelle A.5., lineare Interpolation von $f_{19;20;0.95} = 2.1370$ und $f_{19;30;0.95} = 1.9452$) und $f_{19;24;0.05} = \frac{1}{f_{19;24;0.95}} = \frac{1}{2.11} = 0.47$.

Für die Testgröße $T(\mathbf{X}, \mathbf{Y}) = \frac{S_X^2}{S_Y^2}$ ergibt sich der Wert

$$t = \frac{72.38}{45.42} = 1.59 \,.$$

Damit wird H_0 nicht abgelehnt, da $0.47 \leq t \leq 2.11$.

11.4.2 Prüfen der Gleichheit der Mittelwerte zweier unabhängiger normalverteilter Zufallsvariablen

Wir betrachten zwei normalverteilte Variablen $X \sim N(\mu_X, \sigma_X^2)$ und $Y \sim N(\mu_Y, \sigma_Y^2)$. Von Interesse sind folgende Tests:

Fall	Nullhypothese	Alternativhypothese	
(a)	$\mu_X = \mu_Y$	$\mu_X \neq \mu_Y$	zweiseitiges Testproblem
(b)	$\mu_X \geq \mu_Y$	$\mu_X < \mu_Y$	einseitiges Testproblem
(c)	$\mu_X \leq \mu_Y$	$\mu_X > \mu_Y$	einseitiges Testproblem

Dabei unterscheiden wir folgende drei Fälle:

1. σ_X^2, σ_Y^2 bekannt
2. σ_X^2, σ_Y^2 unbekannt, aber gleich
3. $\sigma_X^2 \neq \sigma_Y^2$, beide unbekannt

Im Folgenden werden wir alle drei Fälle betrachten. Da die Vorgehensweise aller Tests jedoch sehr ähnlich ist und nach dem gleichen Schema wie im Einstichprobenfall abläuft werden wir nur ein Beispiel betrachten. Wir setzen immer voraus, dass zwei unabhängige Stichproben vorliegen.

Fall 1: Die Varianzen sind bekannt (doppelter Gauss-Test)

Trifft die Nullhypothese H_0: $\mu_X = \mu_Y$ zu, so ist die Prüfgröße

$$T(\mathbf{X}, \mathbf{Y}) = \frac{\bar{X} - \bar{Y}}{\sqrt{n_1 \sigma_X^2 + n_2 \sigma_Y^2}} \sqrt{n_1 \cdot n_2} \tag{11.3}$$

standardnormalverteilt, $T(\mathbf{X}, \mathbf{Y}) \sim N(0, 1)$. Der Test verläuft dann analog zum einfachen Gauss-Test (Abschnitt 11.3.1).

Fall 2: Die Varianzen sind unbekannt, aber gleich (doppelter t-Test)

Wir bezeichnen die unbekannte Varianz beider Verteilungen mit σ^2. Die gemeinsame Varianz wird durch die sogenannte gepoolte Stichprobenvarianz geschätzt, die beide Stichproben mit einem Gewicht relativ zu ihrer Größe verwendet:

$$S^2 = \frac{(n_1 - 1)S_X^2 + (n_2 - 1)S_Y^2}{n_1 + n_2 - 2}. \tag{11.4}$$

Die Prüfgröße

$$T(\mathbf{X}, \mathbf{Y}) = \frac{\bar{X} - \bar{Y}}{S} \sqrt{\frac{n_1 \cdot n_2}{n_1 + n_2}} \tag{11.5}$$

mit S aus (11.4) besitzt unter H_0 eine Student'sche t-Verteilung mit $n_1 + n_2 - 2$ Freiheitsgraden. Das Testverfahren läuft wie in Abschnitt 11.3.2.

Fall 3: Die Varianzen sind unbekannt und ungleich (Welch-Test)

Wir prüfen H_0: $\mu_X = \mu_Y$ gegen die Alternative H_1: $\mu_X \neq \mu_Y$ für den Fall $\sigma_X^2 \neq \sigma_Y^2$. Dies ist das sogenannte Behrens-Fisher-Problem, für das es keine exakte Lösung gibt. Für praktische Zwecke wird als Näherungslösung folgende Testgröße empfohlen:

$$T(\mathbf{X}, \mathbf{Y}) = \frac{|\bar{X} - \bar{Y}|}{\sqrt{\frac{S_X^2}{n_1} + \frac{S_Y^2}{n_2}}}, \tag{11.6}$$

die t-verteilt ist mit annähernd v Freiheitsgraden (v wird ganzzahlig aufgerundet):

$$v = \left(\frac{s_x^2}{n_1} + \frac{s_y^2}{n_2}\right)^2 \bigg/ \left(\frac{\left(s_x^2/n_1\right)^2}{n_1 - 1} + \frac{\left(s_y^2/n_2\right)^2}{n_2 - 1}\right). \tag{11.7}$$

Der Test verläuft dann wie in Abschnitt 11.3.2.

Beispiel 11.4.2. Ein Bäcker verkauft zur Weihnachtszeit Plätzchen in 500g-Packungen an seine Kunden. Dabei werden die Plätzchen im Wechsel an einem Tag von ihm und am anderen Tag von seiner Frau abgepackt. Mit der Zeit monieren jedoch viele Kunden, dass die Frau großzügiger abpackt als der Mann. Ein Kunde, der jeden Tag penibel das Füllgewicht nachgewogen hat, notiert sich folgende Daten:

Füllgewicht Frau (X)	512	530	498	540	521	528	505	523
Füllgewicht Mann (Y)	499	500	510	495	515	503	490	511

Wir möchten nun testen, ob der Vorwurf des Kunden stimmt und stellen folgende Hypothesen auf:

$$H_0 : \mu_x = \mu_y \quad gegen \quad H_1 : \mu_x \neq \mu_y.$$

Da uns die Varianzen unbekannt sind und wir nicht annehmen können, dass beide Personen mit gleicher Varianz abpacken, liegt Fall 3 vor. Wir berechnen $\bar{X} = 519.625$, $\bar{Y} = 502.875$, $s_X^2 = 192.268$ und $s_Y^2 = 73.554$. Leicht lässt sich die Testgröße berechnen:

$$T(\mathbf{X}, \mathbf{Y}) = \frac{|\bar{X} - \bar{Y}|}{\sqrt{\frac{S_X^2}{n_1} + \frac{S_Y^2}{n_2}}} = \frac{|519.625 - 502.875|}{\sqrt{\frac{192.268}{8} + \frac{73.554}{8}}} \approx 2.91$$

Für die Freiheitsgrade folgt:

$$v = \left(\frac{192.268}{8} + \frac{73.554}{8}\right)^2 \bigg/ \left(\frac{(192.268/8)^2}{7} + \frac{(73.554/8)^2}{7}\right) \approx 11.67 \approx 12.$$

Da $|T| = 2.91 > 2.18 = t_{12;0.975}$, folgt, dass die Nullhypothese gleicher Füllgewichte verworfen werden muß. Die Bäckersfrau scheint tatsächlich großzügiger abzupacken.

11.4.3 Prüfen der Gleichheit der Mittelwerte aus einer verbundenen Stichprobe (paired t-Test)

Wie oben betrachten wir wieder zwei stetige Zufallsvariablen X mit $E(X) = \mu_X$ und Y mit $E(Y) = \mu_Y$. Die Annahme der Unabhängigkeit der beiden Variablen wird nun aufgegeben, die beiden Variablen werden als abhängig angenommen. Diese Abhängigkeit kann in der Praxis beispielsweise dadurch entstehen, dass an einem Objekt zwei Merkmale gleichzeitig beobachtet werden oder ein Merkmal an einem Objekt zu verschiedenen Zeitpunkten beobachtet wird (Gewicht einer Person vor und nach einer Diät). Man spricht dann von einer gepaarten oder **verbundenen Stichprobe**.

Da beide Zufallsvariablen zum selben Objekt gehören ergibt das Bilden einer Differenz einen Sinn. Mit $D = X - Y$ bezeichnen wir die Zufallsvariable „Differenz von X und Y". Unter H_0: $\mu_X = \mu_Y$ ist die erwartete Differenz gleich Null, es gilt $E(D) = \mu_D = 0$. Wir setzen voraus, dass D unter H_0: $\mu_X = \mu_Y$ bzw. H_0: $\mu_D = 0$ normalverteilt ist, d. h., dass $D \sim N(0, \sigma_D^2)$ gilt. Es liege eine Stichprobe $(D_1, \ldots, D_n)$ vor. Dann ist

$$T(\mathbf{X}, \mathbf{Y}) = T(\mathbf{D}) = \frac{\bar{D}}{S_D} \sqrt{n} \tag{11.8}$$

t-verteilt mit $n - 1$ Freiheitsgraden. Dabei ist

$$S_D^2 = \frac{\sum_{i=1}^n (D_i - \bar{D})^2}{n - 1}$$

eine Schätzung für σ_D^2. Der Test der zweiseitigen Fragestellung H_0: $\mu_D = 0$ gegen die Alternative H_1: $\mu_D \neq 0$ bzw. der einseitigen Fragestellungen H_0: $\mu_D \leq 0$ gegen H_1: $\mu_D > 0$ oder H_0: $\mu_D \geq 0$ gegen H_1: $\mu_D < 0$ erfolgt analog zu Abschnitt 11.3.2.

Anmerkung. Im Vergleich zum Verfahren aus Abschnitt 11.3.2 zum Prüfen der Mittelwerte zweier unabhängiger Normalverteilungen sind beim Test auf gleichen Mittelwert verbundener Stichproben die Voraussetzungen weitaus schwächer. Gefordert wird, dass die Differenz beider Zufallsvariablen normalverteilt ist, die beiden stetigen Variablen selbst müssen also nicht notwendig normalverteilt sein.

Beispiel 11.4.3. In einem Versuch soll die leistungssteigernde Wirkung von Koffein geprüft werden. Mit Y bzw. X bezeichnen wir die Zufallsvariablen „Punktwert vor bzw. nach dem Trinken von starkem Kaffee", die an $n = 10$ Studenten gemessen wurden. Da die leistungssteigernde Wirkung jeweils an denselben Personen getestet wurde, haben wir eine verbundene Stichprobe. Wir haben folgende Daten:

i	y_i	x_i	$d_i = x_i - y_i$	$(d_i - \bar{d})^2$
1	4	5	1	0
2	3	4	1	0
3	5	6	1	0
4	6	7	1	0
5	7	8	1	0
6	6	7	1	0
7	4	5	1	0
8	7	8	1	0
9	6	5	-1	4
10	2	5	3	4
$\sum$			10	8

Damit lassen sich die folgenden Daten berechnen:

$$\bar{d} = 1 \quad bzw. \quad s_d^2 = \frac{8}{9} = 0.943^2 \,.$$

Es ergibt sich für die Prüfgröße t bei $\alpha = 0.05$

$$t = \frac{1}{0.943}\sqrt{10} = 3.35 > t_{9;0.95} = 1.83 \,,$$

so dass H_0: $\mu_X \leq \mu_Y$ zugunsten von H_1: $\mu_X > \mu_Y$ abgelehnt wird. Die Leistungen nach dem Genuß von Kaffee sind signifikant besser.

11.5 Prüfen von Hypothesen über Binomialverteilungen

11.5.1 Prüfen der Wahrscheinlichkeit für das Auftreten eines Ereignisses (Binomialtest für p)

Wir betrachten eine Zufallsvariable X mit zwei Ausprägungen 1 und 0, die für das Eintreten bzw. Nichteintreten eines Ereignisses A stehen. Die Wahrscheinlichkeit für das Eintreten von A in der Grundgesamtheit sei p. Aus einer Stichprobe $\mathbf{X} = (X_1, \ldots, X_n)$ von unabhängigen $B(1; p)$-verteilten Zufallsvariablen X_i bilden wir die erwartungstreue Schätzfunktion $\hat{p} = \frac{1}{n}\sum_{i=1}^n X_i$ (relative Häufigkeit). Folgende Hypothesen interessieren uns:

Fall	Nullhypothese	Alternativhypothese	
(a)	$p = p_0$	$p \neq p_0$	zweiseitiges Testproblem
(b)	$p \geq p_0$	$p < p_0$	einseitiges Testproblem
(c)	$p \leq p_0$	$p > p_0$	einseitiges Testproblem

Die standardisierte Testgröße ist:

$$T(\mathbf{X}) = \frac{\hat{p} - p_0}{\sqrt{p_0(1 - p_0)}}\sqrt{n}. \qquad (11.9)$$

Für hinreichend großes n ($np(1 - p) \geq 9$) kann die Binomialverteilung durch die Normalverteilung approximiert werden, so dass dann approximativ $T(\mathbf{X}) \sim N(0,1)$ gilt. Der Test der Nullhypothese H_0: $p = p_0$ verläuft damit wie in Abschnitt 11.3.1. Für kleine Stichproben ist die Testgröße dagegen nicht mehr approximativ normalverteilt und das Testproblem wird auf eine andere Art gelöst. Darauf möchten wir hier aber nicht genauer eingehen.

Beispiel 11.5.1. Wir betrachten erneut Beispiel 10.2.3. Ein regelmäßiger Büchereikunde äußert gegenüber den Mitarbeitern den Verdacht, dass mindestens die Hälfte der Kunden unzuverlässig sind und Strafe zahlen müssen. Für das Testproblem ergibt sich also die Nullhypothese H_0: $p \geq 0.5$ und die Alternativhypothese H_1: $p < 0.5$. Da $np(1-p) = 100 \cdot 0.39 \cdot 0.61 = 23.79 \geq 9$ ist, können wir die approximativ normalverteilte Testgröße berechnen:

$$T(X) = \frac{\hat{p} - p_0}{\sqrt{p_0(1 - p_0)}}\sqrt{n} = \frac{0.39 - 0.5}{\sqrt{0.5(1 - 0.5)}}\sqrt{100} = -2.2\,.$$

Mit $\alpha = 0.05$ folgt: $T(X) = -2.2 < z_\alpha = -z_{1-\alpha} = -1.64$. Gemäß Kapitel 11.3.1 folgt damit, dass die Nullhypothese $p \geq 0.5$ verworfen werden muss. Damit ist H_1: p < 0.5 signifikant, d.h. der Anteil unzuverlässiger Kunden liegt unterhalb von 50%.

11.5.2 Prüfen der Gleichheit zweier Binomialwahrscheinlichkeiten

Wir betrachten wieder das obige Zufallsexperiment, jedoch nun als Zweistichprobenproblem mit zwei unabhängigen Stichproben

$$\mathbf{X} = (X_1, \ldots, X_{n_1}), \quad X_i \sim B(1; p_1)$$
$$\mathbf{Y} = (Y_1, \ldots, Y_{n_2}), \quad Y_i \sim B(1; p_2)\,.$$

Wir erhalten dann für die Summen:

$$X = \sum_{i=1}^{n_1} X_i \sim B(n_1; p_1), \quad Y = \sum_{i=1}^{n_2} Y_i \sim B(n_2; p_2)\,.$$

Folgende Hypothesen sind für uns von Interesse:

Fall	Nullhypothese	Alternativhypothese	
(a)	$p_1 = p_2$	$p_1 \neq p_2$	zweiseitiges Testproblem
(b)	$p_1 \geq p_2$	$p_1 < p_2$	einseitiges Testproblem
(c)	$p_1 \leq p_2$	$p_1 > p_2$	einseitiges Testproblem

Um zu testen ob von einer Gleichheit der beiden Binomialwahrscheinlichkeiten ausgegangen werden kann, bilden wir die Differenz $D = \frac{X}{n_1} - \frac{Y}{n_2}$. Für hinreichend großes n_1 und n_2 sind $\frac{X}{n_1}$ und $\frac{Y}{n_2}$ näherungsweise normalverteilt:

$$\frac{X}{n_1} \overset{approx.}{\sim} N\left(p_1, \frac{p_1(1-p_1)}{n_1}\right),$$

$$\frac{Y}{n_2} \overset{approx.}{\sim} N\left(p_2, \frac{p_2(1-p_2)}{n_2}\right),$$

so dass unter H_0

$$D \overset{approx.}{\sim} N\left(0, p(1-p)\left(\frac{1}{n_1} + \frac{1}{n_2}\right)\right)$$

gilt. Die unter H_0 in beiden Verteilungen identische Wahrscheinlichkeit p wird durch die Schätzfunktion

$$\hat{p} = \frac{X+Y}{n_1 + n_2} \tag{11.10}$$

geschätzt. Dann erhalten wir folgende Teststatistik

$$T(\mathbf{X}, \mathbf{Y}) = \frac{D}{\sqrt{\hat{p}(1-\hat{p})\left(\frac{1}{n_1} + \frac{1}{n_2}\right)}}, \tag{11.11}$$

die für große n_1, n_2 näherungsweise $N(0,1)$-verteilt ist. Der Test für die ein- und zweiseitigen Fragestellungen verläuft wie im Abschnitt 11.3.1.

Beispiel 11.5.2. Zwei große konkurrierende Losbuden auf dem Rummel werben beide damit, dass bei ihnen jedes vierte Los gewinnt (also dass $p_1 = p_2 = 0.25$). Eine Gruppe von Rummelbesuchern notiert sich folgende Werte nach dem Kaufen einiger Lose:

	n	Anzahl Gewinne	Anzahl Nieten
Losbude A	63	14	49
Losbude B	45	13	32

Wir möchten nun testen, ob das Auftreten von Gewinnerlosen in beiden Losbuden gleich groß ist. Dafür ermitteln wir die folgenden Werte:

$$\hat{p}_A = \frac{14}{63}, \quad \hat{p}_B = \frac{13}{45}, \quad d = \hat{p}_A - \hat{p}_B = -\frac{1}{15}.$$

Für die Schätzung der unter H_0 in beiden Verteilungen identischen Wahrscheinlichkeit p ergibt sich gemäß (11.10) der Wert

$$\hat{p} = \frac{14+13}{63+45} = \frac{27}{108} = 0.25.$$

Nun können wir die Testgröße berechnen:

$$t = \frac{-\frac{1}{15}}{\sqrt{0.25(1-0.25)\left(\frac{1}{63} + \frac{1}{45}\right)}} = -0.79.$$

H_0 wird nicht abgelehnt, da $|t| = 0.79 < 1.96 = z_{1-0.05/2}$. Man kann also davon ausgehen, dass sich die beiden Losbuden nicht in ihrer Gewinnwahrscheinlichkeit unterscheiden.

11.6 Testentscheidung mit p–values

Beim Einsatz von Statistiksoftware wie SPSS zum Prüfen von Hypothesen werden unsere üblichen Schritte – insbesondere die Konstruktion des kritischen Bereichs K – nicht angezeigt. Statt dessen wird der konkrete Wert $t = T(x_1, \ldots, x_n)$ der Teststatistik $T(\mathbf{X})$ und der zugehörige **p-value** ausgegeben. Der p-value der Teststatistik $T(\mathbf{X})$ ist wie folgt definiert:

$$\text{zweiseitige Fragestellung:} \quad P_{\theta_0}(|T(\mathbf{X})| > t)) = p\text{–value}$$

$$\text{einseitige Fragestellung:} \quad P_{\theta_0}(T(\mathbf{X}) > t)) = p\text{–value}$$

$$\text{bzw.} \quad P_{\theta_0}(T(\mathbf{X}) < t)) = p\text{–value}$$

Die Testentscheidung lautet dann: H_0 ablehnen, falls der p-value kleiner oder gleich dem vorgegebenem Signifikanzniveau α ist, ansonsten H_0 nicht ablehnen. SPSS nennt den p-value Signifikanz.

11.7 Aufgaben

Aufgabe 11.1: In einem verregneten Land beträgt die Regenwahrscheinlichkeit in den Herbstmonaten 50%.
Jeden Morgen im Herbst fragt sich Susi, ob sie einen Regenschirm mitnehmen soll oder nicht. Um zu einer Entscheidung zu kommen, wirft sie eine faire Münze. Wirft sie Kopf, nimmt sie einen Regenschirm mit, ansonsten lässt sie den Schirm zu Hause.

a) Betrachten Sie die Situation wie einen statistischen Test. Wie müssen die Hypothesen gewählt werden, damit der Fehler 1.Art die schlimmere Auswirkung darstellt?

b) Bestimmen Sie die Wahrscheinlichkeit für den Fehler 1. Art.

Lösung:

a) Susis Testproblem ist die Entscheidung, ob es an einem Tag regnet oder nicht. Sie entscheidet sich dafür, dass es regnet, wenn sie Kopf mit ihrer Münze wirft und nimmt dann ihren Regenschirm mit. Folgende Auswirkungen können auftreten.

Entscheidung/Realität	Regen	kein Regen
Schirm	trocken	Schirm umsonst mitgenommen
keinen Schirm	nass	trocken

Die beiden möglichen Fehler sind einerseits, dass sie den Schirm umsonst mitgenommen hat und andererseits, dass sie nass wird. Der 2. Fehler hat die für sie schlimmere Auswirkung. Vom Fehler 1. Art spricht man, wenn die Nullhypothese abgelehnt wird, obwohl sie richtig ist. Damit der Fehler 1. Art die obige Auswirkung hat, müssen die Hypothesen wie folgt gewählt werden:

H_0 : Regenschirm mitnehmen und H_1 : Regenschirm nicht mitnehmen

b) Der Wert $\alpha = P(H_0$ ablehnen$|H_0$ richtig$)$ ist die Wahrscheinlichkeit für den Fehler 1. Art. Betrachten wir alle Fälle in einem Baumdiagramm.

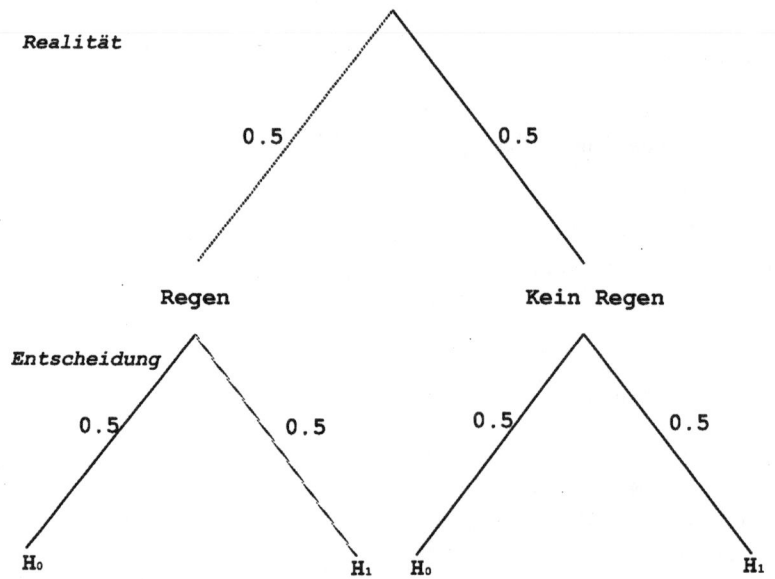

Abb. 11.3. Baumdiagramm

Die Wahrscheinlichkeiten entlang der Äste werden multipliziert. Somit erhält man $\alpha = P(H_0$ ablehnen$|H_0$ richtig$) = \frac{1}{2} \cdot \frac{1}{2} = \frac{1}{4}$.

Aufgabe 11.2: Zwei Personen, A und B, werden einer gemeinsam begangenen Straftat verdächtigt. Die beiden werden getrennt voneinander verhört. Das Strafmaß ist auf 2 Jahre festgelegt, sollte einer der Verdächtigen gestehen. Sollte der andere dann nicht gestehen so erhält er 5 Jahre Haft. Schweigen beide, so müssen sie aus Mangel an Beweisen freigesprochen werden. A formuliert folgende Hypothesen:

$$H_0 : \text{B schweigt} \qquad \text{gegen} \qquad H_1 : \text{B gesteht}$$

Er wählt folgende Entscheidungsregel:
Wenn er H_0 für richtig hält, schweigt er, anderenfalls gesteht er.
Erläutern Sie anhand dieses Beispiels, was man unter den Fehlern 1. und 2. Art versteht und welche Konsequenzen diese Fehler haben.

Lösung:

Der Fehler 1. Art tritt in diesem Beispiel auf, wenn A gesteht, obwohl B schweigt, d.h. A lehnt H_0 ab obwohl H_0 richtig ist. Die Konsequenz ist, dass A 2 Jahre Haft verbüßt und B 5 Jahre.

Einen Fehler 2. Art begeht A, wenn er schweigt, obwohl B gesteht, d.h. H_0 wird nicht abgelehnt obwohl H_1 richtig ist. Dieser Fehler hat für A die schlimmere Konsequenz, er geht 5 Jahre ins Gefängnis während B nur 2 Jahre absitzen muss.

Aufgabe 11.3: Ein Produzent von Schokolade vermutet Unregelmäßigkeiten in seiner Produktion. Zur Qualitätskontrolle entnimmt er zufällig 15 Tafeln und betrachtet das Gewicht in Gramm (X). Er erhält folgende Daten.

96.40, 97.64, 98.48, 97.67, 100.11, 95.29, 99.80, 98.80, 100.53, 99.41, 97.64, 101.11, 93.43, 96.99, 97.92

Die Produktion ist so optimiert, dass die Standardabweichung vom mittleren Gewicht 2 g beträgt. Der Hersteller sieht allerdings ein Problem beim mittleren Gewicht. Dieses sollte 100 g betragen.
Es kann davon ausgegangen werden, dass das Gewicht normalverteilt ist.

a) Formulieren Sie die Hypothesen für einen zweiseitigen Test für das mittlere Gewicht μ.
b) Welchen Test würden Sie anwenden und warum?
c) Führen Sie den von Ihnen gewählten Test durch. Zu welcher Entscheidung kommt der Test ($\alpha = 0.05$)?
d) Wie müssten die Hypothesen lauten, wenn Sie zeigen wollen, dass das mittlere Gewicht unterhalb der 100 g liegt?
e) Führen Sie diesen Test durch ($\alpha = 0.05$).

Lösung:

a) Für den zweiseitigen Test werden folgende Hypothesen formuliert:

$$H_0 : \mu = 100 \quad \text{gegen} \quad H_1 : \mu \neq 100$$

b) Laut Aufgabenstellung darf von der Normalverteilung ausgegangen werden, desweiteren ist die Varianz durch $\sigma^2 = 2^2$ gegeben. Es handelt sich um ein Einstichprobenproblem, deshalb ist ein einfacher Gauss-Test durchzuführen.

c) Für die Testgröße wird das arithmetische Mittel aus den Daten berechnet, $\bar{x} = 98.08$.

Damit ergibt sich als Realisierung der Prüfgröße
$t = \frac{98.08 - 100}{2} \cdot \sqrt{15} = \frac{-1.92}{2} \cdot \sqrt{15} = -3.72$.

H_0 wird abgelehnt, falls $|t| > z_{1-\frac{\alpha}{2}}$, mit $z_{1-\frac{\alpha}{2}} = 1.96$. Da $|t| = 3.72$ deutlich größer ist als 1.96, kann H_0 abgelehnt werden. Das mittlere Gewicht entspricht nicht den geforderten 100 g.

d) Um zu zeigen, dass die 100 g unterschritten werden, muss ein einseitiger Test durchgeführt werden. Für die Bildung der Hypothesen sollte beachtet werden, dass man das, was man zeigen will, in der Gegenhypothese formuliert.

$$H_0 : \mu \geq 100 \qquad \text{gegen} \qquad H_1 : \mu < 100$$

e) Für den einseitigen Test ändert sich die Prüfgröße nicht, $t = -3.72$. Einzig der kritische Bereich und die Entscheidungsregel müssen verändert werden.

H_0 wird jetzt abgelehnt, falls $t < -z_{1-\alpha}$. Das zugehörige Quantil der Standardnormalverteilung ist $-z_{1-\alpha} = -1.64$. Die Prüfgröße liegt deutlich unter diesem Wert, so dass H_0 abgelehnt wird. Das mittlere Gewicht der Schokoladentafeln liegt signifikant unterhalb von 100 g.

Aufgabe 11.4: Eine Stichprobe vom Umfang $n = 12$ aus einer normalverteilten Grundgesamtheit liefert folgende Maßzahlen der Lage und Variabilität:

$$\bar{x} = 22.45, \ s^2 = 27.31$$

a) Bestimmen Sie ein Konfidenzintervall zum Niveau $\alpha = 0.05$.
b) Testen Sie die Hypothese $H_0 : \mu = 23$ gegen $H_1 : \mu \neq 23$.
c) Sehen Sie Zusammenhänge zwischen dem Test und dem Konfidenzintervall? Können Ihnen die Grenzen eines Konfidenzintervalls bei der Entscheidungsfindung bezüglich zweiseitiger Testprobleme behilflich sein?

Lösung:

a) Die Varianz ist unbekannt, deshalb verwenden wir die t-Verteilung, $t_{11,0.975} = 2.201$. Die Grenzen des Konfidenzintervalls berechnen wir wie gehabt:

$$[I_u, I_o] = [22.45 - 2.201 \cdot \sqrt{\frac{27.31}{12}}, 22.45 - 2.201 \cdot \sqrt{\frac{27.31}{12}}]$$
$$= [22.45 - 3.32, 22.45 + 3.32] = [19.22, 25.77]$$

Somit liegt der wahre Parameter μ der Grundgesamtheit mit einer Wahrscheinlichkeit von 95% zwischen 19.22 und 25.77.

b) Die zu testenden Hypothesen lauten:

$$H_0 : \mu = 23 \qquad \text{gegen} \qquad H_1 : \mu \neq 23$$

Da die Varianz unbekannt ist und wir von einer normalverteilten Grundgesamtheit ausgehen, führen wir den t-Test durch. Die Testgröße ist

$$t = \frac{x - \mu}{s} \cdot \sqrt{n} = \frac{22.45 - 23}{5.23} \cdot \sqrt{12} = \frac{-0.55}{5.23} \cdot 3.464 = -0.364.$$

Das kritische Quantil der t-Verteilung ist $t_{11,0.975} = 2.201$.
Wir lehnen H_0 ab, falls gilt $|t| > t_{11,0.975}$. Somit kann H_0 nicht abgelehnt werden, $0.364 > 2.201$. Wir können nicht ausschließen, dass der Erwartungswert der Grundgesamtheit 23 ist.

c) Betrachten wir die Grenzen eines Konfidenzintervalls für μ, wenn die Varianz unbekannt ist. Sie bedeuten, dass der unbekannte Parameter μ mit der Wahrscheinlichkeit $1 - \alpha$ in den Grenzen des Intervalls liegt:

$$P(\bar{x} - t_{n-1,1-\frac{\alpha}{2}} \tfrac{s}{\sqrt{n}} \leq \mu \leq \bar{x} + t_{n-1,1-\frac{\alpha}{2}} \tfrac{s}{\sqrt{n}}) = 1 - \alpha.$$

Bei einem zweiseitigen Hypothesentest fragen wir, ob der Parameter μ der Grundgesamtheit einen bestimmten Wert μ_0 hat. Über das Signifikanzniveau α wird festgelegt, ab welcher Wahrscheinlichkeit wir H_0 für so unwahrscheinlich halten, dass wir sie verwerfen würden.
Wir bleiben bei H_0, wenn für die realisierte Prüfgröße

$$P(|\tfrac{\bar{x}-\mu_0}{s} \cdot \sqrt{n}| \leq t_{n-1,1-\frac{\alpha}{2}}) = 1 - \alpha$$

gilt. Wenn wir den Betrag auflösen, erhalten wir

$$P(-t_{n-1,1-\frac{\alpha}{2}} \leq \tfrac{\bar{x}-\mu_0}{s} \cdot \sqrt{n} \leq t_{n-1,1-\frac{\alpha}{2}}) = 1 - \alpha.$$

Durch Umstellen ergibt sich dann das Intervall

$$P(\bar{x} - t_{n-1,1-\frac{\alpha}{2}} \tfrac{s}{\sqrt{n}} \leq \mu_0 \leq \bar{x} + t_{n-1,1-\frac{\alpha}{2}} \tfrac{s}{\sqrt{n}}) = 1 - \alpha.$$

Der Annahmebereich des zweiseitigen Test entspricht also den Grenzen des Konfidenzintervalls. Damit können wir unsere Testentscheidung auch mit Hilfe eines Konfidenzintervalls fällen.
H_0 wird abglehnt, wenn der hypothetische Wert μ_0 außerhalb der Grenzen einen $(1 - \alpha)$-Konfidenzintervalls liegt.

Aufgabe 11.5: Jupp beschließt das neue Album von Robbie Williams im Internet zu erwerben. Da er davon gehört hat, dass es in einem bekannten Internetauktionshaus immer gute Angebote gibt, möchte er sich dort die CD ersteigern.
Als er die Webseite betrachtet, fällt ihm auf, dass man nicht nur bei Auktionen mitbieten, sondern auch Artikel sofort erwerben kann. Desweiteren rät ihm ein Kollege ebenfalls bei einem großen Internetbuchhändler nachzuschauen, da es dort auch günstig CDs zu erwerben gibt.
Um bei dieser Angebotsvielfalt den Überblick zu bewahren beschließt Jupp vorerst die Angebote zu vergleichen. Dazu betrachtet er am 11.01.2006 das

Angebot des Internetbuchhandels, 14 Sofortkaufangebote und 14 Auktionen, die an diesem Tag auslaufen. Er notiert sich jeweils den Verkaufspreis inklusive der Versandkosten in Euro.

Internetbuchhändler: 16.95

Sofortkaufpreise: 18.19, 16.98, 19.97, 16.98, 18.19, 15.99, 13.79, 15.90, 15.90, 15.90, 15.90, 15.90, 19.97, 17.72

Auktionspreise: 10.50, 12.00, 9.54, 10.55, 11.99, 9.30, 10.59, 10.50, 10.01, 11.89, 11.03, 9.52, 15.49, 11.02

Für die jeweiligen Verkaufspreise darf im Folgenden die Normalverteilung unterstellt werden. Das Signifikanzniveau sei auf fünf Prozent festgelegt.

a) Berechnen Sie den mittleren Verkaufspreis, die Varianz, die Standardabweichung und den Variationskoeffizienten der Sofortkäufe sowie auch der Auktionen.

b) Betrachten Sie den Boxplot der Sofortkäufe und der Auktionen.

c) Interpretieren Sie die deskriptiven Ergebnisse.
   Welche Hypothesen bezüglich der Lage der Preise lassen sich ableiten?

d) Testen Sie nun die erste Arbeitshypothese (mittlerer Sofortkaufpreis $\neq$ 16.95 Euro).

e) Testen Sie die zweite Arbeitshypothese (mittlerer Auktionspreis $<$ 16.95 Euro).

f) Betrachten Sie die dritte Hypothese (mittlerer Sofortkaufpreis $>$ mittlerer Auktionspreis). Führen Sie unter der Annahme, dass beide Varianzen gleich sind, den geeigneten Test durch.

g) Was raten Sie Jupp?

Lösung:

a) Wir berechnen zuerst Mittelwert, Varianz, Standardabweichung und den Variationskoeffizienten der Sofortkaufpreise wie auch der Auktionspreise.

	Sofortkauf	Auktion
$\bar{x}$	16.949	10.995
s^2	2.949	2.461
s	1.717	1.569
v	0.101	0.143

b) Die Boxplots werden erstellt. Hier gibt die horizontale Linie den Preis des Internetbuchhändlers an.

c) Die Mittelwerte zeigen deutlich, dass man die CD am günstigsten bekommt, wenn man an einer Auktion teilnimmt. Die Varianzen unterscheiden sich etwas. Der Variationskoeffizient der Sofortkaufpreise deutet im

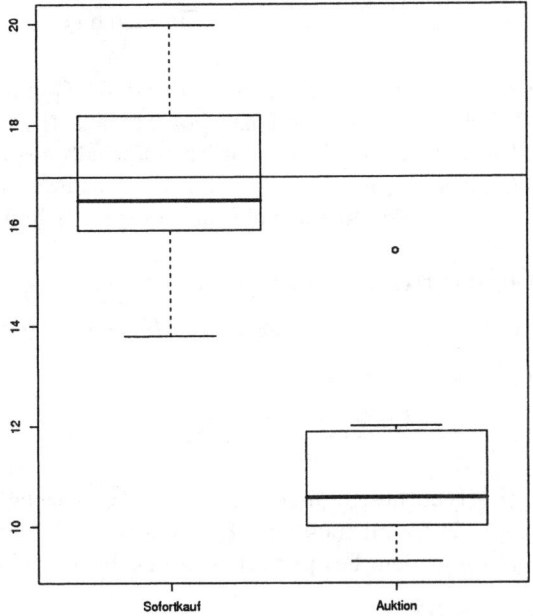

Abb. 11.4. Vergleichende Boxplots

Vergleich zu den Auktionspreisen auf eine geringere Streuung in Bezug auf den mittleren Preis hin.

Der Boxplot der Sofortkaufpreise zeigt ein symmetrisches Bild ohne Ausreisser. Der Preis des Internetbuchhandels liegt genau in der Mitte des Boxplots. Der Median ist etwas unterhalb dieses Preises. Die Auktionspreise sind etwas schief verteilt und haben einen Ausreisser. Sie liegen alle unterhalb des Preises des Buchhändlers und, bis auf den Ausreisser, unterhalb der Sofortkaufpreise.

Die folgenden Arbeitshypothesen (die Alternativhypothesen) bezüglich der Lage können aus diesen Ergebnissen abgeleitet werden:

- mittlerer Sofortkaufpreis $\neq$ 16.95 Euro,
- mittlerer Auktionspreis < 16.95 Euro,
- mittlerer Sofortkaufpreis > mittlerer Auktionspreis.

d) Die Normalverteilung darf unterstellt werden, die Varianz ist unbekannt. Aus diesem Grund wird der einfache t-Test zum Vergleich der Sofortkaufpreise mit dem Preis des Buchhändlers verwendet:

$$H_0\colon \mu_S = 16.95 \qquad \text{gegen} \qquad H_1\colon \mu_S \neq 16.95 \; .$$

Für die Berechnung der Teststatistik nutzen wir die Ergebnisse aus a).

$$t = \frac{16.949 - 16.95}{1.717} \cdot \sqrt{14} = -0.002 \, .$$

Für den kritischen Bereich betrachten wir das 0.975-Quantil der t-Verteilung mit $n-1$ Freiheitsgraden und lehnen H_0 ab, falls $|t| > t_{13,0.975} = 2.16$. Der Betrag der Teststatistik liegt deutlich unterhalb des kritischen Wertes, so dass H_0 nicht abgelehnt wird. Es kann nicht ausgeschlossen werden, dass der mittlere Sofortkaufpreis dem Preis des Internethandels entspricht.

e) Es werden folgende Hypothesen getestet:

$$H_0: \mu_A \geq 16.95 \qquad \text{gegen} \qquad H_1: \mu_A < 16.95 \, .$$

Der Wert der Teststatistik ist

$$t = \frac{10.995 - 16.95}{1.569} \cdot \sqrt{14} = -14.201 \, .$$

Bei einseitigen Hypothesen dieser Art wird H_0 abgelehnt, wenn $t < -t_{n-1,0.95} = -1.77$. Damit muss H_0 abgelehnt werden. Der mittlere Auktionspreis liegt unter dem Festpreis des Internetbuchhandels.

f) Es liegt ein Zweistichprobenproblem vor. Die Stichproben sind unabhängig, da das Merkmal 'CD-Preis' an zwei unterschiedlichen Merkmalsträgern erhoben wurde: 'Sofortkauf' und 'Auktion'. Die Varianzen sind unbekannt aber es wurde angenommen, dass sie gleich sind. Also wird der doppelte t-Test durchgeführt.

$$H_0: \mu_S \leq \mu_A \qquad \text{gegen} \qquad H_1: \mu_S > \mu_A \, .$$

Für die Teststatistik wird zuerst die gepoolte Stichprobenvarianz berechnet.

$$s^2 = \frac{(n_S-1)s_S^2 + (n_A-1)s_A^2}{n_S + n_A - 1} = \frac{(14-1)2.949 + (14-1)2.461}{14+14-1} = \frac{38.337 + 31.993}{27} = 2.605$$

Damit kann die Testgröße berechnet werden.

$$\begin{aligned}
t &= \frac{\bar{x}_S - \bar{x}_A}{s} \cdot \sqrt{\frac{n_S \cdot n_A}{n_S + n_A}} \\
&= \frac{16.949 - 10.995}{\sqrt{2.605}} \cdot \sqrt{\frac{14 \cdot 14}{14 + 14}} = \frac{5.954}{1.614} \cdot \sqrt{\frac{196}{28}} = 3.689 \cdot \sqrt{7} = 9.76
\end{aligned}$$

Wir lehnen H_0 ab, falls $t > t_{n_S+n_A-1,0.95}$. Das kritische Quantil ist $t_{27,0.95} = 1.703$ (mit Hilfe von SPSS bestimmt). Wer keine Statistiksoftware zur Hand hat, kann zwischen den Werten $t_{20,0.95}$ und $t_{30,0.95}$ interpolieren.

H_0 wird abgelehnt, die mittleren Sofortkaufpreise liegen signifikant über den mittleren Auktionspreisen.

g) Die Auktionspreise sind am günstigsten. Allerdings beansprucht die Teilnahme an einer Auktion mehr Zeit. Man muss die Auktionen über dem Auktionszeitraum beobachten, um im richtigen Moment bieten zu können. Wenn man schnell die CD kaufen möchte, empfiehlt sich der Sofortkauf oder der Internetbuchhandel.

Aufgabe 11.6: Betrachten Sie nochmal die CD-Preis Daten.

a) Prüfen Sie ob die Varianzen bei dem Sofortkauf und bei den Auktionen gleich sind ($\alpha = 0.05$).

b) Ein Mittelwertsvergleich der Variablen Sofortkauf- und Auktionspreise in SPSS ergibt folgenden Output.

Test bei unabhängigen Stichproben

| | | Levene-Test der Varianzgleichheit | | T-Test für die Mittelwertgleichheit | | | | | 95% Konfidenzintervall der Differenz | |
		F	Signifikanz	T	df	Sig. (2-seitig)	Mittlere Differenz	Standardfehler der Differenz	Untere	Obere
Preis in EUR	Varianzen sind gleich	.480	.503	9.578	26	.000	5.9536	.62162	4.67582	7.23132
	Varianzen sind nicht gleich			9.578	25.791	.000	5.9536	.62162	4.67531	7.23183

Welche Hypothesen werden getestet? Zu welcher Entscheidung kommen die Test?

Lösung:

a) Es wird der F-Test auf Gleichheit der Varianzen durchgeführt. Dabei gehen wir weiterhin von der Normalverteilung aus.

$$H_0: \sigma_S^2 = \sigma_A^2 \qquad \text{gegen} \qquad H_1: \sigma_S^2 \neq \sigma_A^2 \ .$$

Die Prüfgröße

$$T(X_S, X_A) = \frac{S_S^2}{S_A^2}$$

ist unter H_0 F-verteilt mit $n_S - 1$ und $n_A - 1$ Freiheitsgraden. Mit den Ergebnissen der vorangegangenen Aufgabe erhält man die Realisierung der Prüfgröße

$$t = \frac{2.949}{2.461} = 1.198.$$

Der Wert weicht nur geringfügig von 1 ab. Betrachten wir die Quantile der F-Verteilung, $f_{13,13,0.975} = 3.115$ und $f_{13,13,0.025} = \frac{1}{3.115} = 0.321$.

H_0 wird abgelehnt, falls t außerhalb dieser kritischen Werte liegt. Da $0.321 < 1.198 < 3.115$ ist, kann H_0 nicht abgelehnt werden. Die Gleichheit der Varianzen kann nicht verworfen werden.

b) In den ersten beiden Spalten wird ein Levene-Test auf Varianzgleichheit durchgeführt. Die Hypothesen sind analog zu denen aus a). Für die Entscheidung bezüglich der Nullhypothese betrachten wir die Signifikanz und lehnen H_0 ab, falls die Signifikanz kleiner als α ist. Die Signifikanz der Nullhypothese ist mit 50% größer als 5%, so dass H_0 nicht abgelehnt wird. In den folgenden Spalten werden zwei Zweistichproben Tests durchgeführt. SPSS ist da in seiner Vorgehensweise etwas redundant, beim Mittelwertsvergleich von zwei Stichproben macht die Software den doppelten t-Test (obere Zeile) und den Welch-Test (untere Zeile). Der Levene-Test dient dabei als Entscheidungshilfe, welcher Test nun der richtige ist, da das davon abhängt, wie die Varianzen der beiden Stichproben zu einander stehen.

Daran, dass im Output von zweiseitiger Signifikanz gesprochen wird, erkennt man, dass ein zweiseitiger Test durchgeführt wurde. Die Hypothesen lauten also:

$$H_0\colon \mu_S = \mu_A \qquad \text{gegen} \qquad H_1\colon \mu_S \neq \mu_A \ .$$

Die Varianzgleichheit wurde in a) und mit dem Levene-Test nicht abgelehnt, also ist die obere Zeile relevant. Man erkennt aber auch, dass im Fall der Varianzgleichheit die Ergebnisse des Welch-Tests sich kaum noch von den Ergebnissen des doppelten t-Tests unterscheiden.

Ein Blick auf die Signifikanz lässt uns auf das Ergebnis des Tests schliessen. H_0 wird abgelehnt, da die Signifikanz kleiner ist als 5%. Die mittleren Preise unterscheiden sich.

Aufgabe 11.7: Um eine Vorstellung davon zu bekommen, wie gut der doppelte t-Test Unterschiede in den Erwartungswerten aufdecken kann, zieht ein Student 3 normalverteilte Zufallsstichproben mit Hilfe von SPSS. Als Basisgruppe (X) zieht er 20 Beobachtungen aus einer $N(5, 2^2)$-verteilten Grundgesamtheit. Für die beiden anderen Stichproben bestimmt er jeweils eine Zufallsstichprobe vom Umfang $n = 20$ aus folgenden Verteilungen:

$$Y_1 \sim N(4, 2^2) \qquad \text{und} \qquad Y_2 \sim N(3.5, 2^2)$$

Er erhält folgende empirische Maßzahlen der Lage und Variabilität.

- $\bar{x} = 4.97$, $s_x^2 = 2.94$,
- $\bar{y}_1 = 4.55$, $s_{y_1}^2 = 2.46$,
- $\bar{y}_2 = 3.27$, $s_{y_2}^2 = 3.44$.

a) Testen Sie ob sich die Stichproben x und y_1 bezüglich der Lage unterscheiden.

b) Wiederholen Sie den Test mit x und y_2.

c) Vergleichen und interpretieren Sie Ihre Ergebnisse.

Lösung:

a) Wir stellen die Hypothesen auf:

$$H_0 : \mu_X = \mu_{Y1} \qquad \text{gegen} \qquad H_1 : \mu_X \neq \mu_{Y1} .$$

Die gepoolte Varianz ist

$$s^2 = \frac{19 \cdot 2.94 + 19 \cdot 2.46}{39} = \frac{102.6}{39} = 2.631.$$

Als Prüfgröße ergibt sich

$$t = \frac{4.97 - 4.55}{1.622} \cdot \sqrt{\frac{400}{40}} = \frac{0.42}{1.622} \cdot \sqrt{10} = 0.8188.$$

H_0 wird abgelehnt, wenn $|t| > t_{39,0.975} = 2.02$ (das Quantil mit 39 Freiheitsgraden unterscheidet sich kaum von dem mit 40 Freiheitsgraden) ist. H_0 wird nicht abgelehnt.

b) Die Hypothesen sind nun:

$$H_0 : \mu_X = \mu_{Y2} \qquad \text{gegen} \qquad H_1 : \mu_X \neq \mu_{Y2} .$$

Gepoolte Varianz:

$$s^2 = \frac{19 \cdot 2.94 + 19 \cdot 3.44}{39} = 3.108.$$

Als Prüfgröße ergibt sich

$$t = \frac{4.97 - 3.27}{1.763} \cdot \sqrt{10} = 3.049.$$

H_0 wird abgelehnt.

c) Obwohl sich die Grundgesamtheiten bei X und Y_1 bezüglich der Lage unterscheiden, schafft es der Test nicht, diesen Lageunterschied bei den gegebenen Stichproben aufzudecken.
Beim Vergleich von X und Y_2, wo ein noch größerer Lageunterschied herrscht, kann der Test diesen Unterschied aber aufdecken.
Um wirklich zuverlässige Aussagen über die Güte des Tests machen zu können, sollten die Stichprobenumfänge erhöht und die Simulationen öfter als einmal wiederholt werden. Dann kann man schöne Aussagen darüber erhalten, wie gross der Lageunterschied in den Grundgesamtheiten sein muss, bis der doppelte t-Test ihn feststellt. Eine Intuition liefert dieses Beispiel bereits.

Aufgabe 11.8: Es soll untersucht werden, ob die erwartete Anzahl geschossener Tore, gegliedert nach den zwei Halbzeiten von Fußballspielen, verschieden ist. Die folgende Tabelle gibt die gesamten Tore der 18 Vereine, aufgeteilt auf die beiden Halbzeiten der Saison 2004/2005 wieder.

Team	1.Halbzeit	2.Halbzeit
B. München	36	38
Schalke 04	33	24
Werder Bremen	21	47
Hertha Berlin	25	35
Stuttgart	21	31
Leverkusen	18	48
Dortmund	29	20
Hamburg	30	27
Wolfsburg	28	22
Hannover	15	20
Mainz	16	35
K'lautren	20	22
Arminia Bielefeld	17	22
Nürnberg	19	35
M'gladbach	17	20
Bochum	17	30
Hansa Rostok	14	19
Freiburg	15	15

Gehen Sie im Folgenden davon aus, dass die Torzahlen normalverteilte Zufallsvariablen sind und verwenden Sie wie gehabt 5% als Signifikanzniveau. Führen Sie den geeigneten Test durch.

Lösung:

Das Merkmal 'Anzahl der Tore' wurde an den Objekten 'Vereine' in verschiedenen Halbzeiten erhoben, deshalb spricht man hier von verbundenen Stichproben. Deshalb und weil von der Normalverteilung ausgegangen wird, sollte der paired t-Test verwendet werden. Es wird zweiseitig getestet. Sei X die geschossenen Tore in der ersten Halbzeit und Y die der zweiten Hälfte. Wir testen die folgenden Hypothesen:

$$H_0 : \mu_X = \mu_Y \Leftrightarrow \mu_D = 0,$$
$$H_1 : \mu_X \neq \mu_Y \Leftrightarrow \mu_D \neq 0 .$$

Erst müssen die Differenzen $D = X - Y$ gebildet werden.

```
-2    9 -26 -10 -10 -30    9    3    6
-5 -19  -2  -5 -16  -3 -13  -5    0
```

Für die Prüfgrösse $T(D) = \frac{\bar{D}}{S_D}\sqrt{n}$ wird noch die mittlere Differenz und die Standardabweichung benötigt. Das Vorgehen ist völlig analog zum Einstichproben t-Test. Mit den deskriptiven Werten

$$\bar{d} = -6.611 \qquad \text{und} \qquad s_D = 11.46$$

ist

$$t = \frac{-6.611}{11.46} \cdot \sqrt{18} = -2.539.$$

H_0 wird abgelehnt, falls $|t| > t_{17,0.975} = 2.1098$. Also wird H_0 abgelehnt. In den beiden Halbzeiten wurden über die Saison 2004/2005 unterschiedlich viele Tore erzielt.

Aufgabe 11.9: Ein Textilunternehmen stellt T-Shirts her. Beim Zuschnitt kommt es immer wieder zu Unregelmäßigkeiten und es wird Ausschuss produziert.

a) Das Controlling des Unternehmens mahnt an, dass bei mehr als 10% Ausschuss die T-Shirt-Produktion nicht mehr rentabel ist.
   Die Analyseabteilung des Unternehmens entnimmt zufällig 230 T-Shirts einer Produktionslinie und stellt fest, dass 35 Shirts Ausschuss sind.
   Prüfen Sie, ob die T-Shirt-Produktion aufgrund der Stichprobe nicht mehr rentabel ist ($\alpha = 0.05$).

b) Ein Maschinenhersteller bietet dem Unternehmen eine neue Zuschnittmaschine an. Er gibt die Garantie, dass diese Maschine deutlich weniger Ausschuss produziert als die alte und natürlich auch weniger als 10%. Sollte dies nicht zutreffen, nimmt er die Maschine zurück. Die Maschine wird installiert und es werden 115 T-Shirts zufällig entnommen, wovon 7 Ausschuss sind.
   Testen Sie die beiden Aussagen des Herstellers ($\alpha = 0.05$).

Lösung:

a) Die Produktion ist nicht mehr rentabel, wenn der Ausschuss über 10% ist:

$$H_0 : p \le 0.1 \qquad \text{gegen} \qquad H_0 : p > 0.1 \,.$$

Der Anteil Ausschuss in der Stichprobe beträgt $\hat{p} = \frac{35}{230} = \frac{7}{46}$. Der Wert ist deutlich höher als 10%, ist er aber auch signifikant?

Die Binomialverteilung wird durch die Normalverteilung approximiert (unter H_0 ist p $= 0.1$, also ist $np(1-p) = 230 \cdot \frac{1}{10} \cdot \frac{9}{10} > 9$). Die Teststatistik ergibt sich wie folgt:

$$t = \frac{\hat{p} - p_0}{\sqrt{p_0(1 - p_0)}} \sqrt{n} = \frac{\frac{7}{46} - \frac{1}{10}}{\sqrt{\frac{1}{10} \cdot \frac{9}{10}}} \cdot \sqrt{230}$$

$$= \frac{6}{115} \cdot \frac{10}{3} \cdot \sqrt{230} = \frac{4}{23} \cdot \sqrt{230} = 2.638 \,.$$

Ist $t > z_{0.95} = 1.64$, so wird H_0 abgelehnt. Der Anteil Ausschuss ist höher als 10% und damit ist die T-Shirt-Produktion nicht mehr rentabel.

b) Vergleichen wir zuerst die Daten der beiden Maschinen. Laut Hersteller produziert seine Maschine weniger Aussschuss, also:

$$H_0 : p_{neu} \geq p_{alt} \qquad \text{gegen} \qquad H_1 : p_{neu} < p_{alt} \; .$$

Die Zufallsvariablen X_{neu} und X_{alt} sind für große Stichproben approximativ normalverteilt. Es werden die nötigen Größen für die Teststatistik berechnet:

$$d = \frac{X_{neu}}{n_{neu}} - \frac{X_{alt}}{n_{alt}} = \frac{7}{115} - \frac{7}{46} = -\frac{21}{230} \, ,$$
$$\hat{p} = \frac{X_{neu}+X_{alt}}{n_{neu}+n_{alt}} = \frac{7+35}{230+115} = \frac{42}{345} = \frac{14}{115} \; .$$

Der Wert der Prüfgöße ist

$$t = \frac{d}{\sqrt{\hat{p}(1-\hat{p})(\frac{1}{n_{neu}} + \frac{1}{n_{alt}})}} = \frac{-\frac{21}{230}}{\sqrt{\frac{14}{115} \cdot \frac{101}{115}(\frac{1}{115} + \frac{1}{230})}}$$

$$= \frac{-\frac{21}{230}}{\sqrt{0.1069 \cdot 0.013}} = -\frac{0.0913}{0.0373} = -2.448 \; .$$

Zu kleine Werte von t sprechen gegen H_0, $t < z_{0.05} = -z_{0.95} = -1.64$. Damit wird H_0 abgelehnt. Die neue Maschine produziert weniger Aussschuss als die alte. Weniger als 10% der Produktion mit der neuen Maschine soll Ausschuss sein.

$$H_0 : p_{neu} \geq 0.1 \qquad \text{gegen} \qquad H_1 : p_{neu} < 0.1$$

Beobachtet wurde ein Ausschussanteil von $\hat{p} = \frac{7}{115}$.

Es ergibt sich

$$t = \frac{\frac{7}{115} - \frac{1}{10}}{\sqrt{\frac{1}{10} \cdot \frac{9}{10}}} \cdot \sqrt{230}$$

$$= -\frac{9}{230} \cdot \frac{10}{3} \cdot \sqrt{230} = -\frac{3}{23} \cdot \sqrt{230} = -1.978$$

Dieser Wert ist kleiner als $z_{0.05} = -1.64$, so dass H_0 abgelehnt wird. Weniger als 10% der Produktion mit der neuen Maschine ist Ausschuss.

Aufgabe 11.10: Der Herausgeber der Zeitschrift 'Das Silberne Blatt' möchte wissen welcher Anteil seiner Leser regelmäßig an den Gewinnspielen der Kreuzworträtsel teilnimmt. Der Sponsor der Gewinne erhofft sich einen Anteil von mindestens 20%. In einer Umfrage unter 738 Lesern antworteten 171, dass sie regelmäßig an den Preisausschreiben teilnehmen würden.

a) Testen Sie, ob die Hoffnungen des Sponsors bestätigt werden können ($\alpha = 0.05$)!

Die Zeitschrift 'Familie aktuell' bietet ebenfalls regelmäßig Kreuzworträtsel-gewinnspiele an. Dort gaben unter 432 Lesern 76 an regelmäßig an den Preis-ausschreiben teilzunehmen.

b) Testen Sie, ob von einem gleichen Teilnehmeranteil bei den Kreuzwort-rätseln der beiden Zeitschriften 'Das Silberne Blatt' und 'Familie aktuell' ausgegangen werden kann ($\alpha = 0.05$)!

Lösung:

a) Wenn wir testen wollen, ob der Teilnehmeranteil bei mindestens 20% liegt, so müssen wir folgende Hypothesen aufstellen:

$$H_0\colon p < p_0 = 0.2 \quad \text{gegen} \quad H_1\colon p \geq p_0 = 0.2.$$

Wir berechnen nun $\hat{p} = \frac{171}{738} = 0.232$. Da $n\hat{p}(1 - \hat{p}) = 738 \cdot 0.232 \cdot 0.768 = 131.49$ ist, können wir die approximativ normalverteilte Testgröße berechnen:

$$t = \frac{\hat{p} - p_0}{\sqrt{p_0(1 - p_0)}}\sqrt{n} = \frac{0.232 - 0.2}{\sqrt{0.2 \cdot 0.8}}\sqrt{738} = 2.17.$$

Da $t = 2.17 > 1.64 = z_{1-\alpha}$, müssen wir die Nullhypothese verwerfen. Der Sponsor kann tatsächlich von einem Teilnehmeranteil von mindestens 20% ausgehen.

b) Zum Testen gleicher Teilnehmeranteile stellen wir zuerst Null- und Alter-nativhypothese auf:

$$H_0\colon p_1 = p_2 \quad \text{gegen} \quad H_1\colon p_1 \neq p_2.$$

Wir kennen die Werte $\hat{p}_1 = \frac{171}{738} = 0.232$ und $\hat{p}_2 = \frac{76}{432} = 0.176$ und damit $d = \hat{p}_1 - \hat{p}_2 = 0.232 - 0.176 = 0.056$. Für die Schätzung der unter H_0 in beiden Verteilungen identischen Wahrscheinlichkeit ergibt sich:

$$\hat{p} = \frac{171 + 76}{738 + 432} = 0.211.$$

Nun können wir die Testgröße berechnen:

$$t = \frac{D}{\sqrt{\hat{p}(1 - \hat{p})\left(\frac{1}{n_1} + \frac{1}{n_2}\right)}} = \frac{0.056}{\sqrt{0.211 \cdot 0.789\left(\frac{1}{738} + \frac{1}{432}\right)}} = 2.26.$$

Da $|t| = 2.26 > 1.96 = z_{0.975}$, muß die Nullhypothese gleicher Teilnehmer-anteile verworfen werden. Die Alternativhypothese ist statistisch signifi-kant.

12. Nichtparametrische Tests

12.1 Einleitung

In die bisherigen Prüfverfahren des Kapitels 11 ging der Verteilungstyp der Stichprobenvariablen ein (z.B. normal- oder binomialverteilte Zufallsvariablen). Der Typ der Verteilung war also bekannt. Die zu prüfenden Hypothesen bezogen sich auf Parameter dieser Verteilung. Die für Parameter bekannter Verteilungen konstruierten Prüfverfahren heißen parametrische Tests, da die Hypothesen Parameterwerte festlegen. So wird beim einfachen t-Test beispielsweise die Hypothese $H_0 : \mu = 5$ geprüft. Möchte man Lage- oder Streuungsalternativen bei stetigen Variablen prüfen, deren Verteilung nicht bekannt ist, so sind die im Folgenden dargestellten nichtparametrischen Tests zu verwenden.

12.2 Anpassungstests

Der einfache t-Test prüft anhand einer Stichprobe ob beispielsweise der Erwartungswert einer (normalverteilten) Zufallsvariablen kleiner ist als der Erwartungswert einer (theoretischen) Zufallsvariablen mit anderem Erwartungswert. Kennt man nun den Verteilungstyp der der Stichprobe zugrunde liegenden Zufallsvariablen nicht, so kann man prüfen, ob diese Zufallsvariable von einer bestimmte Verteilung wie z.B. einer Normalverteilung abweicht. Es soll also untersucht werden, wie „gut" sich eine beobachtete Verteilung der hypothetischen Verteilung anpaßt.

Wie in Kapitel 11 beschrieben, ist es bei der Konstruktion des Tests notwendig, die Verteilung der Testgröße unter der Nullhypothese zu kennen. Daher sind alle Anpassungstests so aufgebaut, dass die eigentlich interessierende Hypothese als Nullhypothese und nicht – wie sonst üblich – als Alternative formuliert wird. Deshalb kann mit einem Anpassungstest auch kein statistischer Nachweis geführt werden, dass ein bestimmter Verteilungstyp vorliegt, sondern es kann nur nachgewiesen werden, dass ein bestimmter Verteilungstyp nicht vorliegt.

12.2.1 Chi-Quadrat-Anpassungstest

Testaufbau

Der wohl bekannteste Anpassungstest ist der Chi-Quadrat-Anpassungstest. Die Teststatistik wird so konstruiert, dass sie die Abweichungen der unter H_0 erwarteten von den tatsächlich beobachteten absoluten Häufigkeiten mißt. Hierbei ist jedes Skalenniveau zulässig. Um jedoch die erwarteten Häufigkeiten zu berechnen ist es bei ordinalem oder stetigem Datenniveau notwendig, die Stichprobe $\mathbf{X} = (X_1, \ldots, X_n)$ in k Klassen

Klasse	1	2	$\cdots$	k	Total
Anzahl der Beobachtungen	n_1	n_2	$\cdots$	n_k	n

einzuteilen. Die Klasseneinteilung ist dabei in gewisser Weise willkürlich. Die Klasseneinteilung sollte jedoch nicht zu fein gewählt werden, um eine genügend große Anzahl an Beobachtungen in den einzelnen Klassen zu gewährleisten. Wir prüfen

$$H_0\colon F(x) = F_0(x) \text{ gegen } H_1\colon F(x) \neq F_0(x).$$

Dabei ist die Nullhypothese so zu verstehen, dass die Verteilungsfunktion $F(x)$ der in der Stichprobe realisierten Zufallsvariablen X mit einer vorgegebenen Verteilungsfunktion $F_0(x)$ übereinsimmt.

Teststatistik

Für den Test benötigen wir folgende Testgröße:

$$T(\mathbf{X}) = \sum_{i=1}^{k} \frac{(N_i - np_i)^2}{np_i}. \tag{12.1}$$

Dabei ist

- N_i die absolute Häufigkeit der Stichprobe $\mathbf{X}$ für die Klasse i $(i = 1, \ldots, k)$ ist (N_i ist eine Zufallsvariable mit Realisierung n_i in der konkreten Stichprobe),
- p_i die mit Hilfe der vorgegebenen Verteilungsfunktion $F_0(x)$ berechnete (also hypothetische) Wahrscheinlichkeit dafür ist, dass die Zufallsvariable X in die Klasse i fällt,
- np_i die unter H_0 erwartete Häufigkeit in der Klasse i.

Entscheidungsregel

Die Nullhypothese H_0 wird zum Signifikanzniveau α abgelehnt, falls $t = T(x_1, \ldots, x_n)$ größer als das $(1 - \alpha)$-Quantil der χ^2-Verteilung mit $k - 1 - r$ Freiheitsgraden ist, d.h., falls gilt:

$$t > c_{k-1-r,1-\alpha}\,.$$

r ist dabei die Anzahl der Parameter der vorgegebenen Verteilungsfunktion $F_0(x)$. Sind die Parameter der Verteilungsfunktion unbekannt, so müssen diese aus der Stichprobe geschätzt werden.

Anmerkung. Die Teststatistik $T(X)$ ist unter der Nullhypothese nur asymptotisch χ^2-verteilt. Diese Approximation ist üblicherweise hinreichend genau, wenn nicht mehr als 20% der erwarteten Klassenbesetzungen np_i kleiner als 5 sind und kein Wert np_i kleiner als 1 ist.

Beispiel 12.2.1. Mendel erhielt bei einem seiner Kreuzungsversuche von Erbsen folgende Ergebnisse:

Kreuzungsergebnis	rund gelb	rund grün	kantig gelb	kantig grün
Beobachtungen	315	108	101	32

Er hatte die Hypothese, dass die vier Sorten im Verhältnis 9:3:3:1 stehen, also dass

$$\pi_1 = \frac{9}{16},\ \pi_2 = \frac{3}{16},\ \pi_3 = \frac{3}{16},\ \pi_4 = \frac{1}{16},$$

Wir testen also:

$$H_0 : P(X = i) = \pi_i \quad gegen \quad H_1 : P(X = i) \neq \pi_i, \qquad i = 1, ..., 4\,.$$

Mit insgesamt n=556 Beobachtungen erhalten wir folgende für die Teststatistik notwendige Größen:

i	n_i	p_i	np_i
1	315	$\frac{9}{16}$	312.75
2	108	$\frac{3}{16}$	104.25
3	101	$\frac{3}{16}$	104.25
4	32	$\frac{1}{16}$	34.75

Die χ^2-Teststatistik berechnet sich dann wie folgt:

$$\chi^2 = \frac{(315 - 312.75)^2}{312.75} + ... + \frac{(32 - 34.75)^2}{34.75} = 0.47\,.$$

Da $\chi^2 = 0.47 < 7.815 = \chi^2_{0.95}(3)$ ist, wird die Nullhypothese beibehalten. Mendel hatte mit seiner Vermutung einer 9:3:3:1 Aufteilung also Recht.

12.2.2 Kolmogorov–Smirnov–Anpassungstest

Der Chi–Quadrat–Anpassungstest hat bei stetigen Variablen den Nachteil, dass eine Gruppierung der Werte notwendig ist. Insbesondere kann die Klassenbildung auch die Teststatistik und damit das Testergebnis beeinflussen. Dieses Problem wirkt sich besonders stark bei kleinen Stichproben aus. In diesen Fällen ist der Kolmogorov-Smirnov-Anpassungstest für stetige Variablen dem Chi-Quadrat-Anpassungstest vorzuziehen. Dieser Test prüft ebenfalls die Hypothese

$$H_0\colon F(x) = F_0(x) \text{ gegen } H_1\colon F(x) \neq F_0(x),$$

wobei F eine stetige Verteilung ist. Wir wollen hier nicht im Detail auf das Testverfahren eingehen (siehe dazu Toutenburg, *Induktive Statistik*), jedoch die Grundaussagen des praxisrelevanten Tests anhand eines Beispiels erläutern.

Beispiel 12.2.2. In einer Studie ist eines der erhobenen Merkmale die Körpergröße. Wir betrachten hierzu die Histogramme aufgesplittet nach den Merkmalen 'männlich' und 'weiblich' (siehe Abbildung 12.1).

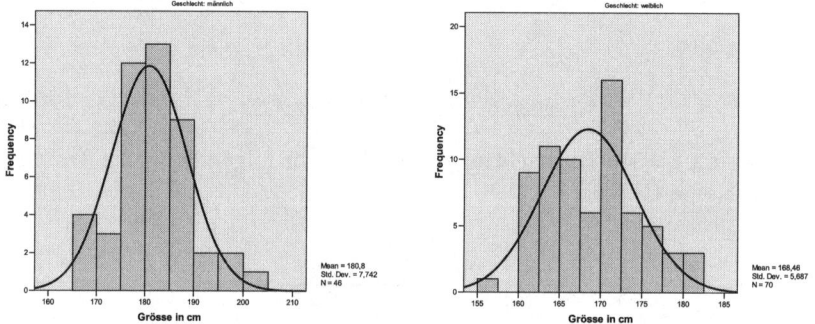

Abb. 12.1. Histogramme der Körpergröße aufgesplittet nach den Merkmalen 'männlich' (links) und 'weiblich' (rechts)

Um nun zu testen, ob das Merkmal 'Körpergröße' bei Männern und/oder Frauen (bei $\alpha = 0.05$) normalverteilt ist, wenden wir den Kolmogorov-Smirnov-Test an. SPSS liefert uns folgende Ergebnisse:

Geschlecht			Größe in cm
männlich	N		46
	Normal Parameters	Mean	180.80
		Std. Deviation	7.742
	Kolmogorov-Smirnov Z		0.870
	Asymp. Sig (2-tailed)		0.435
weiblich	N		70
	Normal Parameters	Mean	168.46
		Std. Deviation	5.687
	Kolmogorov-Smirnov Z		0.955
	Asymp. Sig (2-tailed)		0.322

Sowohl bei Männern als auch Frauen liegt der Wert der asymptotischen Signifikanz deutlich über 0.05. Die Nullhypothese, dass die Verteilungen 'Größe/m' und 'Größe/w' normalverteilt sind, kann also beibehalten werden.

12.3 Homogenitätstests für zwei unabhängige Stichproben

12.3.1 Kolmogorov-Smirnov-Test im Zweistichprobenproblem

Der Kolmogorov-Smirnov-Test im Zweistichprobenproblem vergleicht die Verteilungen zweier Zufallsvariablen gegeneinander. Gegeben seien zwei Stichproben

$$X_1, \ldots, X_{n_1}, Y_1, \ldots, Y_{n_2}$$

mit $X \sim F$ und $Y \sim G$. Wir prüfen die Hypothese

$$H_0\colon F(t) = G(t) \text{ gegen } H_1\colon F(t) \neq G(t) \text{ für alle } t \in R.$$

Erneut möchten wir nicht detailliert auf die Testprozedur eingehen aber mit einem Beispiel die Anwendung des Tests verdeutlichen.

Beispiel 12.3.1. Betrachten wir erneut Beispiel 12.2.2. Nun sind wir nicht mehr an der Fragestellung interessiert, ob die Verteilung der Männer/Frauen einer Normalverteilung folgt, sondern ob die Verteilung der Körpergröße bei Männern und Frauen identisch ist. Dazu können wir den Kolmogorov-Smirnov-Test für das Zweistichprobenproblem heranziehen. SPSS berechnet uns folgende Werte:

		Größe in cm
Most extreme	Absolute	0.691
Differences	Positive	0.691
	Negative	0.000
Kolmogorov-Smirnov Z		3.639
Asympt. Sig (2-tailed)		0.000

Die ersten 3 Zeilen bezeichnen hierbei Größen die benötigt wurden um die Teststatistik (Zeile 4) zu berechnen. Interessant ist aber die unterste Zeile. Sie gibt uns den p-value zu unserem Testproblem aus. Würden wir uns ein Signifikanzniveau von $\alpha = 0.05$ vorgeben, so spricht unser p-Wert, der nahezu 'Null' ist, für eine Verwerfung der Nullhypothese. In diesem Beispiel würde das also bedeuten, dass *nicht* von einer gleichen Verteilung bei Männern und Frauen ausgegangen werden kann.

Im vorhergehenden Beispiel hatten wir zwar bereits herausgefunden, dass die Nullhypothese einer Normalverteilung bei keiner der beiden Gruppen verworfen werden kann. Höchstwahrscheinlich spiegelt sich der Unterschied zwischen den beiden Gruppen aber in Erwartungswert und Varianz wider. So könnte die Körpergröße der Frauen beispielsweise normalverteilt, aber mit einem geringeren Erwartungswert als bei den Männern vorzufinden sein. Wollten wir dies testen, so bräuchten wir Testverfahren wie in Kapitel 11 beschrieben.

12.3.2 Mann-Whitney-U-Test

Testaufbau

Der Kolmogorov-Smirnov-Test prüft allgemeine Hypothesen der Art "Die beiden Verteilungen sind gleich". Wir gehen nun davon aus, dass sich die Verteilungen zweier stetiger Variablen nur bezüglich der Lage unterscheiden. Der wohl bekannteste Test für Lagealternativen ist der U-Test von Mann und Whitney. Der U-Test von Mann und Whitney ist ein Rangtest. Er ist ein nichtparametrisches Gegenstück zum t-Test und wird bei Fehlen der Voraussetzungen des t-Tests angewandt. Der U-Test ist also ein nonparametrischer mittelwertsvergleichender Test.

Anmerkung. Die zu prüfende Hypothese lässt sich auch formulieren als H_0: Die Wahrscheinlichkeit P, dass eine Beobachtung der ersten Grundgesamtheit X größer ist als ein beliebiger Wert der zweiten Grundgesamtheit Y, ist gleich 0.5. Die Alternative lautet H_1: $P \neq 0.5$.

Teststatistik

Man fügt die Stichproben $(x_1, \ldots, x_{n_1})$ und $(y_1, \ldots, y_{n_2})$ zu einer gemeinsamen aufsteigend geordneten Stichprobe S zusammen. Die Summe der Rangzahlen der X-Stichprobenelemente sei R_{1+}, die Summe der Rangzahlen der Y-Stichprobenelemente sei R_{2+}. Als Prüfgröße wählt man U, den kleineren der beiden Werte U_1, U_2:

$$U_1 = n_1 \cdot n_2 + \frac{n_1(n_1 + 1)}{2} - R_{1+}, \tag{12.2}$$

$$'' = n_1 \cdot n_2 + \frac{n_2(n_2 + 1)}{2} - R_{2+}. \tag{12.3}$$

Entscheidungsregel

H_0 wird abgelehnt, wenn $U < u_{n_1,n_2;\alpha}$ gilt. Da $U_1 + U_2 = n_1 \cdot n_2$ gilt, genügt es zur praktischen Berechnung des Tests, nur R_{i+} und damit $U = \min\{U_i, n_1 n_2 - U_i\}$ zu berechnen ($i = 1$ oder 2 wird dabei so gewählt, dass R_{i+} für die kleinere der beiden Stichproben ermittelt werden muß). Für $n_1, n_2 \geq 8$ kann die Näherung

$$Z = \frac{U - \frac{n_1 \cdot n_2}{2}}{\sqrt{\frac{n_1 \cdot n_2 \cdot (n_1 + n_2 + 1)}{12}}} \overset{approx.}{\sim} N(0,1) \qquad (12.4)$$

benutzt werden. Für $|z| > z_{1-\alpha/2}$ wird H_0 abgelehnt.

Beispiel 12.3.2. Im Zuge einer Studie wurden die Reaktionszeiten (in s) auf einen bestimmten Reiz sowohl bei männlichen Affen als auch bei weiblichen Affen gemessen. An der Studie nahmen 9 männliche Tiere und 10 weibliche Tiere teil. Es ergaben sich folgende Werte:

Reaktionszeit	1	2	3	4	5	6	7	8	9	10
männlich	3.7	4.9	5.1	6.2	7.4	4.4	5.3	1.7	2.9	
weiblich	4.5	5.1	6.2	7.3	8.7	4.2	3.3	8.9	2.6	4.8

Geprüft werden soll die Hypothese, ob die Reaktionszeit der männlichen Affen im Mittel gleich groß ist wie die der weiblichen. Dazu berechnen wir die für den Test interessanten Informationen. Es ergaben sich folgende Werte:

	1	2	3	4	5	6	7	8	9	10	$\sum$
$Wert_M$	3.7	4.9	5.1	6.2	7.4	4.4	5.3	1.7	2.9		
$Rang_M$	5	10	12	15	17	7	13	1	3		83
$Wert_W$	4.5	5.1	6.2	7.3	8.7	4.2	3.3	8.9	2.6	4.8	
$Rang_W$	8	11	14	16	18	6	4	19	2	9	107

Mit $R_{M+} = 83$ und $R_{W+} = 107$ erhalten wir die beiden Teststatistiken

$$U_1 = n_1 \cdot n_2 + \frac{n_1(n_1 + 1)}{2} - R_{M+} = 9 \cdot 10 + \frac{9 \cdot 10}{2} - 83 = 52,$$

$$U_2 = n_1 \cdot n_2 + \frac{n_2(n_2 + 1)}{2} - R_{W+} = 9 \cdot 10 + \frac{10 \cdot 11}{2} - 107 = 38.$$

Mit $n_1, n_2 \geq 8$ und $U = U_2 = 38$ ergibt sich:

$$Z = \frac{U - \frac{n_1 \cdot n_2}{2}}{\sqrt{\frac{n_1 \cdot n_2 \cdot (n_1 + n_2 + 1)}{12}}}$$

$$= \frac{38 - \frac{9 \cdot 10}{2}}{\sqrt{\frac{9 \cdot 10 \cdot (9 + 10 + 1)}{12}}} \approx -0.572.$$

Wegen $|z| = 0.572 < z_{1-\alpha/2} = 1.96$ kann die Nullhypothese beibehalten werden.

12.4 Aufgaben

Wiederholungsaufgabe mit SPSS. In dieser Wiederholungsaufgabe haben Sie die Möglichkeit Ihr Wissen über die letzten Kapitel anhand unseres buchübergreifenden Beispiels zu testen (siehe auch Kapitel 3 und 8).

Aufgabe 12.1: Seit einiger Zeit spielt ein neuer Mitspieler in der Runde von Jupp und Horst mit. Dieser besteht darauf, immer mit seinen eigenen "Glückswürfeln" würfeln zu wollen. Auffällig ist jedoch, dass er sich nie bei Zahlen kleiner als "4" platziert und generell bei seiner Startaufstellung die "8" der "6" vorzieht. Weiter fällt der Spieler durch seine hohe Anzahl von Siegen auf. Das macht Jupp und Horst stutzig und sie notieren sich die Würfelergebnisse des neuen Spielers in den folgenden Partien und erhalten 102 Summen. Der Datensatz gluckswuerfel.sav enthält die Summen des neuen Spielers sowie die Summen, die Jupp und Horst früher erhoben haben.

a) Zuerst wollen wir die beiden Datensätze vergleichen. Betrachten Sie dazu die Häufigkeitstabellen, die Balken- bzw. Stabdiagramme und die wichtigen Maßzahlen Mittelwert, Median, Varianz und Standardabweichung. Beschreiben Sie was Ihnen auffällt.

b) Nun wollen wir testen ob die Summen der ersten Stichprobe der vorher bestimmten Dreiecksverteilung folgen. Bestimmen Sie dazu die erwarteten Häufigkeiten unter der Annahme der Dreiecksverteilung und führen Sie anschließend einen χ^2−Anpassungstest durch. Kommentieren Sie Ihre Entscheidung.

c) Wiederholen Sie nun den χ^2−Anpassungstest für die Glückswürfelsummen.

d) Testen Sie mit Hilfe eines t-Tests, ob der Mittelwert der Glückswürfelsummen sieben ist. Nehmen Sie dabei kritisch Stellung zur Normalverteilungsannahme. Zu welchen Ergebnis kommt der Test?

e) Vergleichen Sie noch die Mittelwerte der beiden Stichproben mit Hilfe eines t-Tests. Versuchen Sie, mit Hilfe Ihrer empirischen Kenntnisse der Stichproben zu einer Entscheidung bezüglich der Gleichheit der Varianzen zu kommen. Führen Sie dann den t-Test durch, den Sie für geeignet halten und kommentieren Sie Ihre Ergebnisse.
Hinweis: Mit SPSS kann die Frage nach der Varianzgleichheit direkt beim t-Test gelöst werden.

Lösung:

a) Beginnen wir mit der deskriptiven Datenanalyse.

Häufigkeiten der Summen in beiden Stichproben(GW: Glückswürfel, NW: normale Würfel):

Ausprägungen	Prozent GW	Prozent NW	Kumulierte Prozente GW	Kumulierte Prozente NW
2	0	2.2	0	2.2
3	0	7.8	0	10.0
4	4.9	5.7	4.9	15.7
5	8.8	9.1	13.7	24.8
6	7.8	13.0	21.6	37.8
7	19.6	15.7	41.2	53.5
8	14.7	14.3	55.9	67.8
9	20.6	14.8	76.5	82.6
10	12.7	10.0	89.2	92.6
11	8.8	4.8	98.0	97.4
12	2.0	2.6	100.0	100.0
Gesamt	100.0	100.0		

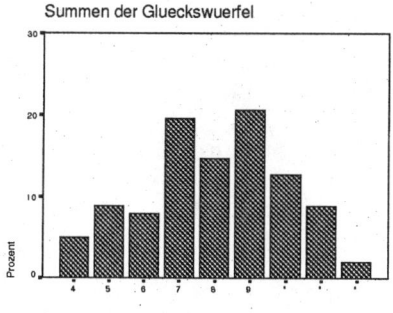

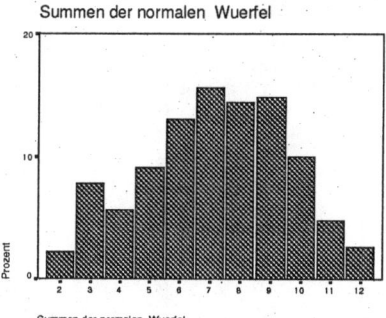

Abb. 12.2. Das Balkendiagramm der Glückswürfelsummen und der normalen Summen

Die Häufigkeitstabellen und die Diagramme zeigen, dass etwas an den Glückswürfelsummen anders ist. Die "2" und die "3" wurden von den Glückswürfeln nie als Summe gewürfelt. Somit ist der Streubereich der Glückswürfel geringer als der der normalen Würfelsummen. Der häufigste Wert ist deutlich höher als in der Stichprobe von Jupp und Horst. Betrachten wir als nächstes einige Maßzahlen der Lage und Variabilität.

	Glückswürfel	Normale Würfel
N	102	230
Mittelwert	7.99	7.16
Median	8.00	7.00
Standardabweichung	1.988	2.419
Varianz	3.950	5.853

Sowohl Mittelwert als auch Median sind deutlich höher bei den Summen der Glückswürfel. Varianz und Standardabweichung sind hingegen geringer.

Beide Verteilungen sind halbwegs symmetrisch, unterscheiden sich aber deutlich in Bezug auf ihre Lage und ihren Streubereich.

b) Formulieren wir zuerst die Hypothesen für unser Testproblem:

H_0 : Die Würfelsummen sind dreiecksverteilt
H_1 : Die Würfelsummen sind nicht dreiecksverteilt

Für die Teststatistik des χ^2−Anpassungstests benötigen wir zuerst die erwarteten Häufigkeiten unter H_0. Dazu nutzen wir die Tabelle der Wahrscheinlichkeitsfunktion aus der Aufgabe.

Ausprägungen von X	Wahrscheinlichkeiten p_i	Erwartete Hfgkt. $\tilde{n}_i = n \cdot p_i$	$\frac{(n_i - \tilde{n}_i)^2}{\tilde{n}_i}$
2	1/36	6.389	0.302
3	1/18	12.778	2.134
4	1/12	19.167	1.984
5	1/9	25.556	0.812
6	5/36	31.944	0.118
7	1/6	38.333	0.142
8	5/36	31.944	0.035
9	1/9	25.556	2.789
10	1/12	19.167	0.767
11	1/18	12.778	0.247
12	1/36	6.389	0.024
Gesamt	1		9.355

Der Wert der χ^2−Statistik beträgt somit 9.355. Spricht dieser Wert für oder gegen die hypothetische Dreiecksverteilung? Dazu der Testoutput von SPSS:

Chi-Quadrat(a)	9.355
df	10
Asymptotische Signifikanz	.499

Die Überschreitungswahrscheinlichkeit ist mit ungefähr 50% deutlich grösser als das 5% Signifikanzniveau. Somit kann H_0 nicht abgelehnt werden. Die Dreiecksverteilungshypothese wird hier nicht verworfen. Somit sind die Würfelsummen von Horst und Jupp wie erwartet dreiecksverteilt.

c) Nun schauen wir uns die Glückswürfelsummen an. Zuerst wieder die Hypothesen für unser Testproblem:

H_0 : Die Glückswürfelsummen sind dreiecksverteilt
H_1 : Die Glückswürfelsummen sind nicht dreiecksverteilt

Für die Teststatistik stellen wir die Hilfstabelle analog zu b) auf.

Ausprägungen von X	Wahrscheinlichkeiten p_i	Erwartete Hfgkt. $\tilde{n}_i = n \cdot p_i$	$\frac{(n_i - \tilde{n}_i)^2}{\tilde{n}_i}$
2	1/36	2.833	2.833
3	1/18	5.667	5.667
4	1/12	8.5	1.441
5	1/9	11.333	0.48
6	5/36	14.167	2.685
7	1/6	17.667	0.308
8	5/36	14.167	0.049
9	1/9	11.333	8.246
10	1/12	8.5	2.382
11	1/18	5.667	1.96
12	1/36	2.833	0.245
Gesamt	1		26.296

Bei den Glückswürfelsummen erhalten wir einen deutlich höheren Wert der χ^2−Statistik. Betrachten wir für unsere Entscheidung wieder den SPSS Output. Alternativ kann auch der kritische Wert in Tabellen der χ^2−Verteilung nachgeschlagen werden.

Chi-Quadrat(a)	26.518
df	10
Asymptotische Signifikanz	.003

Die Unterschiede in den Werten der χ^2−Statistiken lassen sich auf Rundungsdifferenzen zurückführen.

Hier liegt die Überschreitungswahrscheinlichkeit deutlich unterhalb des Signifikanzniveaus. Das führt dazu, dass wir H_0 ablehnen. Die Glückswürfelsummen weisen also nicht die von uns für Würfelsummen erwartete Dreiecksverteilung auf.

d) Es soll univariat getestet werden, ob der Mittelwert der Glückswürfelsummen sieben ist. Dazu führen wir den einfachen t-Test durch. Dieses Vorgehen ist gerechtfertigt, da wir gesehen haben, dass die Glückswürfelsummen symmetrisch verteilt sind und man somit eine Normalverteilung unterstellen kann. Wir beginnen wie immer mit den Hypothesen

$$H_0 : \mu = 7 \text{ gegen } H_1 : \mu \neq 7 .$$

Der Wert der Teststatistik berechnet sich wie folgt:

$$T = \frac{7.99-7}{1.988} \cdot \sqrt{102} = 5.03$$

Um zu einer Entscheidung zu kommen betrachten wir den SPSS Output oder suchen uns den kritischen Wert aus einer Tabelle der t-Verteilung.

	t	df	Sig. (2-seitig)
Summen der Glueckswuerfel	5.032	101	.000

Die Signifiganz für die Nullhypothese ist Null, somit kann H_0 verworfen werden. Der Mittelwert der Glückswürfelsummen ist ungleich sieben.
Der interessierte Leser kann einen einseitigen t-Test durchführen, in dem er unsere Vermutung bezüglich des Mittelwertes bestätigt.

e) Als letztes Testproblem steht noch ein doppelter t-Test an, der die Mittelwerte der beiden Stichproben vergleicht. Die Hypothesen lauten wie folgt:

$$H_0 : \mu_{GW} = \mu_{NW} \text{ gegen } H_1 : \mu_{GW} \neq \mu_{NW}.$$

Für derartige unverbundene Vergleiche stehen uns zwei t-Tests zur Verfügung, der eine unterstellt identische Varianzen in beiden Stichproben und der andere lässt unterschiedliche Varianzen zu. In unserer deskriptiven Analyse haben wir deutliche Unterschiede zwischen den Streuungen der beiden Stichproben feststellen können. Diesen Überlegungen folgend würde man den sogenannten Welch-Test durchführen.
SPSS macht uns das Leben aber leichter. Es berechnet einfach beide Tests und schaltet einen Test auf Gleichheit der Varianzen vor, so hat man eine Entscheidungshilfe bei der Beurteilung des Problems. Betrachten wir also den SPSS Output.

	F	Sig.	T	df	Sig. (2-s.)
Varianzen gleich	5.172	.024	3.052	330	.002
Varianzen nicht gleich			3.291	232.974	.001

Die ersten beiden Spalten beziehen sich auf einen F-Test, der die Gleichheit der Varianzen in den beiden Stichproben testet. Wir betrachten wieder die Überschreitenswahrscheinlichkeit, diese ist kleiner als 0.05. Somit kann die Hypothese der Varianzgleichheit abgelehnt werden. Unsere empirische Vermutung wird somit bestätigt, der Welch-Test ist der richtige Test für dieses Problem. Der Output des Welch-Testes ist in der zweiten Zeile der Tabelle dargestellt. Diese zeigt den Wert des Teststatistik, die Freiheitsgrade und die Signifikanz der Nullhypothese. Diese ist mit 0.001 sehr klein, so dass wir die Nullhypothese ablehnen. Die Mittelwerte und die Varianzen in den beiden Stichproben unterscheiden sich also.
Somit zeigt sich, dass die Glückswürfel des neuen Mitspielers sich deutlich

von dem für normale Würfel zu erwartenden Verhalten unterscheiden. Der Streubereich ist kleiner, dadurch dass die Glückswürfel in 102 Versuchen nicht eine "2" oder "'3" als Summe erzielten. Desweiteren ist die Lage der Glückswürfelsummen nach oben verschoben. Die theoretisch hergeleitete Dreiecksverteilung für Würfelsummen passt gut auf die Ergebnisse von Jupp und Horst aber bei den Ergebnissen von den Glückswürfeln passt sie nicht mehr. Alles in allem kann man davon ausgehen, dass der neue Mitspieler seine Würfel gezinkt hat.

Aufgabe 12.2: Der Datensatz 'ZiffernPi.sav' enthält die sortierten ersten 10002 Nachkommastellen der Zahl π. Es soll überprüft werden ob es ein Verteilungsmuster in den Nachkommastellen gibt.

a) Erstellen Sie die Häufigkeitstabelle der Nachkommastellen.
b) Stellen Sie den Inhalt der Häufigkeitstabelle grafisch dar.
c) Formulieren Sie aufgrund Ihrer deskriptiven Ergebnisse eine Hypothese über die Verteilung der Nachkommastellen von π.
d) Testen Sie mit Hilfe eines χ^2-Anpassungstests diese Hypothese.

Lösung:

a) Wir erhalten folgenden Output von SPSS:

	Häufigkeit	Prozent	kum. Prozent
0	968	9.7	9.7
1	1026	10.3	19.9
2	1021	10.2	30.1
3	974	9.7	39.9
4	1014	10.1	50.0
5	1046	10.5	60.5
6	1021	10.2	70.7
7	970	9.7	80.4
8	948	9.5	89.9
9	1014	10.1	100.0
Gesamt	10002	100.0	

b) In Abbildung 12.3 ist das von SPSS berechnete Balkendiagramm zur Häufigkeitsverteilung der Nachkommastellen von Pi dargestellt.

c) Die Häufigkeitstabelle und das Balkendiagramm deuten auf eine Gleichverteilung hin. Jede Zifffer scheint in etwa gleich oft vorzukommen.

d) SPSS liefert uns folgenden Output zum χ^2-Anpassungstest:

	Ziffern
Chi-Quadrat	9.638
df	9
Asymptotische Signifikanz	.404

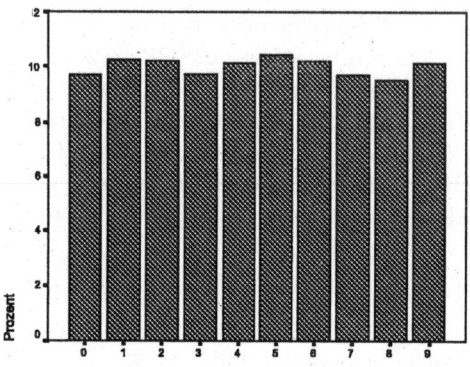

Nachkommastellen von Pi, sortiert

Abb. 12.3. Das Balkendiagramm zur Anzahl der Nachkommastellen von 'Pi'

Der χ^2-Anpassungstest kann die Gleichverteilungshypothese nicht ablehnen. Die Nachkommastellen von π könnten also gleichverteilt sein.

Rechenaufgaben. Im Folgenden haben Sie erneut die Möglichkeit Ihr Wissen über das vergangene Kapitel anhand von Rechenaufgaben zu überprüfen.

Aufgabe 12.3: Vor der Bundestagswahl hat ein bekannter Journalist die Vermutung, dass die 'CDU/CSU' 45% der Stimmen erhält, die SPD 40%, die FDP 10% und alle übrigen Parteien nur 5%. Bei einer Meinungsumfrage unter $n = 1000$ Personen ergab sich, dass 400 der Personen angaben bei der Wahl für die 'CDU/CSU' stimmen zu wollen, 350 für die 'SPD', 150 für die 'FDP' und 100 für sonstige Parteien. Überprüfen Sie mit Hilfe des χ^2-Anpassungstests, ob die von dem Journalisten aufgestellte Vermutung durch die Stichprobe bestätigt wird oder nicht ($\alpha = 0.05$)!

Lösung:

Mit n = 1000 und den anderen Werten aus der Aufgabe erhalten wir folgende Tabelle:

	CDU/CSU	SPD	FDP	andere
H_0	45%	40%	10%	5%
p_i unter H_0	0.45	0.40	0.10	0.05
Sichprobe n_i	400	350	150	100
np_i	450	400	100	50

Damit berechnet sich die Teststatistik wie folgt:

$$\chi^2 = \frac{(400 - 450)^2}{450} + \dots + \frac{(100 - 50)^2}{50} = 86.81\,.$$

Da der Wert der Teststatistik größer als $\chi^2_{3;095} = 7.81$ ist, müssen wir die Nullhypothese ablehnen. Der Journalist scheint mit seiner Vermutung also nicht Recht zu haben.

Aufgabe 12.4: Wir betrachten die Körpergröße der Basketballspieler des 'GHP Bamberg' und der 'Bayer Giants Leverkusen' aus der Saison 05/06, sowie die Größe der Fußballspieler des 'SV Werder Bremen' aus dieser Saison. SPSS liefert uns folgenden Output beim Durchführen eines Kolmogorov-Smirnov-Anpassungstests (Einstichproben-Fall):

		Bamberg	Leverkusen	Bremen
N		16	14	23
Normal Param.	Mean	199.06	196.00	187.25
	Std. dev.	7.047	9.782	5.239
Kolm.-Smir.-Z		.422	.605	.727
Asymp. Sig.		.994	.657	.667

a) Interptretieren Sie den Output!

Wir betrachten nun den Zweistichprobenfall und vergleichen die Teams von Bamberg und Leverkusen, sowie Bamberg und Bremen. SPSS liefert uns folgende Outputs:

		Bamberg/Leverkusen
Most extreme	Absolute	.304
Differences	Positive	.009
	Negative	-.304
Kolmogorov-Smirnov Z		.830
Asympt. Sig (2-tailed)		.497

		Bamberg/Bremen
Most extreme	Absolute	.639
Differences	Positive	.639
	Negative	.000
Kolmogorov-Smirnov Z		1.962
Asympt. Sig (2-tailed)		.001

b) Interptretieren Sie die beiden Outputs!

Lösung:

a) Beim Betrachten des Outputs fällt zu allererst auf, dass sich die Anzahl der gemessenen Werte bei den Spielern der drei Teams unterscheidet. Der 'SV Werder Bremen' hat natürlich als Fußballmannschaft einen größeren Kader als die beiden Basketballteams. Die Mittelwerte lassen erahnen, dass die beiden Basketballteams im Schnitt größere Spieler haben.
Die Werte der asymptotischen Signifikanz liegen bei allen drei Teams deutlich über 0.05 (0.994, 0.857 bzw. 0.667), so dass die Nullhypothese einer Normalverteilung nicht verworfen werden kann. Die Köpergröße scheint also bei allen drei Teams normalverteilt zu sein.

b) Betrachten wir zuerst den Output der die beiden Verteilungen von 'Bamberg' und 'Leverkusen' gegeneinander testet. Der Wert der asymptotischen Signifikanz liegt bei 0.497. Die Nullhypothese gleicher Verteilungen muß also nicht verworfen werden.

Beim Vergleich des Basketballteams 'Bamberg' und der Fußballmannschaft 'Bremen' bietet sich ein anderes Bild. Der Wert der asymptotischen Signifikanz liegt bei 0.001. Die beiden Verteilungen der Teams unterscheiden sich also signifikant. Zwar ist die Körpergröße bei beiden normalverteilt, es scheint aber Unterschiede in Mittelwert und Varianz zu geben. Intuitiv lässt sich vermuten, dass die Basketballspieler aufgrund ihrer Sportart im Schnitt größer sind.

Aufgabe 12.5: Ein Student hat die Hypothese, dass sich die mittlere Gesprächsdauer (in Stunden) am Telefon (pro Monat) bei seinen weiblichen und männlichen Kommilitonen unterscheidet. Um dies zu überprüfen führt er innerhalb eines Seminars eine Umfrage durch und erhält anhand der letzten Telefonrechnung bei insgesamt 18 seiner Kommilitonen folgende Ergebnisse:

Gesprächsdauer	1	2	3	4	5	6	7	8	9
männlich	6.5	5.8	7.8	8.2	4.3	7.0	3.6	10.4	4.8
weiblich	9.6	8.5	17.6	25.3	5.5	6.8	10.1	7.6	8.0

Überprüfen Sie mit Hilfe des Mann-Whitney U-Tests, ob die Hypothese des Studenten bestätigt werden kann!

Lösung:

Um die Teststatistik berechnen zu können müssen wir die Ränge innerhalb der gesamten Stichprobe bestimmen. Wir erhalten folgende Tabelle:

	1	2	3	4	5	6	7	8	9	$\sum$
$Wert_m$	6.5	5.8	7.8	8.2	4.3	7.0	3.6	10.4	4.8	
$Rang_m$	6	5	10	12	2	8	1	16	3	63
$Wert_w$	9.6	8.5	17.6	25.3	5.5	6.8	10.1	7.6	8.0	
$Rang_w$	14	13	17	18	4	7	15	9	11	108

Mit $R_{m+} = 63$ und $R_{w+} = 108$ erhalten wir die beiden Teststatistiken

$$U_1 = n_1 \cdot n_2 + \frac{n_1(n_1 + 1)}{2} - R_{m+} = 9 \cdot 9 + \frac{9 \cdot 10}{2} - 63 = 63,$$

$$U_2 = n_1 \cdot n_2 + \frac{n_2(n_2 + 1)}{2} - R_{w+} = 9 \cdot 9 + \frac{9 \cdot 10}{2} - 108 = 18.$$

Mit $n_1, n_2 \geq 8$ und $U = U_2 = 18$ ergibt sich:

$$Z = \frac{U - \frac{n_1 \cdot n_2}{2}}{\sqrt{\dfrac{n_1 \cdot n_2 \cdot (n_1 + n_2 + 1)}{12}}}$$

$$= \frac{18 - \frac{9 \cdot 9}{2}}{\sqrt{\dfrac{9 \cdot 9 \cdot (9 + 9 + 1)}{12}}} \approx -2.38 \, .$$

Da $|z| = 2.38 > z_{1-\alpha/2} = 1.96$, muss die Nullhypothese verworfen werden. Man kann also *nicht* davon ausgehen, dass die mittlere Gesprächsdauer unter den männlichen und weiblichen Studenten des Seminars gleich ist.

13. Multiple lineare Regression

13.1 Einleitung

Bei der Untersuchung von Zusammenhängen in der Wirtschaft, den Sozialwissenschaften, in Naturwissenschaften, Technik oder Medizin steht man häufig vor dem Problem, dass eine zufällige Variable Y (auch Response genannt) von mehr als einer Einflussgröße abhängt. So könnten beispielsweise mehrere Einflussfaktoren wie Niederschlag, Temperatur, Ort und Düngung einen Einfluß auf den Ertrag einer Ernte haben. In Kapitel 5 haben wir bereits anhand der linearen Regression gesehen wie man mit solchen Problemen bei *einem* Einflussfaktor umgeht. In diesem Kapitel werden wir einen kurzen Einblick geben, wie die Statistik bei der Problemstellung mehrerer Einflussgrößen vorgeht.

Da das Gebiet der multiplen linearen Regression sehr groß und vielfältig ist, möchten wir uns darauf beschränken die wichtigsten Grundideen und Annahmen kurz aufzuführen und dann anhand eines langen, gut verständlichen Beispiels zu erklären.

13.2 Modellannahmen der multiplen Regression

Wie bereits erwähnt, betrachten wir nun mehrere Einflussgrößen, die wir als $X_1, \ldots, X_K$ bezeichnen wollen. Wir beschränken uns auf den Fall, dass alle $X_1, \ldots, X_K$ stetig und nicht zufällig sind und Y stetig ist. Das Modell lautet

$$Y_i = \beta_1 X_{i1} + \ldots + \beta_K X_{iK} + \epsilon_i, \quad i = 1, \ldots, n.$$

Wir setzen voraus, dass alle Variablen n-mal beobachtet wurden und stellen dies in Matrixschreibweise dar

$$\mathbf{y} = \beta_1 \mathbf{x_1} + \ldots + \beta_k \mathbf{x_k} + \boldsymbol{\epsilon}$$
$$= \mathbf{X}\boldsymbol{\beta} + \boldsymbol{\epsilon}.$$

Dabei sind $\mathbf{y}$, $\mathbf{x_i}$ und $\boldsymbol{\epsilon}$ n-Vektoren, $\boldsymbol{\beta}$ ein K-Vektor und $\mathbf{X}$ eine $n \times K$-Matrix. Zusätzlich wird $\mathbf{x_1}$ im allgemeinen als $\mathbf{1} = (1, \ldots, 1)'$ gesetzt, wodurch eine Konstante (Intercept) in das Modell eingeführt wird.

Es ändert sich im Vergleich zur linearen Einfachregression vor allem dass jetzt mehrere β geschätzt und interpretiert werden müssen. Dabei beschreibt jedes β den Einfluss eines Einflussfaktors.

Folgende Annahmen über das klassische lineare Regressionsmodell sind gegeben:

$$\left.\begin{array}{l} \mathbf{y} = \mathbf{X}\boldsymbol{\beta} + \boldsymbol{\epsilon}, \\ \boldsymbol{\epsilon} \sim N_n(\mathbf{0}, \sigma^2 \mathbf{I}), \\ \mathbf{X} \quad \text{nichtstochastisch}, \ \text{Rang}(\mathbf{X}) = K . \end{array}\right\} \tag{13.1}$$

Die Rangbedingung an $\mathbf{X}$ besagt, dass keine exakten linearen Beziehungen zwischen den Einflussgrößen $X_1, \ldots, X_K$ (den sogenannten Regressoren) bestehen, die Einflussfaktoren also linear unabhängig sein sollten. Insbesondere existiert die Inverse $(\mathbf{X}'\mathbf{X})^{-1}$.

13.3 Schätzung der Parameter

Schätzung von β und σ^2

Wir haben nun ein multiples lineares Regressionsmodell und möchten die Parameter für die Einflussfaktoren schätzen. Über die Lösung eines Optimierungsproblems erhalten wir die 'beste' Schätzung für β:

Theorem 13.3.1 (Gauss–Markov-Theorem). *Im klassischen linearen Regressionsmodell ist die Schätzung*

$$\mathbf{b} = (\mathbf{X}'\mathbf{X})^{-1}\mathbf{X}'\mathbf{y} \tag{13.2}$$

mit der Kovarianzmatrix

$$V_b = \sigma^2 (\mathbf{X}'\mathbf{X})^{-1}$$

die beste (homogene) lineare Schätzung von β. (Man bezeichnet $\mathbf{b}$ auch als Gauss–Markov-(GM)-Schätzung.) Als Schätzung für V_b ergibt sich

$$\hat{V}_b = s^2 (\mathbf{X}'\mathbf{X})^{-1} . \tag{13.3}$$

13.4 Prüfen von linearen Hypothesen

Fragestellung

Bei der statistischen Untersuchung eines Regressionsmodells (mit Intercept) $y = \beta_0 + X_1\beta_1 + \ldots + X_K\beta_K + \epsilon$ können folgende Hypothesen von Interesse sein.

(i) Globale Hypothese

$$H_0 : \beta_1 = \ldots = \beta_K = 0 \quad \text{gegen}$$
$$H_1 : \beta_1 \neq 0, \ldots, \beta_K \neq 0.$$

Dies bedeutet den Vergleich der Modelle

$$(\text{unter} H_0) \quad y = \beta_0 + \epsilon$$

und

$$(\text{unter} H_1) \quad y = \beta_0 + X_1 \beta_1 + \ldots + X_K \beta_K + \epsilon.$$

Die Nullhypothese besagt, dass y durch kein Modell erklärt wird.

(ii) Prüfen des Einflusses einer Variablen X_i
Die Hypothesen lauten

$$H_o : \beta_i = 0 \quad \text{gegen} \quad H_1 : \beta_i \neq 0.$$

Falls H_0 nicht abgelehnt wird, kommt die Variable X_i als Einflussgröße (im Rahmen des linearen Modells) nicht in Betracht. Anderenfalls wird X_i in das Modell als Einflussgröße aufgenommen.

(iii) Gleichzeitiges Prüfen des Einflusses mehrerer X-Variablen
Die Hypothesen lauten z. B.

$$H_0 : \beta_1 = \beta_2 = \beta_3 = 0 \quad \text{gegen}$$
$$H_1 : \beta_i \neq 0 \quad (i = 1, 2, 3)$$

Dabei werden die Modelle

$$(\text{unter} H_0) \quad y = \beta_0 + \beta_4 X_4 + \ldots + \beta_K X_K + \epsilon$$

und

$$(\text{unter} H_1) \quad y = \beta_0 + \beta_1 X_1 + \beta_2 X_2 + \beta_3 X_3 + \beta_4 X_4 + \ldots + \beta_K X_K + \epsilon$$

verglichen. Die Modelle unter H_0 sind also stets Teilmodelle des vollen Modells, das alle Variablen X_i enthält.

Testgröße

Wir wollen hier nicht auf alle formalistischen Details des Testverfahrens eingehen. Es bedarf einer ausführlichen Analyse um jede der hier vorgestellten interessanten Hypothesen zu formulieren und in eine Theorie einzubetten. Es sei jedoch erwähnt, dass die Testgröße für alle unsere Testprobleme auf die Streuungszerlegung zurückzuführen ist:

$$SQ_{Total} = SQ_{Regression} + SQ_{Residual}$$

Sie berechnet sich für die Fragestellung (i) als

$$F = \frac{SQ_{Regression}}{SQ_{Residual}} \cdot \frac{n-K}{K}.$$

mit

$$SQ_{Residual} = (\mathbf{y} - \mathbf{Xb})'(\mathbf{y} - \mathbf{Xb})$$
$$SQ_{Regression} = (\mathbf{b} - \boldsymbol{\beta}^*)'\mathbf{X}'\mathbf{X}(\mathbf{b} - \boldsymbol{\beta}^*)$$

und besitzt unter $H_0 : \boldsymbol{\beta} = \boldsymbol{\beta}^*$ eine $F_{K,n-K}$-Verteilung. Für die Fragestellungen (ii) und (iii) ändern sich Testgröße und Testentscheidung.

Testentscheidung

Wir erhalten für Fragestellung (i) bei einer vorgegebenen Irrtumswahrscheinlichkeit α folgende Entscheidungsregel:

$$\left. \begin{array}{ll} H_0 \text{ nicht ablehnen, falls } 0 \le F \le f_{K,n-K,1-\alpha}, \\ H_0 \text{ ablehnen, falls } \qquad F > f_{K,n-K,1-\alpha}. \end{array} \right\}$$

Für die Fragestellungen (ii) und (iii) ändern sich Testgröße und Testentscheidung. Um unsere sehr knappen Überlegungen noch einmal zu verdeutlichen betrachten wir folgendes ausführliches Beispiel, das verdeutlichen soll, wie man mit Hilfe von SPSS multiple lineare Regression durchführen kann.

Beispiel 13.4.1. In einer internationalen Studie soll die Responsevariable Y= Lebenserwartung von Frauen (female life expectancy) in Abhängigkeit von verschiedenen Einflussgrößen durch ein Regressionsmodell erfasst werden. Die Einflussgrößen spezifizieren wirtschaftliche und für die medizinische Versorgung relevante Größen, die in der folgenden Tabelle dargestellt sind.

Variablenname	Beschreibung
urban	Anteil der urbanen Bevölkerung
lndocs	ln(Anzahl von Ärzten je 10000 Einwohner)
lnbeds	ln(Anzahl von Krankenhausbetten je 10000 Einwohner)
lngdp	ln(Bruttoinlandsprodukt pro Kopf in \$)
lnradios	ln(Radiogeräte je 100 Einwohner)

Zunächst wollen wir untersuchen, ob etwas gegen die Normalverteilungsannahme spricht. Dazu verwenden wir einen (Ein-Stichproben) Kolmogorov-Smirnov-Test. SPSS liefert uns folgenden Output:

	Female life expectancy
N	15
Kolmogorov-Smirnov Z	0.534
Asymp. Sig. (2-tailed)	0.938

Der Wert der asymptotischen Signifikanz ist sehr hoch, deutlich über 0.05. Wir können die Nullhypothese einer Normalverteilung $(Y \sim N(\mu, \sigma^2))$ also beibehalten.

Als nächstes interessiert uns der Zusammenhang zwischen der abhängigen Variable (Lebenserwartung) und den möglichen Einflussgrößen. Dazu betrachten wir zuerst die Korrelationen die uns SPSS liefert:

	lifeexpf	urban	lndocs	lnbeds	lngdp	lnradio
lifeexpf	1	0.785**	0.913**	0.677**	0.906**	0.854**
urban	0.785**	1	0.806**	0.696**	0.707**	0.761**
lndocs	0.913**	0.806**	1	0.801**	0.775**	0.726**
lnbeds	0.677**	0.696**	0.801**	1	0.597	0.581
lngdp	0.906**	0.707**	0.775**	0.597	1	0.850**
lnradios	0.854**	0.761**	0.726**	0.581	0.850**	1

Alle Korrelationen zwischen den Lebenserwartungen und den möglichen Einflussgrößen sind signifikant auf dem 1%-Niveau (zu sehen an den zwei Sternen über dem Wert der Korrelation). Möchten wir nun eine multiple lineare Regression durchführen, so sprechen die Korrelationen für unsere Idee die vorgeschlagenen Variablen als Einflussgrößen zu betrachten. Allerdings sind auch die Korrelationen innerhalb der Einflussgrößen signifikant, so dass wir im Anschluß an die gesamte Regression eine Modellwahl durchführen werden.

Zunächst wird das Gesamtmodell berechnet. Das Gütemaß 'Adjusted R-squared' liegt nahe bei Eins, so dass eine gute Modellanpassung signalisiert wird. Der nächste Output von SPSS überprüft, ob die Nullhypothese $\beta_1 = \beta_2 = \ldots = 0$ (also Fall (i)) beibehalten werden kann. Wegen der hohen Signifikanz von F (Sig = 0) wird die Nullhypothese abgelehnt, der Einfluss der X-Variablen ist statistisch signifikant.

Model	SS	df	Mean Square	F	Sig.
Regression	1272.598	5	254.520	32.568	.000
Residual	70.335	9	7.815		
Total	1342.933	14			

Der folgende Output enthält die Parameterschätzungen und ihre Signifikanzen beim separaten t-Test auf $H_0 : \beta_i = 0$ gegen $H_1 : \beta_i \neq 0$ (dies war unser Fall (ii)). Wenn die Signifikanz kleiner als 0.05 ist, hat die zugehörige X-Variable - separat betrachtet - einen signifikanten Einfluss auf Y. Die Signifikanz der Konstanten wird nicht beachtet, eine Konstante wird immer in das Modell aufgenommen (von Ausnahmefällen abgesehen).

Model	beta	t	Sig
(Constant)	44.758	6.931	0.000
lndocs	3.411	3.500	0.007
lnradios	2.029	1.238	0.247
lngdp	2.346	2.170	0.058
lnbeds	-1.230	-0.968	0.358
urban	-0.110	-0.172	0.867

Zum 5%-Niveau bzw. zum 10%-Niveau scheinen die beiden Variablen 'lndocs' und 'lngdp' signifikant zu sein, also einen Einfluss auf die Lebenserwartung innerhalb unseres Regressionsmodells zu haben. Wie zu Beginn des Beispiels jedoch bereits gesehen, weisen die Einflussgrößen untereinander hohe und signifikante Korrelationen auf (man nennt dies Multikollinearität). Eine separate Betrachtung der Signifikanzen reicht daher in diesem Fall nicht mehr aus.

SPSS hat automatische Modellwahlprozeduren, die diesen Sachverhalt berücksichtigen (FORWARD und BACKWARD Algorithmus). Folgender Output liefert uns das Ergebnis der FORWARD-Prozedur, die uns zuerst die Variable 'lndocs' und dann die Variable 'lngdp' in das Modell aufnimmt und dann stoppt.

Model	Var. entered	Var. removed
1	lndocs	.
2	lngdp	.

Model		SS	df	Mean square	F	Sig
1	Regression	1120.116	1	1120.116	65.352	.000
	Residual	222.818	13	17.140		
	Total	1342.933	14			
2	Regression	1252.877	2	626.438	83.472	.000
	Residual	90.057	12	7.505		
	Total	1342.933	14			

Für das von SPSS vorgeschlagene Modell mit den beiden Einflussgrößen ergeben sich folgende Schätzungen und Parameter:

Model		β	Std.Error	t	Sig
1	(Constant)	59.728	1.402	42.589	.000
	lndocs	5.050	0.625	8.084	.000
2	(Constant)	39.551	4.886	8.094	.000
	lndocs	2.919	0.654	4.465	.001
	lngdp	3.318	0.789	4.206	.001

Das von SPSS vorgeschlagene Endmodell lautet also

$$\text{Lifeexp} = 39.551 + 2.919 \cdot \text{lndocs} + 3.318 \cdot \text{lngdp}.$$

So erhöht sich die Lebenserwartung mit jeder logarithmierten Einheit an Krankenhausbetten um ungefähr 2.9 Jahre, jede Erhöhung der logarithmierten Einheit des Bruttoinlandproduktes um Eins erhöht die Lebenserwartung sogar um ca. 3.3 Jahre.

Der folgende Plot 13.1 der vorhergesagten Werte gegen die vorhergesagten Residuen hat die Form eines Null- oder Chaosplots, was ein Indiz für ein gutes Modell ist. Plot 13.2 der beobachteten gegen die vorhergesagten Werte

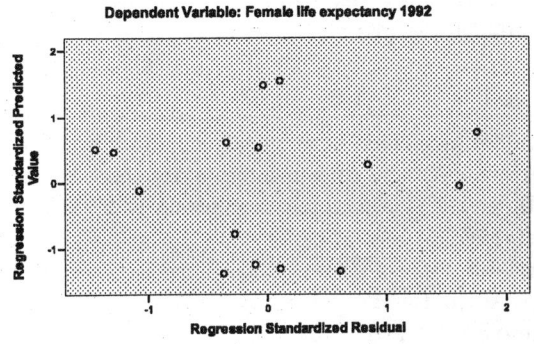

Abb. 13.1. Chaosplot

zeigt die sehr gute Anpassung an die Diagonale, was ebenfalls ein Indiz für die Güte des Modells ist.

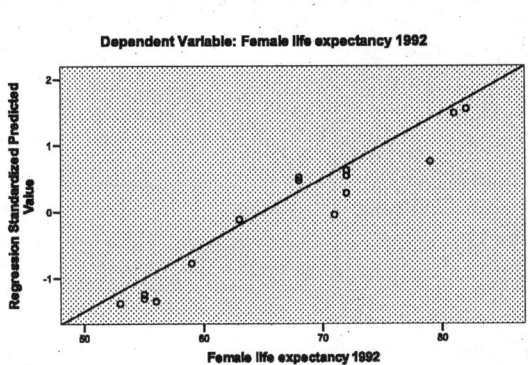

Abb. 13.2. Scatterplot der beobachteten gegen die vorhergesagten Werte

13.5 Aufgaben

Aufgabe 13.1: In einem Experiment wurde die Leistungsfähigkeit von Autos
- gemessen durch Y=Gefahrene Meilen pro Gallone (Benzin) - untersucht.
Einflußgrößen waren dabei die Merkmale 'PS', 'Gewicht', 'Beschleunigung'
(von 0 auf 100 km/h), 'Baujahr', 'Zylinder' und 'Herstellungsland'. Folgende
Tabelle zeigt die Korrelationen von (Y, X_1,...,X_5). Dabei sind alle Korrelationen signifikant (p-value 0.000).

	Meilen	PS	Gewicht	Beschl.	Baujahr	Zylinder
Meilen	1	-0.771	-0.807	0.434	0.576	-0.774
PS	-0.771	1	0.859	-0.701	-0.419	0.844
Gewicht	-0.807	0.859	1	-0.415	-0.310	0.895
Beschl.	0.434	-0.701	-0.415	1	0.308	-0.528
Baujahr	0.576	-0.419	-0.310	0.308	1	-0.357
Zylinder	-0.774	0.844	0.895	-0.528	-0.357	1

a) Welche X_i haben positiven bzw. negativen Einfluß auf Y?
b) Welche Paare von X_i, X_j sind untereinander stark korreliert?
c) Was sagen Ihnen die Grafiken aus Abbildung 13.3? Wie schätzen Sie hierbei die 'USA' ein?
d) 'Herstellungsland' ist eine kategoriale Variable. Sie wird dummykodiert
mit Land1 = USA, Land2 = Europa, Japan = Referenzkategorie! Interpretieren Sie die folgenden Outputs!

Model	R	R square	Adj. R-Sq	Std. Error
1	0.907	0.823	0.819	3.307

Model		SS	df	Mean Sq.	F	Sig.
1	Regression	19432.238	8	2429.030	222.114	.000
	Residual	4177.538	382	10.936		
	Total	23609.775	390			

Model		B	Std. Error	t	Sig.
1	(Constant)	-14.764	4.695	-3.145	0.002
	Hubraum	.025	.008	3.253	.001
	PS	-.021	.014	-1.503	.134
	Gewicht	-.007	.001	-10.264	.000
	Beschleunigung	.061	.100	.0615	.539
	Baujahr	.780	.052	15.032	.000
	Anzahl Zylinder	-.519	.323	-1.607	.109
	Land1	-2.879	.553	-5.202	.000
	Land2	-.209	.566	-.370	.712

Wie lautet das Regressionsmodell?
Halten Sie alle anderen Einflußgrößen fest! Wie lautet dann die Gleichung
für USA, Europa, Japan?
Wie lautet die Streuungszerlegung?

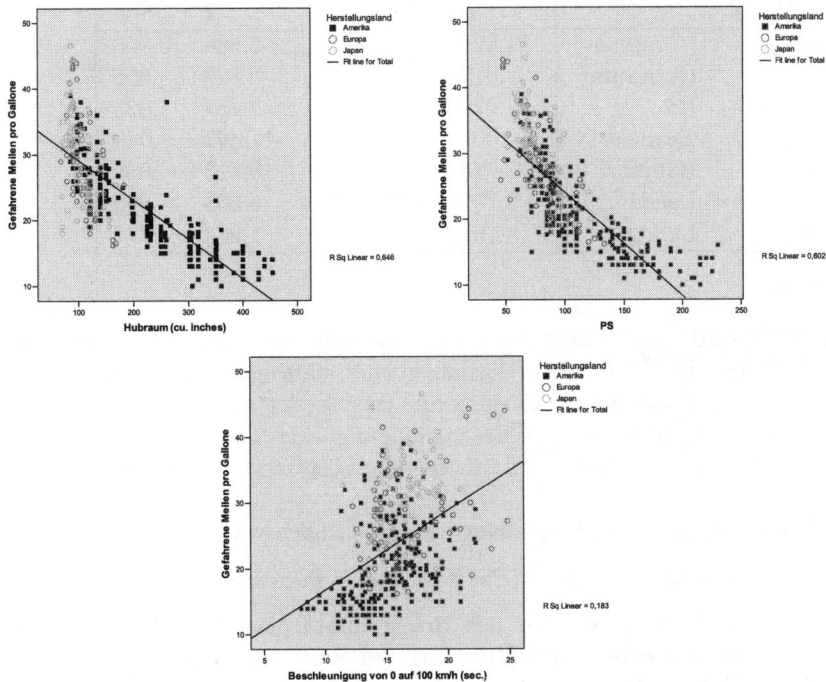

Abb. 13.3. Zusammenhang zwischen 'Gefahrene Meilen' und den Variablen 'Hubraum', 'PS' und 'Beschleunigung'

e) Welche Variablen sind separat betrachtet nicht signifikant?
f) SPSS schlägt das folgende Endmodell vor. Wie groß sind die Effekte der drei Länder?

Model	R	R square	Adj. R-Sq	Std. Error
1	0.906	0.822	0.819	3.312

Model		SS	df	Mean Sq.	F	Sig.
1	Regression	19398.274	6	3233.046	294.786	.000
	Residual	4211.501	384	10.967		
	Total	23609.775	390			

Model		B	Std. Error	t	Sig.
1	(Constant)	-14.820	4.153	-3.568	0.000
	Hubraum	.017	.006	2.829	.005
	PS	-.024	.011	-2.251	.025
	Gewicht	-.007	.001	-11.467	.000
	Baujahr	.778	.052	15.013	.000
	Land1	-2.792	.551	-5.065	.000
	Land2	-.161	.566	-.283	.777

Lösung:

a) Mit Y sind negativ korreliert: 'PS', 'Gewicht' und 'Anzahl der Zylinder'. Je größer die Werte dieser Variablen sind, desto geringer ist die Zahl der mit einer bestimmten Benzinmenge zurückgelegten Meilen. Positiv korreliert sind die Merkmale 'Beschleunigung' und 'Baujahr'. Sie stehen für technischen Fortschritt und erhöhen die Leistungsfähigkeit des Autos!

b) Besonders große paarweise Korrelationen finden wir bei:

   (PS, Gewicht)   (PS, Zylinder)   (Gewicht, Zylinder)

   Wir erkennen, dass unter den drei Einflußgrößen 'PS', 'Anzahl Zylinder' und 'Gewicht' hohe Korrelationen auftreten, was auf eine starke Abhängigkeit hindeutet. Deswegen werden bei unserem Endmodell vermutlich nicht alle der drei Variablen vertreten sein.

c) Die Grafiken zeigen die negativen Korrelationen (Y, Hubraum), (Y, PS) und die positiven Korrelation (Y, Beschleunigung) - aufgesplittet nach dem Herstellungsland. Die USA scheinen dabei Autos mit der geringsten Leistungsfähigkeit herzustellen.

d) Das Regressionsmodell würde lauten:

$$Y = -14.76 + 0.25 \cdot Hubraum - 0.021 \cdot PS - 0.007 \cdot Gewicht + 0.061$$
$$+0.061 \cdot Beschleunigung + 0.780 \cdot Baujahr - 0.519 \cdot Zylinder$$
$$-2.879 \cdot Land1 - 0.209 \cdot Land2$$

Wenn wir nun die übrigen Einflußgrößen festhalten, erhalten wir folgende Regressionsgleichungen:

$$Y = (fest) - 2.879 \cdot USA$$
$$Y = (fest) - 0.209 \cdot Europa$$
$$Y = (fest) + 0 \cdot Japan$$

Dies bestätigt nun noch einmal unsere Hypothese aus Aufgabenteil c), dass die in den USA produzierten Autos eine geringere Leistungsfähigkeit aufweisen. Allein die Tatsache, dass ein Auto dort hergestellt wird, verringert die Anzahl der gefahrenen Meilen pro Gallone um 2.879 Einheiten im Vergleich zu Japan.

Für die Streuungszerlegung erhalten wir:

$$SQ_{total} = SQ_{Reg} + SQ_{Res}$$
$$23609.775 = 19432.238 + 4177.538$$

Der Anteil der von der Regression erklärten Streuung liegt damit bei $\frac{19432.238}{23609.775} \approx 0.82$. Der Wert von R^2 bestätigt hierbei unseren berechneten Wert.

e) Nicht signifikant sind -separat betrachtet- die Merkmale 'PS', 'Beschleunigung' und 'Anzahl der Zylinder', da deren p-Werte deutlich über dem Signifikanzniveau von 0.05 liegen. Auch 'Land2' weist einen nicht signifikanten Wert auf. Da aber 'Land1' und damit auch das Herstellungsland insgesamt signifikant ist, müssen wir die einzelnen Kategorien trotzdem in unserem Modell behalten.

f) Betrachten wir nur die Einflußgröße 'Herstellungsland', so erhalten wir folgende Regressionsgleichungen:

$$Y = (fest) - 2.792 \cdot USA$$
$$Y = (fest) - 0.161 \cdot Europa$$
$$Y = (fest) + 0 \cdot Japan$$

Wir können dies wie folgt interpretieren:

Japan	=	fest
Europa	=	-0.161 Meilen/Gallone gegenüber Japan
USA	=	-2.792 Meilen/Gallone gegenüber Japan

Sollte Ihnen der Umgang mit kategorialen Einflußgrößen noch Schwierigkeiten bereiten, so betrachten Sie noch einmal Beispiel 5.5.1, in dem der Umgang damit für die lineare Einfachregression erläutert wird.

Aufgabe 13.2: Wir betrachten wieder den Datensatz 'Hotelauslastung/Durchschnittstemperatur' (Aufgaben 4.8 und 5.4). Zunächst führen wir die univariate Regression Hotelauslastung als Funktion der Durchschnittstemperatur durch (Hotelauslastung ist die abhängige Variable, Temperatur die unabhängige Variable). Wir erhalten folgendes Modell:

Model	R	R-Sq	Adj. R-SQ	Std. Error
1	.025	.001	-.029	27.351

Model		SS	df	Mean Square	F	Sig.
1	Regression	16.497	1	16.497	.022	.883
	Residual	25434.725	34	748.080		
	Total	25451.222	35			

Model		β	Std. Error	t	Sig
1	(Constant)	50.335	7.818	6.438	.000
	Durchschnittstemperatur	.077	.520	.149	.883

a) Wie hängen R (Korrelationskoeffizient r) und R-Square (Bestimmtheitsmaß R^2) zusammen? Wie hängen die Signifikanz des Modells und der Durchschnittstemperatur zusammen? Warum ist das Modell nicht signifikant?

Wir betrachten nun die multiple Regression unter Einschluss der Orte in Dummykodierung mit Basel als Referenzkategorie. Wir erhalten folgendes Modell:

Model	R	R-Sq	Adj. R-SQ	Std. Error
1	.164	.027	-.064	27.818

Model		SS	df	Mean Square	F	Sig.
1	Regression	687.538	3	229.179	.296	.828
	Residual	24763.685	32	773.865		
	Total	25451.222	35			

Model		β	Std. Error	t	Sig
1	(Constant)	44.173	10.995	4.018	.000
	Durchschnittstemperatur	.347	.626	.826	.583
	X_1	9.795	11.852	.826	.415
	X_2	-1.192	11.978	-.100	.921

b) Wie schätzen Sie dieses Modell ein? Welchen weiteren Schritt schlagen Sie vor?

Wir betrachten nun drei separate Modelle und erhalten:

Ort	Model	R	R-Sq	Adj. R-SQ	Std. Error
Davos	1	.870	.758	.733	13.170
Polenca	1	.818	.670	.637	17.902
Basel	1	.415	.172	.090	25.963

Ort		SS	df	Mean Sq	F	Sig.
Davos	Regression	5421.793	1	5421.793	31.259	.000
	Residual	1734.457	10	173.446		
	Total	7156.250	11			
Polenca	Regression	6495.573	1	6495.573	20.269	.001
	Residual	3204.677	10	320.468		
	Total	9700.250	11			
Basel	Regression	1403.883	1	1403.883	2.083	.180
	Residual	6740.783	10	674.078		
	Total	8144.667	11			

Ort		β	Std. Error	t	Sig
Davos	(Constant)	73.940	4.946	14.949	.000
	Temperatur	-2.687	.481	.5.591	.000
Polenca	(Constant)	-22.647	16.785	-1.349	.207
	Temperatur	3.976	.883	4.502	.001
Basel	(Constant)	32.574	13.245	2.459	.034
	Temperatur	1.313	.910	1.443	.180

c) Interpretieren Sie die drei Modelle bezüglich Signifikanz. Was sehen Sie beim Modell für Basel?

Lösung:

a) Es gilt $r^2 = R^2$, also $0.025^2 = 0.000625 \approx 0.001$. Bei der univariaten Regression ist die Signifikanz des Modells gleichbedeutend mit der Signifikanz der einzigen Einflussgröße X. In Aufgabe 5.4 hatten wir bereits gesehen, dass die Korrelation Hotelauslastung / Temperatur insgesamt nicht signifikant ist. Erst die Berücksichtigung der drei Orte ergibt separat für die drei Orte signifikante Korrelationen.

b) Das Modell ist nicht signifikant (Sig. 0,828). Der Versuch ein gemeinsames Modell für die drei Orte zu bilden, gelingt nicht. Man sollte drei separate Modelle berechnen.

c) Die Modelle für Davos und Polenca sind signifikant. In Davos führt ein Absinken der Temperatur um ein Grad zu einem signifikanten mittleren Anstieg der Hotelauslastung um 2.687% (Absinken der Temperatur heißt $X = -1$, also $(-1) \cdot x \cdot (-2.687) = 2.687$). In Polenca führt der Anstieg um 1 Grad zu einem signifikanten mittleren Anstieg der Hotelauslastung um 3.978%. In Basel, wo das Modell nicht signifikant ist, führt ein Temperaturwechsel zu keiner signifikanten Veränderung der Hotelauslastung. Basel ist also ein Ort, der unabhängig von der Temperatur besucht wird (Messen, Ausstellungen, Museen).

14. Analyse von Kontingenztafeln

14.1 Einleitung

In diesem Kapitel betrachten wir zwei Variablen X und Y und setzen voraus, dass X und Y entweder kategoriale Zufallsvariablen (ordinal oder nominal) oder kategorisierte stetige Zufallsvariablen sind. Uns interessiert eine mögliche Abhängigkeit zwischen den beiden Variablen. Beispielsweise könnten die Merkmale X: Alkoholiker/Nichtalkoholiker und Y: Krankheit ja/nein erhoben worden sein und wir möchten nun wissen ob die beiden Merkmale unabhängig oder abhängig voneinander sind. Zur Darstellung unserer Informationen benutzen wir Kontingenztafeln und möchten dabei Methoden zur Auswertung dieser Kontingenztafeln erläutern. All diese Methoden sind für nominale und ordinale Variablen anwendbar, nutzen jedoch im Fall ordinaler Variablen den damit verbundenen Informationsgewinn nicht aus.

14.2 Zweidimensionale kategoriale Zufallsvariablen

Die beiden Zufallsvariablen X und Y bilden den zweidimensionalen Zufallsvektor (X, Y), dessen gemeinsame Verteilung untersucht wird. Von Interesse ist die Hypothese

$$H_0: \text{„}X \text{ und } Y \text{ sind unabhängig“}.$$

Bei Ablehnung der Hypothese wird man – wie im Regressionsmodell – versuchen, den Zusammenhang näher zu untersuchen (z.B. auf Trends) bzw. durch ein geeignetes Modell zu erfassen. Die Zufallsvariable X habe I Ausprägungen $x_1, \ldots, x_I$, analog habe Y J Ausprägungen $y_1, \ldots, y_J$. Werden an Objekten jeweils beide Zufallsvariablen beobachtet, so ergeben sich $I \times J$ mögliche (Kreuz-) Klassifikationen. Die gemeinsame Verteilung von (X, Y) wird durch die Wahrscheinlichkeiten

$$P(X = i, Y = j) = \pi_{ij}$$

definiert, wobei $\sum_{i=1}^{I} \sum_{j=1}^{J} \pi_{ij} = 1$ gilt.

Die Randwahrscheinlichkeiten erhält man durch zeilen- bzw. spaltenweises Aufsummieren:

$$P(X = i) = \pi_{i+} = \sum_{j=1}^{J} \pi_{ij} \quad , \quad i = 1, \ldots, I,$$

$$P(Y = j) = \pi_{+j} = \sum_{i=1}^{I} \pi_{ij} \quad , \quad j = 1, \ldots, J.$$

Es gilt

$$\sum_{i=1}^{I} \pi_{i+} = \sum_{j=1}^{J} \pi_{+j} = 1.$$

Als gemeinsame Verteilung für X und Y erhalten wir:

Tabelle 14.1. Gemeinsame Verteilung und Randverteilungen von X und Y

			Y			
		1	2	...	J	
	1	π_{11}	π_{12}	...	π_{1J}	π_{1+}
	2	π_{21}	π_{22}	...	π_{2J}	π_{2+}
X	$\vdots$	$\vdots$	$\vdots$		$\vdots$	$\vdots$
	I	π_{I1}	π_{I2}	...	π_{IJ}	π_{I+}
		π_{+1}	π_{+2}	...	π_{+J}	

Beispiel 14.2.1. Wir betrachten erneut Beispiel 8.6.1. An n = 1000 Personen werden gleichzeitig die Variablen X: "Bildung" (1: "höchstens mittlere Reife", 2: "Abitur", 3: "Hochschulabschluß") und Y: "Gesundheitsverhalten" (1: "Nichtraucher", 2: "gelegentlicher Raucher", 3: "starker Raucher") beobachtet. Die Kontingenztafel mit den Wahrscheinlichkeiten ist wie folgt:

			Y		
		1	2	3	$\sum$
	1	0.10	0.20	0.30	0.60
X	2	0.10	0.10	0.10	0.30
	3	0.08	0.01	0.01	0.10
	$\sum$	0.28	0.31	0.41	1

Wir erkennen, dass sowohl $\sum_{i=1}^{I} \pi_{i+} = 0.6 + 0.3 + 0.1$, als auch $\sum_{j=1}^{J} \pi_{+j} = 0.28 + 0.31 + 0.41$ 'Eins' ergibt.

Bedingte Verteilung

Die Wahrscheinlichkeiten $\{\pi_{1+}, \ldots, \pi_{I+}\}$ und $\{\pi_{+1}, \ldots, \pi_{+J}\}$ definieren die Randverteilungen von X und Y. Sind X und Y Zufallsvariablen, dann ist die bedingte Verteilung von Y gegeben $X = i$ definiert durch die Wahrscheinlichkeiten

$$P(Y = j | X = i) = \pi_{j|i} = \frac{\pi_{ij}}{\pi_{i+}} \quad \forall j . \tag{14.1}$$

Die Wahrscheinlichkeiten $\{\pi_{1|i}, \ldots, \pi_{J|i}\}$ bilden also die bedingte Verteilung von Y auf der Stufe i von X. Analog wird die bedingte Verteilung von X gegeben $Y = j$ definiert durch die Wahrscheinlichkeiten $\{\pi_{1|j}, \ldots, \pi_{I|j}\}$ mit

$$P(X = i | Y = j) = \pi_{i|j} = \frac{\pi_{ij}}{\pi_{+j}} \quad \forall i . \tag{14.2}$$

Beispiel 14.2.2. Sei $I = J = 2$. Die gemeinsame Verteilung von X und Y (ohne Klammern) und die bedingte Verteilung von X gegeben Y (mit Klammern) sind in der nachfolgenden 2×2-Tafel dargestellt:

		Y		
		1	2	
X	1	π_{11}	π_{12}	$\pi_{11} + \pi_{12} = \pi_{1+}$
		$(\pi_{1|1})$	$(\pi_{1|2})$	$(\pi_{1|1} + \pi_{1|2} = 1)$
	2	π_{21}	π_{22}	$\pi_{21} + \pi_{22} = \pi_{2+}$
		$(\pi_{2|1})$	$(\pi_{2|2})$	$(\pi_{2|1} + \pi_{2|2} = 1)$
		π_{+1}	π_{+2}	1
		(1)	(1)	

14.3 Unabhängigkeit

Die Variablen X und Y der Kontingenztafel heißen unabhängig, falls alle gemeinsamen Wahrscheinlichkeiten gleich dem Produkt der Randwahrscheinlichkeiten sind:

$$\pi_{ij} = \pi_{i+} \pi_{+j} \quad \forall i, j . \tag{14.3}$$

Sind X und Y unabhängig gemäß Definition (14.3), dann gilt:

$$P(Y = j | X = i) = \pi_{j|i} = \frac{\pi_{ij}}{\pi_{i+}} = \frac{\pi_{i+} \pi_{+j}}{\pi_{i+}} = \pi_{+j} \quad \forall i .$$

D.h., jede bedingte Verteilung von Y gegeben X ist gleich der Randverteilung von Y unabhängig von der Stufe i der Variablen X. Im Fall der Unabhängigkeit gilt genauso

$$P(X = i | Y = j) = \pi_{i|j} = \frac{\pi_{ij}}{\pi_{+j}} = \frac{\pi_{i+} \pi_{+j}}{\pi_{+j}} = \pi_{i+} \quad \forall j .$$

Beispiel 14.3.1. Wir betrachten erneut Beispiel 14.2.1. Die beiden Variablen sind *nicht* unabhängig, da z.B. $\pi_{1+} \pi_{+1} = 0.60 \cdot 0.28 = 0.168 \neq 0.10 = \pi_{11}$.

14.4 χ^2-Unabhängigkeitstest

Grundlagen

Wir setzen voraus, dass wir in einer zufälligen Stichprobe die Häufigkeiten n_{ij} $(i = 1, \ldots, I, j = 1, \ldots, J)$ der (i, j)-ten Ausprägung der Zufallsvariablen (X, Y) beobachtet haben. Die Häufigkeiten werden in einer Kontingenztafel zusammengefaßt:

		Y			
		1	2	$\cdots$	J	
	1	n_{11}	n_{12}	$\cdots$	n_{1J}	n_{1+}
	2	n_{21}	n_{22}	$\cdots$	n_{2J}	n_{2+}
X	$\vdots$	$\vdots$		$\vdots$	$\vdots$	$\vdots$
	I	n_{I1}	n_{I2}	$\cdots$	n_{IJ}	n_{I+}
		n_{+1}	n_{+2}	$\cdots$	n_{+J}	n

Dabei ist

n_{i+} die i-te Zeilensumme,

n_{+j} die j-te Spaltensumme,

n die Gesamtzahl der Beobachtungen.

Die statistischen Methoden für Kontingenztafeln treffen bestimmte Annahmen über das Zustandekommen einer vorliegenden Kontingenztafel von beobachteten Häufigkeiten. Die beobachteten Zellhäufigkeiten $\{n_1, \ldots, n_N\}$ bezeichnen wir mit $n = \sum_{i=1}^{N} n_i$. Die Erwartungswerte $E(n_i)$ bezeichnen wir mit m_i. Diese nennen wir die erwarteten Zellhäufigkeiten $\{m_1, \ldots, m_N\}$. Ihre Schätzungen $\hat{m}_{ij}$ berechnen sich als:

$$\hat{m}_{ij} = n\hat{\pi}_{ij} = \frac{n_{i+}n_{+j}}{n}. \tag{14.4}$$

Testaufbau und Testgröße

In Zweifach-Kontingenztafeln mit multinomialem Stichprobenschema sind H_0: „X und Y sind statistisch unabhängig" und H_0: $\pi_{ij} = \pi_{i+}\pi_{+j}$ $\forall i, j$ äquivalent. Als Teststatistik erhalten wir Pearson's χ^2-Statistik in der Gestalt

$$C = \sum_{i=1}^{I} \sum_{j=1}^{J} \frac{(n_{ij} - m_{ij})^2}{m_{ij}},$$

wobei die $m_{ij} = n\pi_{ij} = n\pi_{i+}\pi_{+j}$ (erwartete Zellhäufigkeiten unter H_0) unbekannt sind. Mit der Schätzung $\hat{m}_{ij}$ erhalten wir

$$c = \sum_{i=1}^{I} \sum_{j=1}^{J} \frac{(n_{ij} - \hat{m}_{ij})^2}{\hat{m}_{ij}}. \tag{14.5}$$

Testentscheidung

Mit insgesamt (I-1)(J-1) Freiheitsgraden treffen wir folgende Testentscheidung:

$$\text{Lehne } H_0 \text{ ab, falls } c > c_{(I-1)(J-1);1-\alpha} \text{ gilt.}$$

Beispiel 14.4.1. Wir betrachten erneut Beispiel 8.6.1 und 14.2.1. Für die beiden Merkmale 'Bildung' und 'Gesundheitsverhalten' liegt folgende Kontingenztafel vor:

		Y			
		1	2	3	$\sum$
	1	100	200	300	600
X	2	100	100	100	300
	3	80	10	10	100
	$\sum$	280	310	410	1000

Für die erwarteten Häufigkeiten $\hat{m}_{ij} = \frac{n_{i+}n_{+j}}{n}$ berechnen wir folgende Werte:

		Y		
		1	2	3
	1	168	186	246
X	2	84	93	123
	3	28	31	41

Wir erhalten dann eine Teststatistik von:

$$c = \sum_{i=1}^{I}\sum_{j=1}^{J} \frac{(n_{ij} - \hat{m}_{ij})^2}{\hat{m}_{ij}}$$

$$= \frac{(100-168)^2}{168} + ... + \frac{(10-41)^2}{41} \approx 182.54\,.$$

Da $\chi^2_{4;0.95} = 9.49 < 182.54$ müssen wir die Nullhypothese verwerfen. Die beiden Merkmale können also nicht als unabhängig angesehen werden.

14.5 Die Vierfeldertafel

Die Vierfeldertafel ist ein wesentlicher Spezialfall von $I \times J$-Kontingenztafeln. Sie hat mit der Standardkodierung 1 und 0 für die beiden Ausprägungen von X und Y die Gestalt wie in Tabelle 14.2.

Die allgemeine Form (14.5) der Chi-Quadrat-Statistik zum Prüfen von H_0: „X und Y unabhängig" vereinfacht sich zu

$$C = \frac{(n_{11}n_{22} - n_{12}n_{21})^2 n}{n_{1+}n_{2+}n_{+1}n_{+2}}\,.$$

Tabelle 14.2. Vierfeldertafel der Grundgesamtheit und der Stichprobe

		Y					Y	
		1	0				1	0
X	1	π_{11}	π_{12}	π_{1+}	X	1	n_{11}	n_{12}	n_{1+}
	0	π_{21}	π_{22}	π_{2+}		0	n_{21}	n_{22}	n_{2+}
		π_{+1}	π_{+2}	1			n_{+1}	n_{+2}	n

Zusätzlich zur χ^2-Statistik kann man ein Maß verwenden, das die Stärke und die Richtung des Zusammenhangs zwischen X und Y angibt – den Odds-Ratio oder das sogenannte Kreuzprodukt-Verhältnis.

Odds-Ratio

Der Odds-Ratio in der gemeinsamen Verteilung von X und Y ist definiert als

$$OR = \frac{\pi_{11}\pi_{22}}{\pi_{12}\pi_{21}}.$$

Der Odds-Ratio ist der Quotient aus dem Odds π_{11}/π_{12} in der Ausprägung $x_1 = 1$ zum Odds π_{21}/π_{22} in der Ausprägung $x_2 = 0$. Die Odds geben für die jeweilige X-Ausprägung das Verhältnis an, die Ausprägung $y_1 = 1$ statt $y_2 = 0$ zu erhalten. Falls die Odds für beide X-Ausprägungen identisch sind – also nicht von X abhängen – so gilt $OR = 1$.

Theorem 14.5.1. *In einer Vierfeldertafel sind X und Y genau dann unabhängig, wenn $OR = 1$ gilt.*

Es gilt stets

$$0 \leq OR < \infty.$$

Für $0 \leq OR < 1$ liegt ein negativer Zusammenhang zwischen X und Y vor, für $OR > 1$ ein positiver Zusammenhang. Positiv bedeutet, dass das Produkt der Wahrscheinlichkeiten der übereinstimmenden Ausprägungen $(X = 1, Y = 1)$ und $(X = 0, Y = 0)$ größer ist als das Produkt der Wahrscheinlichkeiten für die gegenläufigen Ausprägungen $(X = 1, Y = 0)$ und $(X = 0, Y = 1)$. Diese Situation für die Stichprobe ist in Abbildung 14.1 dargestellt.

Die Schätzung des OR erfolgt durch den Stichproben Odds-Ratio

$$\widehat{OR} = \frac{n_{11}n_{22}}{n_{12}n_{21}}.$$

Basierend auf dem Odds-Ratio lässt sich – alternativ zur χ^2-Statistik – eine Teststatistik für H_0: „X und Y unabhängig" durch folgende monotone Transformation gewinnen:

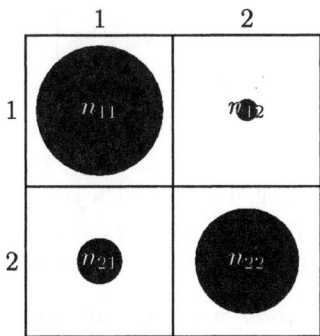

Abb. 14.1. Positiver Zusammenhang in einer 2 × 2-Tafel (symbolisch durch große Punkte (n_{11} bzw. n_{22}) und kleine Punkte (n_{21} bzw. n_{12}) dargestellt)

Sei

$$\theta_0 = \ln OR = \ln \pi_{11} + \ln \pi_{22} - \ln \pi_{12} - \ln \pi_{21}$$

und

$$\hat{\theta}_0 = \ln \widehat{OR} = \ln \frac{n_{11} n_{22}}{n_{12} n_{21}},$$

so gilt asymptotisch, dass $\hat{\theta}_0$ normalverteilt ist mit Erwartungswert θ_0. Die Standardabweichung von $\hat{\theta}_0$ wird geschätzt durch

$$\hat{\sigma}_{\hat{\theta}_0} = \left(\frac{1}{n_{11}} + \frac{1}{n_{22}} + \frac{1}{n_{12}} + \frac{1}{n_{21}} \right)^{\frac{1}{2}}.$$

Bei Unabhängigkeit von X und Y ist $OR = 1$ und damit $\theta_0 = \ln OR = 0$. Für $-\infty < \theta_0 < 0$ liegt ein negativer und für $0 < \theta_0 < \infty$ ein positiver Zusammenhang vor.

Alternativer Test

Wir können also zusätzlich zum Test mit der χ^2-Statistik folgenden Test für H_0: „X und Y unabhängig" gegen H_1: „X und Y nicht unabhängig" durchführen.

Wir bestimmen die Teststatistik Z, die unter $H_0 : \theta = 0$ standardnormalverteilt ist:

$$Z = \frac{\hat{\theta}_0}{\hat{\sigma}_{\hat{\theta}_0}} \sim N(0,1).$$

Wir werden H_0 ablehnen, falls $|z| > z_{1-\frac{\alpha}{2}}$ gilt (zweiseitige Fragestellung). Wir bestimmen ein $(1 - \alpha)$-Konfidenzintervall für θ_0 gemäß

$$\left[\hat{\theta}_0 - z_{1-\frac{\alpha}{2}}\hat{\sigma}_{\hat{\theta}_0}, \hat{\theta}_0 + z_{1-\frac{\alpha}{2}}\hat{\sigma}_{\hat{\theta}_0}\right] = [I_u, I_o]$$

und lehnen H_0 ab, falls die Null nicht im Intervall enthalten ist. Durch Rücktransformation erhalten wir ein Konfidenzintervall für den Odds-Ratio selbst gemäß

$$[\exp(I_u), \exp(I_o)] \ . \tag{14.6}$$

Auf der Basis von (14.6) würde man H_0 ablehnen, falls die Eins nicht im Intervall enthalten ist. Alle diese Tests sind natürlich äquivalent.

Beispiel 14.5.1. In einer Studie wird der Einfluss von Strategietraining von $n = 255$ Managern auf den Erfolg der Firmen untersucht:

		Erfolg (Y)		
		nein	ja	
Training	nein	40	75	115
(X)	ja	30	110	140
		70	185	255

Wir prüfen H_0: „X, Y unabhängig".

(i) Chi-Quadrat-Statistik

$$C = \frac{255(40 \cdot 110 - 30 \cdot 75)^2}{70 \cdot 185 \cdot 115 \cdot 140} = 5.65 > 3.84 = c_{1;0.95} \ ,$$

d.h., H_0 wird abgelehnt (p-value 0.0174).

(ii) Odds-Ratio

$$\widehat{OR} = \frac{40 \cdot 110}{75 \cdot 30} = 1.96 \ ,$$

d.h., es besteht ein positiver Zusammenhang.

(iii) $\ln(OR)$

$$\ln \widehat{OR} = \hat{\theta}_0 = 0.673$$
$$\hat{\sigma}_{\hat{\theta}_0}^2 = \frac{1}{40} + \frac{1}{75} + \frac{1}{30} + \frac{1}{110} = 0.0808 = 0.284^2 \ .$$

Damit erhalten wir $z = \frac{\hat{\theta}_0}{\hat{\sigma}_{\hat{\theta}_0}} = 2.370 > 1.96 = z_{0.975}$, weswegen wir H_0 ablehnen.

(iv) 95%-Konfidenzintervall für θ_0

$$[0.673 - 1.96 \cdot 0.284, 0.673 + 1.96 \cdot 0.284] = [0.116, 1.230] \ .$$

Wir lehnen H_0 ab (zweiseitiger Test), da die Null nicht im Intervall enthalten ist.

Das 95%-Konfidenzintervall für OR hat die Gestalt

$$[\exp(0.116), \exp(1.230)] = [1.123, 3.421] \ .$$

Wir lehnen H_0 ab, da die Eins nicht im Konfidenzintervall enthalten ist.

14.6 Aufgaben

Aufgabe 14.1: Ein Supermarkt führt eine Umfrage zur Zufriedenheit der Kunden durch. Folgende Tabelle veranschaulicht den Grad der Zufriedenheit, abhängig vom Geschlecht:

Geschlecht/Zufriedenheit	sehr zufrieden	zufrieden	unzufrieden	$\sum$
männlich	45	68	55	168
weiblich	65	42	13	120
$\sum$	110	110	68	288

Überprüfen Sie mit Hilfe eines χ^2-Unabhängigkeitstests ($\alpha = 0.05$), ob die beiden Merkmale als unabhängig angesehen werden können!

Lösung:

Wir berechnen zuerst die Tabelle der erwarteten Häufigkeiten $\hat{m}_{ij}$:

Geschlecht/Zufriedenheit	sehr zufrieden	zufrieden	unzufrieden
männlich	64.17	64.17	39.67
weiblich	45.83	45.83	28.33

Nun können wir die Teststatistik berechnen:

$$c = \sum_{i=1}^{I} \sum_{j=1}^{J} \frac{(n_{ij} - \hat{m}_{ij})^2}{\hat{m}_{ij}} = \frac{(45 - 64.17)^2}{64.17} + ... + \frac{(13 - 28.33)^2}{28.33} \approx 28.50$$

Da $\chi^2_{3,0.95} = 7.81 < 28.5$ muß die Nullhypothese verworfen werden. Die beiden Merkmale können also *nicht* als unabhängig angesehen werden.

Aufgabe 14.2: Wir betrachten folgende Vierfeldertafel, die das 'Interesse an der spanischen Sprache' abhängig vom Geschlecht angibt:

	Interesse	kein Interesse	$\sum$
männlich	60	40	100
weiblich	80	20	100
$\sum$	140	60	200

Untersucht werden soll die Hypothese, ob von Unabhängigkeit zwischen den beiden Merkmalen ausgegangen werden kann ($\alpha = 0.05$).

a) Überprüfen Sie diese These mit Hilfe des χ^2-Unabhängigkeitstests!

b) Berechnen Sie den Odds-Ratio!

c) Führen Sie einen alternativen Test auf Unabhängigkeit mit Hilfe des logarithmierten Odds-Ratio durch!

d) Fällen Sie eine Testentscheidung auf Basis des Konfidenzintervalls für θ_0!

e) Was für eine Entscheidung würden Sie anhand des Konfidenzintervalls für den Odds-Ratio treffen?

f) Was ist nun Ihr Resümee bezüglich der Unabhängigkeit?

Lösung:

a) Die Teststatistik berechnet sich wie folgt:

$$C = \frac{(n_{11}n_{22} - n_{12}n_{21})^2 n}{n_{1+}n_{2+}n_{+1}n_{+2}} = \frac{200 \cdot (60 \cdot 20 - 80 \cdot 40)^2}{140 \cdot 60 \cdot 100 \cdot 100} \approx 9.52 \,.$$

Da $9.52 > \chi^2_{1;0.95} = 3.84$ ist, müssen wir die Nullhypothese von zwei unabhängigen Variablen verwerfen.

b) Wir berechnen den Odds-Ratio:

$$\widehat{OR} = \frac{n_{11}n_{22}}{n_{12}n_{21}} = \frac{60 \cdot 20}{80 \cdot 40} = 0.375 \,.$$

c) Wir berechnen folgende Werte:

$$\hat{\sigma}^2_{\theta_0} = \frac{1}{60} + \frac{1}{40} + \frac{1}{80} + \frac{1}{20} = 0.104$$

$$ln\widehat{OR} = \hat{\theta}_0 = -0.98$$

$$z = \frac{\hat{\theta}_0}{\hat{\sigma}_{\theta_0}} = \frac{-0.98}{0.104} = -9.4 \,.$$

Da $|z| = 9.4 > z_{1-\frac{\alpha}{2}} = 1.96$ ist, muss auch hier die Nullhypothese verworfen werden.

d) Wir berechnen das 95%-Konfidenzintervall für θ_0:

$$[-0.98 \pm 1.96 \cdot \sqrt{0.104}] = [-1.612; -0.34]$$

Da die 'Null' im Intervall *nicht* enthalten ist, verwerfen wir die Nullhypothese!

e) Wir erhalten folgendes Intervall:

$$[exp(-1.612); \, exp(-0.34)] = [0.199; 0.710]$$

Da die 'Eins' *nicht* im Intervall enthalten ist, verwerfen wir die Nullhypothese.

f) Alle durchgeführten Tests empfehlen die Nullhypothese zu verwerfen. Man kann also davon ausgehen, dass die beiden Merkmale 'Interesse' und 'Geschlecht' nicht unabhängig sind.

A. Tabellenanhang

Tabelle A.1. Verteilungsfunktion $\Phi(z)$ der Standardnormalverteilung $N(0,1)$

z	.00	.01	.02	.03	.04
0.0	0.500000	0.503989	0.507978	0.511966	0.515953
0.1	0.539828	0.543795	0.547758	0.551717	0.555670
0.2	0.579260	0.583166	0.587064	0.590954	0.594835
0.3	0.617911	0.621720	0.625516	0.629300	0.633072
0.4	0.655422	0.659097	0.662757	0.666402	0.670031
0.5	0.691462	0.694974	0.698468	0.701944	0.705401
0.6	0.725747	0.729069	0.732371	0.735653	0.738914
0.7	0.758036	0.761148	0.764238	0.767305	0.770350
0.8	0.788145	0.791030	0.793892	0.796731	0.799546
0.9	0.815940	0.818589	0.821214	0.823814	0.826391
1.0	0.841345	0.843752	0.846136	0.848495	0.850830
1.1	0.864334	0.866500	0.868643	0.870762	0.872857
1.2	0.884930	0.886861	0.888768	0.890651	0.892512
1.3	0.903200	0.904902	0.906582	0.908241	0.909877
1.4	0.919243	0.920730	0.922196	0.923641	0.925066
1.5	0.933193	0.934478	0.935745	0.936992	0.938220
1.6	0.945201	0.946301	0.947384	0.948449	0.949497
1.7	0.955435	0.956367	0.957284	0.958185	0.959070
1.8	0.964070	0.964852	0.965620	0.966375	0.967116
1.9	0.971283	0.971933	0.972571	0.973197	0.973810
2.0	0.977250	0.977784	0.978308	0.978822	0.979325
2.1	0.982136	0.982571	0.982997	0.983414	0.983823
2.2	0.986097	0.986447	0.986791	0.987126	0.987455
2.3	0.989276	0.989556	0.989830	0.990097	0.990358
2.4	0.991802	0.992024	0.992240	0.992451	0.992656
2.5	0.993790	0.993963	0.994132	0.994297	0.994457
2.6	0.995339	0.995473	0.995604	0.995731	0.995855
2.7	0.996533	0.996636	0.996736	0.996833	0.996928
2.8	0.997445	0.997523	0.997599	0.997673	0.997744
2.9	0.998134	0.998193	0.998250	0.998305	0.998359
3.0	0.998650	0.998694	0.998736	0.998777	0.998817

Tabelle A.1. Verteilungsfunktion $\Phi(z)$ der Standardnormalverteilung $N(0,1)$

z	.05	.06	.07	.08	.09
0.0	0.519939	0.523922	0.527903	0.531881	0.535856
0.1	0.559618	0.563559	0.567495	0.571424	0.575345
0.2	0.598706	0.602568	0.606420	0.610261	0.614092
0.3	0.636831	0.640576	0.644309	0.648027	0.651732
0.4	0.673645	0.677242	0.680822	0.684386	0.687933
0.5	0.708840	0.712260	0.715661	0.719043	0.722405
0.6	0.742154	0.745373	0.748571	0.751748	0.754903
0.7	0.773373	0.776373	0.779350	0.782305	0.785236
0.8	0.802337	0.805105	0.807850	0.810570	0.813267
0.9	0.828944	0.831472	0.833977	0.836457	0.838913
1.0	0.853141	0.855428	0.857690	0.859929	0.862143
1.1	0.874928	0.876976	0.879000	0.881000	0.882977
1.2	0.894350	0.896165	0.897958	0.899727	0.901475
1.3	0.911492	0.913085	0.914657	0.916207	0.917736
1.4	0.926471	0.927855	0.929219	0.930563	0.931888
1.5	0.939429	0.940620	0.941792	0.942947	0.944083
1.6	0.950529	0.951543	0.952540	0.953521	0.954486
1.7	0.959941	0.960796	0.961636	0.962462	0.963273
1.8	0.967843	0.968557	0.969258	0.969946	0.970621
1.9	0.974412	0.975002	0.975581	0.976148	0.976705
2.0	0.979818	0.980301	0.980774	0.981237	0.981691
2.1	0.984222	0.984614	0.984997	0.985371	0.985738
2.2	0.987776	0.988089	0.988396	0.988696	0.988989
2.3	0.990613	0.990863	0.991106	0.991344	0.991576
2.4	0.992857	0.993053	0.993244	0.993431	0.993613
2.5	0.994614	0.994766	0.994915	0.995060	0.995201
2.6	0.995975	0.996093	0.996207	0.996319	0.996427
2.7	0.997020	0.997110	0.997197	0.997282	0.997365
2.8	0.997814	0.997882	0.997948	0.998012	0.998074
2.9	0.998411	0.998462	0.998511	0.998559	0.998605
3.0	0.998856	0.998893	0.998930	0.998965	0.998999

Tabelle A.2. $(1 - \alpha)$-Quantile $c_{df;1-\alpha}$ der χ^2-Verteilung

df	\multicolumn{6}{c}{$1 - \alpha$}
	0.01	0.025	0.05	0.95	0.975	0.99
1	0.0001	0.001	0.004	3.84	5.02	6.62
2	0.020	0.051	0.103	5.99	7.38	9.21
3	0.115	0.216	0.352	7.81	9.35	11.3
4	0.297	0.484	0.711	9.49	11.1	13.3
5	0.554	0.831	1.15	11.1	12.8	15.1
6	0.872	1.24	1.64	12.6	14.4	16.8
7	1.24	1.69	2.17	14.1	16.0	18.5
8	1.65	2.18	2.73	15.5	17.5	20.1
9	2.09	2.70	3.33	16.9	19.0	21.7
10	2.56	3.25	3.94	18.3	20.5	23.2
11	3.05	3.82	4.57	19.7	21.9	24.7
12	3.57	4.40	5.23	21.0	23.3	26.2
13	4.11	5.01	5.89	22.4	24.7	27.7
14	4.66	5.63	6.57	23.7	26.1	29.1
15	5.23	6.26	7.26	25.0	27.5	30.6
16	5.81	6.91	7.96	26.3	28.8	32.0
17	6.41	7.56	8.67	27.6	30.2	33.4
18	7.01	8.23	9.39	28.9	31.5	34.8
19	7.63	8.91	10.1	30.1	32.9	36.2
20	8.26	9.59	10.9	31.4	34.2	37.6
25	11.5	13.1	14.6	37.7	40.6	44.3
30	15.0	16.8	18.5	43.8	47.0	50.9
40	22.2	24.4	26.5	55.8	59.3	63.7
50	29.7	32.4	34.8	67.5	71.4	76.2
60	37.5	40.5	43.2	79.1	83.3	88.4
70	45.4	48.8	51.7	90.5	95.0	100.4
80	53.5	57.2	60.4	101.9	106.6	112.3
90	61.8	65.6	69.1	113.1	118.1	124.1
100	70.1	74.2	77.9	124.3	129.6	135.8

Tabelle A.3. $(1 - \alpha)$-Quantile $t_{df;1-\alpha}$ der t-Verteilung

	$1 - \alpha$			
df	0.95	0.975	0.99	0.995
1	6.3138	12.706	31.821	63.657
2	2.9200	4.3027	6.9646	9.9248
3	2.3534	3.1824	4.5407	5.8409
4	2.1318	2.7764	3.7469	4.6041
5	2.0150	2.5706	3.3649	4.0321
6	1.9432	2.4469	3.1427	3.7074
7	1.8946	2.3646	2.9980	3.4995
8	1.8595	2.3060	2.8965	3.3554
9	1.8331	2.2622	2.8214	3.2498
10	1.8125	2.2281	2.7638	3.1693
11	1.7959	2.2010	2.7181	3.1058
12	1.7823	2.1788	2.6810	3.0545
13	1.7709	2.1604	2.6503	3.0123
14	1.7613	2.1448	2.6245	2.9768
15	1.7531	2.1314	2.6025	2.9467
16	1.7459	2.1199	2.5835	2.9208
17	1.7396	2.1098	2.5669	2.8982
18	1.7341	2.1009	2.5524	2.8784
19	1.7291	2.0930	2.5395	2.8609
20	1.7247	2.0860	2.5280	2.8453
30	1.6973	2.0423	2.4573	2.7500
40	1.6839	2.0211	2.4233	2.7045
50	1.6759	2.0086	2.4033	2.6778
60	1.6706	2.0003	2.3901	2.6603
70	1.6669	1.9944	2.3808	2.6479
80	1.6641	1.9901	2.3739	2.6387
90	1.6620	1.9867	2.3685	2.6316
100	1.6602	1.9840	2.3642	2.6259
200	1.6525	1.9719	2.3451	2.6006
300	1.6499	1.9679	2.3388	2.5923
400	1.6487	1.9659	2.3357	2.5882
500	1.6479	1.9647	2.3338	2.5857

Tabelle A.4. $(1-\alpha)$-Quantile $f_{df_1,df_2;1-\alpha}$ der F-Verteilung für $\alpha = 0.05$. df_1 in den Zeilen, df_2 in den Spalten

df_1 \ df_2	1	2	3	4	5	6	7	8	9	10	11	12	13	14
1	161.44	18.512	10.127	7.7086	6.6078	5.9873	5.5914	5.3176	5.1173	4.9646	4.8443	4.7472	4.6671	4.6001
2	199.50	19.000	9.5520	6.9442	5.7861	5.1432	4.7374	4.4589	4.2564	4.1028	3.9822	3.8852	3.8055	3.7388
3	215.70	19.164	9.2766	6.5913	5.4094	4.7570	4.3468	4.0661	3.8625	3.7082	3.5874	3.4902	3.4105	3.3438
4	224.58	19.246	9.1171	6.3882	5.1921	4.5336	4.1203	3.8378	3.6330	3.4780	3.3566	3.2591	3.1791	3.1122
5	230.16	19.296	9.0134	6.2560	5.0503	4.3873	3.9715	3.6875	3.4816	3.3258	3.2038	3.1058	3.0254	2.9582
6	233.98	19.329	8.9406	6.1631	4.9502	4.2838	3.8659	3.5805	3.3737	3.2172	3.0946	2.9961	2.9152	2.8477
7	236.76	19.353	8.8867	6.0942	4.8758	4.2066	3.7870	3.5004	3.2927	3.1354	3.0123	2.9133	2.8320	2.7641
8	238.88	19.370	8.8452	6.0410	4.8183	4.1468	3.7257	3.4381	3.2295	3.0716	2.9479	2.8485	2.7669	2.6986
9	240.54	19.384	8.8122	5.9987	4.7724	4.0990	3.6766	3.3881	3.1788	3.0203	2.8962	2.7963	2.7143	2.6457
10	241.88	19.395	8.7855	5.9643	4.7350	4.0599	3.6365	3.3471	3.1372	2.9782	2.8536	2.7533	2.6710	2.6021
11	242.98	19.404	8.7633	5.9358	4.7039	4.0274	3.6030	3.3129	3.1024	2.9429	2.8179	2.7173	2.6346	2.5654
12	243.90	19.412	8.7446	5.9117	4.6777	3.9999	3.5746	3.2839	3.0729	2.9129	2.7875	2.6866	2.6036	2.5342
13	244.68	19.418	8.7286	5.8911	4.6552	3.9763	3.5503	3.2590	3.0475	2.8871	2.7614	2.6601	2.5769	2.5072
14	245.36	19.424	8.7148	5.8733	4.6357	3.9559	3.5292	3.2373	3.0254	2.8647	2.7386	2.6371	2.5536	2.4837
15	245.94	19.429	8.7028	5.8578	4.6187	3.9380	3.5107	3.2184	3.0061	2.8450	2.7186	2.6168	2.5331	2.4630
16	246.46	19.433	8.6922	5.8441	4.6037	3.9222	3.4944	3.2016	2.9889	2.8275	2.7009	2.5988	2.5149	2.4446
17	246.91	19.436	8.6829	5.8319	4.5904	3.9082	3.4798	3.1867	2.9736	2.8120	2.6850	2.5828	2.4986	2.4281
18	247.32	19.440	8.6745	5.8211	4.5785	3.8957	3.4668	3.1733	2.9600	2.7980	2.6709	2.5684	2.4840	2.4134
19	247.68	19.443	8.6669	5.8113	4.5678	3.8844	3.4551	3.1612	2.9476	2.7854	2.6580	2.5554	2.4708	2.4000
20	248.01	19.445	8.6601	5.8025	4.5581	3.8741	3.4445	3.1503	2.9364	2.7740	2.6464	2.5435	2.4588	2.3878
30	250.09	19.462	8.6165	5.7458	4.4957	3.8081	3.3758	3.0794	2.8636	2.6995	2.5704	2.4662	2.3803	2.3082
40	251.14	19.470	8.5944	5.7169	4.4637	3.7742	3.3404	3.0427	2.8259	2.6608	2.5309	2.4258	2.3391	2.2663
50	251.77	19.475	8.5809	5.6994	4.4444	3.7536	3.3188	3.0203	2.8028	2.6371	2.5065	2.4010	2.3138	2.2405
60	252.19	19.479	8.5720	5.6877	4.4313	3.7397	3.3043	3.0053	2.7872	2.6210	2.4901	2.3841	2.2965	2.2229
70	252.49	19.481	8.5655	5.6793	4.4220	3.7298	3.2938	2.9944	2.7760	2.6095	2.4782	2.3719	2.2841	2.2102
80	252.72	19.483	8.5607	5.6729	4.4149	3.7223	3.2859	2.9862	2.7675	2.6007	2.4692	2.3627	2.2747	2.2006
90	252.89	19.484	8.5569	5.6680	4.4094	3.7164	3.2798	2.9798	2.7608	2.5939	2.4622	2.3555	2.2673	2.1930
100	253.04	19.485	8.5539	5.6640	4.4050	3.7117	3.2748	2.9746	2.7555	2.5884	2.4565	2.3497	2.2613	2.1869

Tabelle A.4. $(1-\alpha)$-Quantile $f_{df_1,df_2;1-\alpha}$ der F-Verteilung für $\alpha = 0.05$. df_1 in den Zeilen, df_2 in den Spalten

df_1	15	16	17	18	19	20	30	40	50	60	70	80	90	100
1	4.5430	4.4939	4.4513	4.4138	4.3807	4.3512	4.1708	4.0847	4.0343	4.0011	3.9777	3.9603	3.9468	3.9361
2	3.6823	3.6337	3.5915	3.5545	3.5218	3.4928	3.3158	3.2317	3.1826	3.1504	3.1276	3.1107	3.0976	3.0872
3	3.2873	3.2388	3.1967	3.1599	3.1273	3.0983	2.9222	2.8387	2.7900	2.7580	2.7355	2.7187	2.7058	2.6955
4	3.0555	3.0069	2.9647	2.9277	2.8951	2.8660	2.6896	2.6059	2.5571	2.5252	2.5026	2.4858	2.4729	2.4626
5	2.9012	2.8524	2.8099	2.7728	2.7400	2.7108	2.5335	2.4494	2.4004	2.3682	2.3455	2.3287	2.3156	2.3053
6	2.7904	2.7413	2.6986	2.6613	2.6283	2.5989	2.4205	2.3358	2.2864	2.2540	2.2311	2.2141	2.2010	2.1906
7	2.7066	2.6571	2.6142	2.5767	2.5435	2.5140	2.3343	2.2490	2.1992	2.1665	2.1434	2.1263	2.1130	2.1025
8	2.6407	2.5910	2.5479	2.5101	2.4767	2.4470	2.2661	2.1801	2.1299	2.0969	2.0736	2.0563	2.0429	2.0323
9	2.5876	2.5376	2.4942	2.4562	2.4226	2.3928	2.2106	2.1240	2.0733	2.0400	2.0166	1.9991	1.9855	1.9748
10	2.5437	2.4935	2.4499	2.4117	2.3779	2.3478	2.1645	2.0772	2.0261	1.9925	1.9688	1.9512	1.9375	1.9266
11	2.5068	2.4563	2.4125	2.3741	2.3402	2.3099	2.1255	2.0375	1.9860	1.9522	1.9282	1.9104	1.8966	1.8856
12	2.4753	2.4246	2.3806	2.3420	2.3079	2.2775	2.0920	2.0034	1.9515	1.9173	1.8932	1.8752	1.8613	1.8502
13	2.4481	2.3972	2.3530	2.3143	2.2800	2.2495	2.0629	1.9737	1.9214	1.8870	1.8626	1.8445	1.8304	1.8192
14	2.4243	2.3733	2.3289	2.2900	2.2556	2.2249	2.0374	1.9476	1.8949	1.8602	1.8356	1.8173	1.8032	1.7919
15	2.4034	2.3522	2.3076	2.2686	2.2340	2.2032	2.0148	1.9244	1.8713	1.8364	1.8116	1.7932	1.7789	1.7675
16	2.3848	2.3334	2.2887	2.2495	2.2148	2.1839	1.9946	1.9037	1.8503	1.8151	1.7901	1.7715	1.7571	1.7456
17	2.3682	2.3167	2.2718	2.2325	2.1977	2.1667	1.9764	1.8851	1.8313	1.7958	1.7707	1.7519	1.7374	1.7258
18	2.3533	2.3016	2.2566	2.2171	2.1822	2.1511	1.9601	1.8682	1.8141	1.7784	1.7531	1.7342	1.7195	1.7079
19	2.3398	2.2879	2.2428	2.2032	2.1682	2.1370	1.9452	1.8528	1.7984	1.7625	1.7370	1.7180	1.7032	1.6914
20	2.3275	2.2755	2.2303	2.1906	2.1554	2.1241	1.9316	1.8388	1.7841	1.7479	1.7223	1.7031	1.6882	1.6764
30	2.2467	2.1938	2.1477	2.1071	2.0711	2.0390	1.8408	1.7444	1.6871	1.6491	1.6220	1.6017	1.5859	1.5733
40	2.2042	2.1507	2.1039	2.0628	2.0264	1.9938	1.7917	1.6927	1.6336	1.5942	1.5660	1.5448	1.5283	1.5151
50	2.1779	2.1239	2.0768	2.0353	1.9985	1.9656	1.7608	1.6600	1.5994	1.5590	1.5299	1.5080	1.4909	1.4772
60	2.1601	2.1058	2.0584	2.0166	1.9795	1.9463	1.7395	1.6372	1.5756	1.5343	1.5045	1.4821	1.4645	1.4503
70	2.1471	2.0926	2.0450	2.0030	1.9657	1.9323	1.7239	1.6205	1.5580	1.5160	1.4856	1.4627	1.4447	1.4302
80	2.1373	2.0826	2.0348	1.9926	1.9552	1.9216	1.7120	1.6076	1.5444	1.5018	1.4710	1.4477	1.4294	1.4146
90	2.1296	2.0747	2.0268	1.9845	1.9469	1.9133	1.7026	1.5974	1.5336	1.4905	1.4593	1.4357	1.4170	1.4020
100	2.1234	2.0684	2.0204	1.9780	1.9403	1.9065	1.6950	1.5892	1.5249	1.4813	1.4498	1.4258	1.4069	1.3917

df_2

Tabelle A.5. $(1 - \alpha/2)$-Quantile $f_{df_1, df_2; 1-\alpha/2}$ der F-Verteilung für $\alpha = 0.05/2$. df_1 in den Zeilen, df_2 in den Spalten

df_1	1	2	3	4	5	6	7	8	9	10	11	12	13	14
1	647.78	38.506	17.443	12.217	10.006	8.8131	8.0726	7.5708	7.2092	6.9367	6.7241	6.5537	6.4142	6.2979
2	799.50	39.000	16.044	10.649	8.4336	7.2598	6.5415	6.0594	5.7147	5.4563	5.2558	5.0958	4.9652	4.8566
3	864.16	39.165	15.439	9.9791	7.7635	6.5987	5.8898	5.4159	5.0781	4.8256	4.6300	4.4741	4.3471	4.2417
4	899.58	39.248	15.100	9.6045	7.3878	6.2271	5.5225	5.0526	4.7180	4.4683	4.2750	4.1212	3.9958	3.8919
5	921.84	39.298	14.884	9.3644	7.1463	5.9875	5.2852	4.8172	4.4844	4.2360	4.0439	3.8911	3.7666	3.6634
6	937.11	39.331	14.734	9.1973	6.9777	5.8197	5.1185	4.6516	4.3197	4.0721	3.8806	3.7282	3.6042	3.5013
7	948.21	39.355	14.624	9.0741	6.8530	5.6954	4.9949	4.5285	4.1970	3.9498	3.7586	3.6065	3.4826	3.3799
8	956.65	39.373	14.539	8.9795	6.7571	5.5996	4.8993	4.4332	4.1019	3.8548	3.6638	3.5117	3.3879	3.2852
9	963.28	39.386	14.473	8.9046	6.6810	5.5234	4.8232	4.3572	4.0259	3.7789	3.5878	3.4358	3.3120	3.2093
10	968.62	39.397	14.418	8.8438	6.6191	5.4613	4.7611	4.2951	3.9638	3.7167	3.5256	3.3735	3.2496	3.1468
11	973.02	39.407	14.374	8.7935	6.5678	5.4097	4.7094	4.2434	3.9120	3.6649	3.4736	3.3214	3.1974	3.0945
12	976.70	39.414	14.336	8.7511	6.5245	5.3662	4.6658	4.1996	3.8682	3.6209	3.4296	3.2772	3.1531	3.0501
13	979.83	39.421	14.304	8.7149	6.4875	5.3290	4.6284	4.1621	3.8305	3.5831	3.3917	3.2392	3.1150	3.0118
14	982.52	39.426	14.276	8.6837	6.4556	5.2968	4.5960	4.1296	3.7979	3.5504	3.3588	3.2062	3.0818	2.9785
15	984.86	39.431	14.252	8.6565	6.4277	5.2686	4.5677	4.1012	3.7693	3.5216	3.3299	3.1772	3.0527	2.9493
16	986.91	39.435	14.231	8.6325	6.4031	5.2438	4.5428	4.0760	3.7440	3.4962	3.3043	3.1515	3.0269	2.9233
17	988.73	39.439	14.212	8.6113	6.3813	5.2218	4.5206	4.0537	3.7216	3.4736	3.2816	3.1286	3.0038	2.9002
18	990.34	39.442	14.195	8.5923	6.3618	5.2021	4.5007	4.0337	3.7014	3.4533	3.2612	3.1081	2.9832	2.8794
19	991.79	39.445	14.180	8.5753	6.3443	5.1844	4.4829	4.0157	3.6833	3.4351	3.2428	3.0895	2.9645	2.8607
20	993.10	39.447	14.167	8.5599	6.3285	5.1684	4.4667	3.9994	3.6669	3.4185	3.2261	3.0727	2.9476	2.8436
30	1001.4	39.464	14.080	8.4612	6.2268	5.0652	4.3623	3.8940	3.5604	3.3110	3.1176	2.9632	2.8372	2.7323
40	1005.5	39.472	14.036	8.4111	6.1750	5.0124	4.3088	3.8397	3.5054	3.2553	3.0613	2.9063	2.7796	2.6742
50	1008.1	39.477	14.009	8.3807	6.1436	4.9804	4.2763	3.8067	3.4719	3.2213	3.0268	2.8714	2.7443	2.6384
60	1009.8	39.481	13.992	8.3604	6.1225	4.9588	4.2543	3.7844	3.4493	3.1984	3.0035	2.8477	2.7203	2.6141
70	1011.0	39.483	13.979	8.3458	6.1073	4.9434	4.2386	3.7684	3.4330	3.1818	2.9867	2.8307	2.7030	2.5966
80	1011.9	39.485	13.969	8.3348	6.0960	4.9317	4.2267	3.7563	3.4207	3.1693	2.9740	2.8178	2.6899	2.5833
90	1012.6	39.486	13.962	8.3263	6.0871	4.9226	4.2175	3.7469	3.4111	3.1595	2.9640	2.8077	2.6797	2.5729
100	1013.1	39.487	13.956	8.3194	6.0799	4.9154	4.2100	3.7393	3.4034	3.1517	2.9561	2.7996	2.6714	2.5645

Tabelle **A.5.** $(1-\alpha/2)$-Quantile $f_{df_1,df_2;1-\alpha/2}$ der F-Verteilung für $\alpha = 0.05/2$. df_1 in den Zeilen, df_2 in den Spalten

df_1	15	16	17	18	19	20	30	40	50	60	70	80	90	100
1	6.1995	6.1151	6.0420	5.9780	5.9216	5.8714	5.5675	5.4239	5.3403	5.2856	5.2470	5.2183	5.1962	5.1785
2	4.7650	4.6866	4.6188	4.5596	4.5075	4.4612	4.1820	4.0509	3.9749	3.9252	3.8902	3.8643	3.8442	3.8283
3	4.1528	4.0768	4.0111	3.9538	3.9034	3.8586	3.5893	3.4632	3.3901	3.3425	3.3089	3.2840	3.2648	3.2496
4	3.8042	3.7294	3.6647	3.6083	3.5587	3.5146	3.2499	3.1261	3.0544	3.0076	2.9747	2.9503	2.9315	2.9165
5	3.5764	3.5021	3.4379	3.3819	3.3327	3.2890	3.0264	2.9037	2.8326	2.7863	2.7537	2.7295	2.7108	2.6960
6	3.4146	3.3406	3.2766	3.2209	3.1718	3.1283	2.8666	2.7443	2.6735	2.6273	2.5948	2.5707	2.5521	2.5374
7	3.2933	3.2194	3.1555	3.0998	3.0508	3.0074	2.7460	2.6237	2.5529	2.5067	2.4742	2.4501	2.4315	2.4168
8	3.1987	3.1248	3.0609	3.0052	2.9562	2.9127	2.6512	2.5288	2.4579	2.4116	2.3791	2.3549	2.3362	2.3214
9	3.1227	3.0487	2.9848	2.9291	2.8800	2.8365	2.5746	2.4519	2.3808	2.3344	2.3017	2.2774	2.2587	2.2438
10	3.0601	2.9861	2.9221	2.8663	2.8172	2.7736	2.5111	2.3881	2.3167	2.2701	2.2373	2.2130	2.1942	2.1792
11	3.0078	2.9336	2.8696	2.8137	2.7645	2.7208	2.4577	2.3343	2.2626	2.2158	2.1828	2.1584	2.1395	2.1244
12	2.9632	2.8890	2.8248	2.7688	2.7195	2.6758	2.4120	2.2881	2.2162	2.1691	2.1360	2.1114	2.0924	2.0773
13	2.9249	2.8505	2.7862	2.7301	2.6807	2.6369	2.3724	2.2481	2.1758	2.1286	2.0953	2.0705	2.0514	2.0362
14	2.8914	2.8170	2.7526	2.6964	2.6469	2.6029	2.3377	2.2129	2.1404	2.0929	2.0594	2.0345	2.0153	2.0000
15	2.8620	2.7875	2.7230	2.6667	2.6171	2.5730	2.3071	2.1819	2.1090	2.0613	2.0276	2.0026	1.9833	1.9679
16	2.8360	2.7613	2.6967	2.6403	2.5906	2.5465	2.2798	2.1541	2.0809	2.0330	1.9992	1.9740	1.9546	1.9391
17	2.8127	2.7379	2.6733	2.6167	2.5669	2.5227	2.2554	2.1292	2.0557	2.0076	1.9736	1.9483	1.9287	1.9132
18	2.7919	2.7170	2.6522	2.5955	2.5457	2.5014	2.2333	2.1067	2.0329	1.9845	1.9504	1.9249	1.9053	1.8896
19	2.7730	2.6980	2.6331	2.5764	2.5264	2.4820	2.2133	2.0863	2.0122	1.9636	1.9292	1.9037	1.8839	1.8682
20	2.7559	2.6807	2.6157	2.5590	2.5089	2.4644	2.1951	2.0677	1.9932	1.9444	1.9099	1.8842	1.8643	1.8485
30	2.6437	2.5678	2.5020	2.4445	2.3937	2.3486	2.0739	1.9429	1.8659	1.8152	1.7792	1.7523	1.7314	1.7148
40	2.5850	2.5085	2.4422	2.3841	2.3329	2.2873	2.0088	1.8751	1.7962	1.7440	1.7068	1.6790	1.6574	1.6401
50	2.5487	2.4719	2.4052	2.3468	2.2952	2.2492	1.9680	1.8323	1.7519	1.6985	1.6604	1.6318	1.6095	1.5916
60	2.5242	2.4470	2.3801	2.3214	2.2695	2.2233	1.9400	1.8027	1.7211	1.6667	1.6279	1.5986	1.5758	1.5575
70	2.5064	2.4290	2.3618	2.3029	2.2509	2.2045	1.9195	1.7810	1.6984	1.6432	1.6037	1.5739	1.5507	1.5320
80	2.4929	2.4154	2.3480	2.2890	2.2367	2.1902	1.9038	1.7643	1.6809	1.6251	1.5851	1.5548	1.5312	1.5121
90	2.4824	2.4047	2.3372	2.2780	2.2256	2.1789	1.8915	1.7511	1.6671	1.6107	1.5702	1.5396	1.5156	1.4962
100	2.4739	2.3961	2.3285	2.2692	2.2167	2.1699	1.8815	1.7405	1.6558	1.5990	1.5581	1.5271	1.5028	1.4832

Tabelle A.6. $(1-\alpha)$-Quantile $f_{df_1,df_2;1-\alpha}$ der F-Verteilung für $\alpha = 0.01$. df_1 in den Zeilen, df_2 in den Spalten

df_1	1	2	3	4	5	6	7	8	9	10	11	12	13	14
1	4052.1	98.502	34.116	21.197	16.258	13.745	12.246	11.258	10.561	10.044	9.6460	9.3302	9.0738	8.8615
2	4999.5	99.000	30.816	18.000	13.273	10.924	9.5465	8.6491	8.0215	7.5594	7.2057	6.9266	6.7009	6.5148
3	5403.3	99.166	29.456	16.694	12.059	9.7795	8.4512	7.5909	6.9919	6.5523	6.2167	5.9525	5.7393	5.5638
4	5624.5	99.249	28.709	15.977	11.391	9.1483	7.8466	7.0060	6.4220	5.9943	5.6683	5.4119	5.2053	5.0353
5	5763.6	99.299	28.237	15.521	10.967	8.7458	7.4604	6.6318	6.0569	5.6363	5.3160	5.0643	4.8616	4.6949
6	5858.9	99.332	27.910	15.206	10.672	8.4661	7.1914	6.3706	5.8017	5.3858	5.0692	4.8205	4.6203	4.4558
7	5928.3	99.356	27.671	14.975	10.455	8.2599	6.9928	6.1776	5.6128	5.2001	4.8860	4.6395	4.4409	4.2778
8	5981.0	99.374	27.489	14.798	10.289	8.1016	6.8400	6.0288	5.4671	5.0566	4.7444	4.4993	4.3020	4.1399
9	6022.4	99.388	27.345	14.659	10.157	7.9761	6.7187	5.9106	5.3511	4.9424	4.6315	4.3875	4.1910	4.0296
10	6055.8	99.399	27.228	14.545	10.051	7.8741	6.6200	5.8142	5.2565	4.8491	4.5392	4.2960	4.1002	3.9393
11	6083.3	99.408	27.132	14.452	9.9626	7.7895	6.5381	5.7342	5.1778	4.7715	4.4624	4.2198	4.0245	3.8640
12	6106.3	99.415	27.051	14.373	9.8882	7.7183	6.4690	5.6667	5.1114	4.7059	4.3974	4.1552	3.9603	3.8001
13	6125.8	99.422	26.983	14.306	9.8248	7.6574	6.4100	5.6089	5.0545	4.6496	4.3416	4.0998	3.9052	3.7452
14	6142.6	99.427	26.923	14.248	9.7700	7.6048	6.3589	5.5588	5.0052	4.6008	4.2932	4.0517	3.8573	3.6975
15	6157.3	99.432	26.872	14.198	9.7222	7.5589	6.3143	5.5151	4.9620	4.5581	4.2508	4.0096	3.8153	3.6556
16	6170.1	99.436	26.826	14.153	9.6801	7.5185	6.2750	5.4765	4.9240	4.5204	4.2134	3.9723	3.7782	3.6186
17	6181.4	99.440	26.786	14.114	9.6428	7.4827	6.2400	5.4422	4.8901	4.4869	4.1801	3.9392	3.7451	3.5856
18	6191.5	99.443	26.750	14.079	9.6095	7.4506	6.2088	5.4116	4.8599	4.4569	4.1502	3.9094	3.7155	3.5561
19	6200.5	99.446	26.718	14.048	9.5796	7.4218	6.1808	5.3840	4.8326	4.4298	4.1233	3.8827	3.6888	3.5294
20	6208.7	99.449	26.689	14.019	9.5526	7.3958	6.1554	5.3590	4.8079	4.4053	4.0990	3.8584	3.6646	3.5052
30	6260.6	99.465	26.504	13.837	9.3793	7.2285	5.9920	5.1981	4.6485	4.2469	3.9411	3.7007	3.5070	3.3475
40	6286.7	99.474	26.410	13.745	9.2911	7.1432	5.9084	5.1156	4.5666	4.1652	3.8595	3.6191	3.4252	3.2656
50	6302.5	99.479	26.354	13.689	9.2378	7.0914	5.8576	5.0653	4.5167	4.1154	3.8097	3.5692	3.3751	3.2153
60	6313.0	99.482	26.316	13.652	9.2020	7.0567	5.8235	5.0316	4.4830	4.0818	3.7760	3.5354	3.3412	3.1812
70	6320.5	99.484	26.289	13.625	9.1763	7.0327	5.7990	5.0073	4.4588	4.0576	3.7518	3.5111	3.3168	3.1566
80	6326.1	99.486	26.268	13.605	9.1570	7.0130	5.7806	4.9890	4.4406	4.0394	3.7335	3.4927	3.2983	3.1380
90	6330.5	99.488	26.252	13.589	9.1419	6.9984	5.7662	4.9747	4.4264	4.0251	3.7192	3.4783	3.2839	3.1235
100	6334.1	99.489	26.240	13.576	9.1299	6.9866	5.7546	4.9632	4.4149	4.0137	3.7077	3.4668	3.2722	3.1118

Tabelle A.6. $(1-\alpha)$-Quantile $f_{df_1,df_2;1-\alpha}$ der F-Verteilung für $\alpha = 0.01$. df_1 in den Zeilen, df_2 in den Spalten

df_1	15	16	17	18	19	20	30	40	50	60	70	80	90	100
1	8.6831	8.5309	8.3997	8.2854	8.1849	8.0959	7.5624	7.3140	7.1705	7.0771	7.0113	6.9626	6.9251	6.8953
2	6.3588	6.2262	6.1121	6.0129	5.9258	5.8489	5.3903	5.1785	5.0566	4.9774	4.9218	4.8807	4.8490	4.8239
3	5.4169	5.2922	5.1849	5.0918	5.0102	4.9381	4.5097	4.3125	4.1993	4.1258	4.0743	4.0362	4.0069	3.9836
4	4.8932	4.7725	4.6689	4.5790	4.5002	4.4306	4.0178	3.8282	3.7195	3.6490	3.5996	3.5631	3.5349	3.5126
5	4.5556	4.4374	4.3359	4.2478	4.1707	4.1026	3.6990	3.5138	3.4076	3.3388	3.2906	3.2550	3.2276	3.2058
6	4.3182	4.2016	4.1015	4.0146	3.9385	3.8714	3.4734	3.2910	3.1864	3.1186	3.0712	3.0361	3.0091	2.9876
7	4.1415	4.0259	3.9267	3.8406	3.7652	3.6987	3.3044	3.1237	3.0201	2.9530	2.9060	2.8712	2.8445	2.8232
8	4.0044	3.8895	3.7909	3.7054	3.6305	3.5644	3.1726	2.9929	2.8900	2.8232	2.7765	2.7419	2.7153	2.6942
9	3.8947	3.7804	3.6822	3.5970	3.5225	3.4566	3.0665	2.8875	2.7849	2.7184	2.6718	2.6373	2.6108	2.5898
10	3.8049	3.6909	3.5930	3.5081	3.4338	3.3681	2.9790	2.8005	2.6981	2.6317	2.5852	2.5508	2.5243	2.5033
11	3.7299	3.6161	3.5185	3.4337	3.3596	3.2941	2.9056	2.7273	2.6250	2.5586	2.5121	2.4777	2.4512	2.4302
12	3.6662	3.5526	3.4551	3.3706	3.2965	3.2311	2.8430	2.6648	2.5624	2.4961	2.4495	2.4151	2.3886	2.3675
13	3.6115	3.4980	3.4007	3.3162	3.2422	3.1768	2.7890	2.6107	2.5083	2.4418	2.3952	2.3607	2.3342	2.3131
14	3.5639	3.4506	3.3533	3.2688	3.1949	3.1295	2.7418	2.5634	2.4608	2.3943	2.3476	2.3131	2.2864	2.2653
15	3.5221	3.4089	3.3116	3.2272	3.1533	3.0880	2.7001	2.5216	2.4189	2.3522	2.3055	2.2708	2.2441	2.2230
16	3.4852	3.3720	3.2748	3.1904	3.1164	3.0511	2.6631	2.4844	2.3816	2.3147	2.2679	2.2331	2.2064	2.1851
17	3.4523	3.3391	3.2419	3.1575	3.0836	3.0182	2.6300	2.4510	2.3480	2.2811	2.2341	2.1992	2.1724	2.1511
18	3.4227	3.3095	3.2123	3.1280	3.0540	2.9887	2.6002	2.4210	2.3178	2.2506	2.2035	2.1686	2.1417	2.1203
19	3.3960	3.2829	3.1857	3.1013	3.0273	2.9620	2.5732	2.3937	2.2903	2.2230	2.1757	2.1407	2.1137	2.0922
20	3.3718	3.2587	3.1615	3.0770	3.0031	2.9377	2.5486	2.3688	2.2652	2.1978	2.1504	2.1152	2.0881	2.0666
30	3.2141	3.1007	3.0032	2.9185	2.8442	2.7784	2.3859	2.2033	2.0975	2.0284	1.9797	1.9435	1.9155	1.8932
40	3.1319	3.0182	2.9204	2.8354	2.7607	2.6947	2.2992	2.1142	2.0065	1.9360	1.8861	1.8489	1.8201	1.7971
50	3.0813	2.9674	2.8694	2.7841	2.7092	2.6429	2.2450	2.0581	1.9489	1.8771	1.8263	1.7883	1.7588	1.7352
60	3.0471	2.9330	2.8348	2.7493	2.6742	2.6077	2.2078	2.0194	1.9090	1.8362	1.7845	1.7458	1.7158	1.6917
70	3.0223	2.9081	2.8097	2.7240	2.6488	2.5821	2.1807	1.9910	1.8796	1.8060	1.7536	1.7144	1.6838	1.6593
80	3.0036	2.8893	2.7907	2.7049	2.6295	2.5627	2.1601	1.9693	1.8571	1.7828	1.7298	1.6900	1.6590	1.6342
90	2.9890	2.8745	2.7759	2.6899	2.6144	2.5475	2.1438	1.9522	1.8392	1.7643	1.7108	1.6706	1.6393	1.6141
100	2.9772	2.8626	2.7639	2.6779	2.6023	2.5353	2.1307	1.9383	1.8247	1.7493	1.6953	1.6548	1.6231	1.5976

Tabelle A.7. $(1 - \alpha/2)$-Quantile $f_{df_1, df_2; 1-\alpha}$ der F-Verteilung für $\alpha = 0.01/2$. df_1 in den Zeilen, df_2 in den Spalten

df_1 \ df_2	1	2	3	4	5	6	7	8	9	10	11	12	13	14
1	16210	198.50	55.551	31.332	22.784	18.634	16.235	14.688	13.613	12.826	12.226	11.754	11.373	11.060
2	19999	199.00	49.799	26.284	18.313	14.544	12.403	11.042	10.106	9.4269	8.9122	8.5096	8.1864	7.9216
3	21614	199.16	47.467	24.259	16.529	12.916	10.882	9.5964	8.7170	8.0807	7.6004	7.2257	6.9257	6.6803
4	22499	199.24	46.194	23.154	15.556	12.027	10.050	8.8051	7.9558	7.3428	6.8808	6.5211	6.2334	5.9984
5	23055	199.29	45.391	22.456	14.939	11.463	9.5220	8.3017	7.4711	6.8723	6.4217	6.0711	5.7909	5.5622
6	23437	199.33	44.838	21.974	14.513	11.073	9.1553	7.9519	7.1338	6.5446	6.1015	5.7570	5.4819	5.2573
7	23714	199.35	44.434	21.621	14.200	10.785	8.8853	7.6941	6.8849	6.3024	5.8647	5.5245	5.2529	5.0313
8	23925	199.37	44.125	21.351	13.960	10.565	8.6781	7.4959	6.6933	6.1159	5.6821	5.3450	5.0760	4.8566
9	24091	199.38	43.882	21.139	13.771	10.391	8.5138	7.3385	6.5410	5.9675	5.5367	5.2021	4.9350	4.7172
10	24224	199.39	43.685	20.966	13.618	10.250	8.3803	7.2106	6.4171	5.8466	5.4182	5.0854	4.8199	4.6033
11	24334	199.40	43.523	20.824	13.491	10.132	8.2696	7.1044	6.3142	5.7462	5.3196	4.9883	4.7240	4.5084
12	24426	199.41	43.387	20.704	13.384	10.034	8.1764	7.0149	6.2273	5.6613	5.2363	4.9062	4.6428	4.4281
13	24504	199.42	43.271	20.602	13.293	9.9501	8.0967	6.9383	6.1530	5.5886	5.1649	4.8358	4.5732	4.3591
14	24571	199.42	43.171	20.514	13.214	9.8774	8.0278	6.8721	6.0887	5.5257	5.1030	4.7747	4.5128	4.2992
15	24630	199.43	43.084	20.438	13.146	9.8139	7.9677	6.8142	6.0324	5.4706	5.0488	4.7213	4.4599	4.2468
16	24681	199.43	43.008	20.370	13.086	9.7581	7.9148	6.7632	5.9828	5.4220	5.0010	4.6741	4.4132	4.2004
17	24726	199.44	42.940	20.311	13.032	9.7086	7.8678	6.7180	5.9388	5.3789	4.9585	4.6321	4.3716	4.1591
18	24767	199.44	42.880	20.258	12.984	9.6644	7.8258	6.6775	5.8993	5.3402	4.9205	4.5945	4.3343	4.1221
19	24803	199.44	42.826	20.210	12.942	9.6246	7.7880	6.6411	5.8639	5.3054	4.8862	4.5606	4.3007	4.0887
20	24835	199.44	42.777	20.167	12.903	9.5887	7.7539	6.6082	5.8318	5.2740	4.8552	4.5299	4.2703	4.0585
30	25043	199.46	42.465	19.891	12.655	9.3582	7.5344	6.3960	5.6247	5.0705	4.6543	4.3309	4.0727	3.8619
40	25148	199.47	42.308	19.751	12.529	9.2408	7.4224	6.2875	5.5185	4.9659	4.5508	4.2281	3.9704	3.7599
50	25211	199.47	42.213	19.667	12.453	9.1696	7.3544	6.2215	5.4539	4.9021	4.4876	4.1653	3.9078	3.6975
60	25255	199.48	42.149	19.610	12.402	9.1219	7.3087	6.1771	5.4104	4.8591	4.4450	4.1229	3.8655	3.6552
70	25285	199.48	42.103	19.570	12.365	9.0876	7.2759	6.1453	5.3791	4.8282	4.4143	4.0923	3.8350	3.6247
80	25307	199.48	42.069	19.539	12.338	9.0619	7.2512	6.1212	5.3555	4.8049	4.3911	4.0692	3.8120	3.6017
90	25324	199.48	42.042	19.515	12.316	9.0418	7.2319	6.1025	5.3371	4.7867	4.3730	4.0512	3.7939	3.5836
100	25338	199.48	42.021	19.496	12.299	9.0256	7.2165	6.0875	5.3223	4.7721	4.3585	4.0367	3.7795	3.5692

Tabelle A.7. $(1 - \alpha/2)$-Quantile $f_{df_1,df_2;1-\alpha}$ der F-Verteilung für $\alpha = 0.01/2$. df_1 in den Zeilen, df_2 in den Spalten

df_1	df_2 15	16	17	18	19	20	30	40	50	60	70	80	90	100
1	10.798	10.575	10.384	10.218	10.072	9.9439	9.1796	8.8278	8.6257	8.4946	8.4026	8.3346	8.2822	8.2406
2	7.7007	7.5138	7.3536	7.2148	7.0934	6.9864	6.3546	6.0664	5.9016	5.7949	5.7203	5.6652	5.6228	5.5892
3	6.4760	6.3033	6.1556	6.0277	5.9160	5.8177	5.2387	4.9758	4.8258	4.7289	4.6612	4.6112	4.5728	4.5423
4	5.8029	5.6378	5.4966	5.3746	5.2680	5.1742	4.6233	4.3737	4.2316	4.1398	4.0758	4.0285	3.9921	3.9633
5	5.3721	5.2117	5.0745	4.9560	4.8526	4.7615	4.2275	3.9860	3.8486	3.7599	3.6980	3.6523	3.6172	3.5894
6	5.0708	4.9134	4.7789	4.6627	4.5613	4.4721	3.9492	3.7129	3.5785	3.4918	3.4313	3.3866	3.3523	3.3252
7	4.8472	4.6920	4.5593	4.4447	4.3448	4.2568	3.7415	3.5088	3.3764	3.2911	3.2315	3.1875	3.1538	3.1271
8	4.6743	4.5206	4.3893	4.2759	4.1770	4.0899	3.5800	3.3497	3.2188	3.1344	3.0755	3.0320	2.9986	2.9721
9	4.5363	4.3838	4.2535	4.1409	4.0428	3.9564	3.4504	3.2219	3.0920	3.0082	2.9497	2.9066	2.8734	2.8472
10	4.4235	4.2718	4.1423	4.0304	3.9328	3.8470	3.3439	3.1167	2.9875	2.9041	2.8459	2.8030	2.7700	2.7439
11	4.3294	4.1785	4.0495	3.9381	3.8410	3.7555	3.2547	3.0284	2.8996	2.8166	2.7586	2.7158	2.6829	2.6569
12	4.2497	4.0993	3.9708	3.8598	3.7630	3.6779	3.1787	2.9531	2.8247	2.7418	2.6839	2.6412	2.6084	2.5825
13	4.1813	4.0313	3.9032	3.7925	3.6960	3.6111	3.1132	2.8880	2.7598	2.6771	2.6193	2.5766	2.5439	2.5179
14	4.1218	3.9722	3.8444	3.7340	3.6377	3.5530	3.0560	2.8312	2.7031	2.6204	2.5627	2.5200	2.4873	2.4613
15	4.0697	3.9204	3.7929	3.6827	3.5865	3.5019	3.0057	2.7810	2.6531	2.5704	2.5126	2.4700	2.4372	2.4112
16	4.0237	3.8746	3.7472	3.6372	3.5412	3.4567	2.9610	2.7365	2.6085	2.5258	2.4681	2.4254	2.3926	2.3666
17	3.9826	3.8338	3.7066	3.5967	3.5008	3.4164	2.9211	2.6966	2.5686	2.4859	2.4280	2.3853	2.3525	2.3264
18	3.9458	3.7971	3.6701	3.5603	3.4645	3.3801	2.8851	2.6606	2.5326	2.4498	2.3919	2.3491	2.3162	2.2901
19	3.9126	3.7641	3.6371	3.5274	3.4317	3.3474	2.8526	2.6280	2.4999	2.4170	2.3591	2.3162	2.2833	2.2571
20	3.8825	3.7341	3.6073	3.4976	3.4020	3.3177	2.8230	2.5984	2.4701	2.3872	2.3291	2.2862	2.2532	2.2270
30	3.6867	3.5388	3.4124	3.3030	3.2075	3.1234	2.6277	2.4014	2.2716	2.1874	2.1282	2.0844	2.0507	2.0238
40	3.5849	3.4372	3.3107	3.2013	3.1057	3.0215	2.5240	2.2958	2.1644	2.0788	2.0186	1.9739	1.9394	1.9119
50	3.5225	3.3747	3.2482	3.1387	3.0430	2.9586	2.4594	2.2295	2.0967	2.0099	1.9488	1.9033	1.8680	1.8400
60	3.4802	3.3324	3.2058	3.0962	3.0003	2.9158	2.4151	2.1838	2.0498	1.9621	1.9001	1.8539	1.8181	1.7896
70	3.4497	3.3018	3.1751	3.0654	2.9695	2.8849	2.3829	2.1504	2.0154	1.9269	1.8642	1.8174	1.7811	1.7521
80	3.4266	3.2787	3.1519	3.0421	2.9461	2.8614	2.3583	2.1248	1.9890	1.8998	1.8365	1.7896	1.7524	1.7230
90	3.4086	3.2605	3.1337	3.0239	2.9278	2.8430	2.3390	2.1047	1.9681	1.8783	1.8145	1.7667	1.7296	1.6998
100	3.3940	3.2460	3.1191	3.0092	2.9130	2.8282	2.3234	2.0884	1.9512	1.8608	1.7965	1.7484	1.7109	1.6808

Literatur

Toutenburg, H. (2004). *Deskriptive Statistik, 4. Auflage*, Springer Verlag.

Toutenburg, H. (2005). *Induktive Statistik, 3. Auflage*, Springer Verlag.

Toutenburg, H. (2003). *Lineare Modelle, 2. Auflage*, Physica Verlag.

Sachverzeichnis

Druck und Bindung: Strauss GmbH, Mörlenbach